高 等 学 校 计 算 机 课 程 规 划 教 材

U0224119

软件测试综合技术

魏娜娣 编著

清华大学出版社

北京

内 容 简 介

本书由黑盒测试技术、Web 测试技术、性能测试技术三大部分组成,针对软件测试技术及项目实训中的各类方法制定相应的实验,总共 23 个实验,涵盖了各类常用的黑盒测试用例设计方法、链接测试、Cookies 测试、安全性测试及性能测试等常用测试技术,对目前主流的 LoadRunner、JMeter 等常用工具进行专题介绍。书中实验均依据所需知识点,结合项目实践操作进行讲解,使读者能够体会真实项目中各类方法的灵活应用。

本书内容全面、层次清晰、难易适中,所采用的技术和项目均与行业实际紧密结合,可以使读者更好地理解和掌握所学知识,以便在实际工作中灵活、有效地开展测试工作。

本书可作为高等院校、示范性软件学院、高职高专院校的计算机和软件工程专业的教材,也可作为各大软件培训机构的培训教程,同时也可供从事软件开发及测试工作的人员,以及对软件测试有兴趣的读者参考与学习。

图书在版编目(CIP)数据

软件测试综合技术/魏娜娣编著.—北京:清华大学出版社,2020.2
高等学校计算机课程规划教材
ISBN 978-7-302-53794-6

Ⅰ.①软… Ⅱ.①魏… Ⅲ.①软件-测试-高等学校-教材 Ⅳ.①TP311.55

中国版本图书馆 CIP 数据核字(2019)第 192228 号

责任编辑:汪汉友
封面设计:傅瑞学
责任校对:时翠兰
责任印制:沈 露

出版发行:清华大学出版社
  网 址:http://www.tup.com.cn,http://www.wqbook.com
  地 址:北京清华大学学研大厦 A 座   邮 编:100084
  社 总 机:010-62770175   邮 购:010-62786544
  投稿与读者服务:010-62776969,c-service@tup.tsinghua.edu.cn
  质量反馈:010-62772015,zhiliang@tup.tsinghua.edu.cn
  课件下载:http://www.tup.com.cn,010-83470236
印 装 者:北京鑫海金澳胶印有限公司
经 销:全国新华书店
开 本:185mm×260mm   印 张:19.75   字 数:475 千字
版 次:2020 年 3 月第 1 版   印 次:2020 年 3 月第 1 次印刷
定 价:59.50 元

产品编号:081922-01

出 版 说 明

信息时代早已显现其诱人魅力,当前几乎每个人随身都携有多个媒体、信息和通信设备,享受其带来的快乐和便捷。

我国高等教育早已进入大众化教育时代,而且计算机技术发展很快,知识更新速度也在快速增长,社会对计算机专业学生的专业能力要求也在不断翻新。这就使得我国目前的计算机教育面临严峻挑战。我们必须更新教育观念——弱化知识培养目的,强化对学生兴趣的培养,加强培养学生理论学习、快速学习的能力,强调培养学生的实践能力、动手能力、研究能力和创新能力。

教育观念的更新,必然导致教材的更新。一流的计算机人才需要一流的名师指导,而一流的名师需要精品教材的辅助,而精品教材也将有助于催生更多一流名师。名师们在长期的一线教学改革实践中,总结出了一整套面向学生的独特的教法、经验、教学内容等。本套丛书的目的就是推广他们的经验,并促使广大教育工作者进一步更新教育观念。

在教育部相关教学指导委员会专家的帮助和指导下,在各大学计算机院系领导的协助下,清华大学出版社规划并出版了本系列教材,以满足计算机课程群建设和课程教学的需要,并将各重点大学的优势专业学科的教育优势充分发挥出来。

本系列教材行文注重趣味性,立足课程改革和教材创新,广纳全国高校计算机专业的一线优秀名师参与,从中精选出佳作予以出版。

本系列教材具有以下特点。

1. 有的放矢

针对计算机专业学生并站在计算机课程群建设、技术市场需求、创新人才培养的高度,规划相关课程群内各门课程的教学关系,以达到教学内容互相衔接、补充、相互贯穿和相互促进的目的。各门课程功能定位明确,并去掉课程中相互重复的部分,使学生既能够掌握这些课程的实质部分,又能节约一些课时,为开设社会需求的新技术课程准备条件。

2. 内容趣味性强

按照教学需求组织教学材料,注重教学内容的趣味性,在培养学习观念、学习兴趣的同时,注重创新教育,加强"创新思维""创新能力"的培养、训练;强调实践,案例选题注重实际和兴趣度,大部分课程各模块的内容分为基本、加深和拓宽内容3个层次。

3. 名师精品多

广罗名师参与,对于名师精品,予以重点扶持,教辅、教参、教案、PPT、实验大纲和实验指导等配套齐全,资源丰富。同一门课程,不同名师分出多个版本,方便选用。

4. 一线教师亲力

专家咨询指导,一线教师亲力;内容组织以教学需求为线索;注重理论知识学习,注重学习能力培养,强调案例分析,注重工程技术能力锻炼。

经济要发展,国力要增强,教育必须先行。教育要靠教师和教材,因此建立一支高水平的教材编写队伍是社会发展的需要,特希望有志于教材建设的教师能够加入到本团队。通过本系列教材的辐射,培养一批热心为读者奉献的编写教师团队。

清华大学出版社

前　　言

随着软件行业的发展,软件测试工作在整个软件开发中所占比重越来越大,软件测试工程师、测试开发工程师、自动化测试工程师等岗位的人才需求量很大。作者所在学校测试专业方向的学生,就业率可达 100%,经常出现多家知名企业争抢招聘学生的状况,企业的青睐与重视也足以证明软件测试人才的匮乏及学校软件测试人才培养方式的有效性及正确性。

目前市场上关于软件测试综合技术及测试项目实训实践方面的书籍很少,大多数软件测试方面的书籍仅侧重理论知识讲解,并未体现实践能力的培养,这也是软件测试人才培养困难的原因之一。同时,目前面向高校发行的软件测试方面的教材不仅数量少,而且重理论轻实践,与市场结合不够紧密,这就在某种程度上加大了业余水平的读者进行专业化学习的难度。

本书由具备多年软件测试及管理经验的专业测试工程师撰写而成。为了满足高等院校人才培养的需求,编者基于目前行业现状,在长期软件测试商业项目实践和十余年实际教学经验的基础上,经过多次讨论、设计、修改,形成了一套成熟、可行的软件测试课程体系,我们从中提取精华,形成了软件测试系列教材。本书的编写目的如下。

(1)为了顺应高等教育普及化迅速发展的趋势,配合高等院校的教学改革和教材建设,更好地协助学校、学院向"特色鲜明的高水平应用技术型大学"发展。

(2)协助学校、学院建设更加完善的 IT 人才培养机制,建立完整的软件测试课程体系及软件测试人才培训方案,进一步培育符合测试企业需要的自动化测试人才。

(3)使学生高效、快捷、有针对性地学习自动化测试技术,并通过理论与实践的结合进一步锻炼学生的实践能力,为跨入自动化测试领域打下坚实基础。

(4)为企业测试人员提供自动化测试技术学习的有效途径,同样,理论和实践的有效结合能使测试人员更加真实、快捷地体验自动测试的开展。

本书由黑盒测试技术、Web 测试技术、性能测试技术三部分组成,针对软件测试技术及项目实训中的各类方法制定相应的实验,总共 23 个实验,涵盖了各类常用的黑盒测试用例设计方法、链接测试、Cookies 测试、安全性测试及性能测试等常用测试技术,并对职场主流的 LoadRunner、JMeter 等常用工具进行专题介绍。各实验的开展均依据所需知识点进行讲解,并非纯粹介绍各方法的使用,以使读者能够体会真实项目中各类方法的灵活应用。本书内容全面、层次清晰、难易适中,所采用的技术和项目均与企业实际情况紧密结合,可以使读者更好地理解和掌握相应知识,以便在实际工作中灵活、有效地开展测试工作。

本书的撰写得到了多方面的支持、关心与帮助,在此深表感谢。首先,感谢河北师范大学、河北师范大学汇华学院的各级领导,他们在应用型人才培养改革上的主张及所付出的心血使我们在教材建设、实习实训、学生就业等方面取得了一系列的成果;其次,感谢学院软件测试专业的全体学生,他们试用、试读了本系列教材,提出了不少宝贵建议;最后,感谢学院的全体职工,没有他们的配合,此书是无法完成的。

本书还提供了相关教学资源及问题答疑，有需要的读者可加入 QQ 群 105807679 获取并与编者沟通交流！

本书可作为高等院校、示范性软件学院、高职高专院校的计算机和软件工程专业的教材，也可作为各大软件培训机构的培训教程，同时也可供从事软件开发及测试工作的人员，以及对软件测试有兴趣的读者参考与学习。

编　者

2019 年 9 月

目　　录

第一篇　黑盒测试技术

实验 1　等价类划分法与用例设计 ……………………………………………………… 3

实验 2　边界值分析法与用例设计 ……………………………………………………… 12

实验 3　因果图法与用例设计 …………………………………………………………… 22

实验 4　决策表法与用例设计 …………………………………………………………… 32

实验 5　错误推测法与用例设计 ………………………………………………………… 39

实验 6　正交试验法与用例设计 ………………………………………………………… 46

实验 7　场景法与用例设计 ……………………………………………………………… 52

实验 8　用例设计综合测试 ……………………………………………………………… 61

实验 9　控件测试与用例设计 …………………………………………………………… 73

实验 10　界面测试与用例设计 ………………………………………………………… 90

实验 11　易用性测试与用例设计 ……………………………………………………… 102

实验 12　安装测试与用例设计 ………………………………………………………… 111

实验 13　兼容性测试与用例设计 ……………………………………………………… 121

实验 14　文档测试与用例设计 ………………………………………………………… 127

第二篇　Web 测试技术

实验 15　Web 站点链接测试 …………………………………………………………… 139

实验 16　Web 站点 Cookies 测试 ……………………………………………………… 147

实验 17　Web 站点安全性测试 ………………………………………………………… 155

第三篇　性能测试技术

实验 18　性能测试用例设计 …………………………………………………………… 167

实验 19　LoadRunner 测试工具应用 ………………………………………………… 172

实验 20　JMeter 性能测试工具基础应用 …………………………………………… 198

实验 21　JMeter 性能测试工具高级应用 …………………………………………… 236

实验 22　JMeter 性能测试工具拓展应用 …………………………………………… 264

实验 23　性能测试结果分析 …………………………………………………………… 281

参考文献 …………………………………………………………………………………… 304

第一篇 黑盒测试技术

在接触软件测试之前,想必早已熟悉"测试"这个词语。在日常生活和工作中,经常可以看到"××软件发布××测试版""××游戏封测/内测/公测"等与测试有关的消息。此类消息中提及的"测试",实质都可以归类于软件测试中的一大分支——黑盒测试。

所谓黑盒测试,是指在设计和执行软件测试的过程中,不考虑被测程序内部的结构,将被测程序视作不透明的黑盒子,只考虑输入内容和输出结果,从而发现软件的各类问题。

基于目前行业现状,有些人往往认为黑盒测试比较简单,不需要太高深的技术,但是实际上,相对于白盒测试、自动化测试、安全性测试等专业性要求较高的测试而言,黑盒测试具有易上手却难精通的特点。黑盒测试是每个测试人员的必备基本技能。能否高效、准确地进行黑盒测试,是衡量测试人员技术水平的重要指标之一。

由于黑盒测试技术具有基础性和重要性的特点,所以本篇共包括等价类划分法、边界值分析法、因果图法、决策表法、错误推测法、正交试验法、场景法、综合测试、控件测试、界面测试、易用性测试、安装测试、兼容性测试、文档测试 14 个实验,每个实验均从理论和实践层面分别阐述黑盒测试中涉及的重要知识及相应的测试用例设计方法,旨在让读者对黑盒测试技术有更深的认识。

实验 1　等价类划分法与用例设计

1. 实验目标

（1）理解等价类划分法的原理。

（2）能够使用等价类划分法进行测试用例设计。

（3）能够在真实项目中灵活运用等价类划分法。

2. 背景知识

【例 1.1】 针对"计算两个 1～100 的整数和"的需求，进行测试用例设计。

基于"计算两个 1～100 的整数和"的需求，某学生选取了图 1.1 所示的测试用例。

图 1.1 所示测试用例的选取方式可理解为枚举法，即在一个可能存在可行状态的状态全集中，依次遍历所有元素并逐一判断是否为可行状态的一种方法。不难看出，此方法数据量较大、重复性较强，且耗时费力，故不推荐。

注意：很多读者都认为枚举法是缺乏智慧的一种测试方法，自己一定不会采用。但实际测试工作中，常常在不同程度上使用枚举法。例如，在登

1+1	1+2	1+3	1+4	1+5	...
2+1	2+2	2+3	2+4	2+5	...
3+1	3+2	3+3	3+4	3+5	...
4+1	4+2	4+3	4+4	4+5	...
5+1	5+2	5+3	5+4	5+5	...
...	...	...	...	...	

图 1.1　测试用例选取

录页面针对"用户名"字段进行输入测试时，测试人员可能会输入"张三""李四"，又输入"王五"……，从某种角度来讲，此处已显露了枚举法的思想。

在企业项目的测试用例设计中，应摒弃枚举法，推荐采用等价类划分法。等价类划分法是将程序所有可能的输入进行合理分类，再从每一个分类中选取少数具有代表性的数据作为测试用例，从而开展测试。其中，合理分类即划分等价类。之所以称为等价类，是由于从划分好的分类中，任意选取一条数据都能代表其他数据执行测试，它们之间是等价的。

等价类划分法是一种重要且常用的黑盒测试用例设计方法，广泛应用于各项测试中，优势显著。采用该方法进行黑盒测试用例设计，既能大大减少测试工作量，又能提高测试的有效性。

等价类划分法的关键点是什么呢？如何划分等价类尤为关键。等价类可分为有效等价类和无效等价类，简要阐述如下。

（1）有效等价类：符合需求说明的、合理的输入数据的集合。

（2）无效等价类：不符合需求说明的、无意义的输入数据的集合。

以需求"计算两个 1~100 的整数和"中的"1~100"为例划分等价类,如图 1.2 所示。

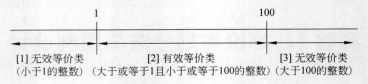

图 1.2　等价类的划分

以上给出了等价类划分法的定义,但是,仅依靠上述内容来认识等价类划分法还是远远不够的,下面介绍利用等价类划分法进行测试用例设计的具体步骤。

（1）依据常用方法划分等价类。

（2）为等价类表中的每一个等价类分别规定一个唯一的编号。

（3）设计一个新用例,使它能够尽量多地覆盖尚未覆盖的有效等价类。重复该步骤,直到所有有效等价类均被用例所覆盖。

（4）设计一个新用例,使它仅覆盖一个尚未覆盖的无效等价类。重复该步骤,直到所有的无效等价类均被用例所覆盖。

至此,读者已从理论层面认识了等价类划分法,下面将从实践角度进一步介绍该方法的应用。以下主要从单一字段开始,进而单一页面,再扩展到实际业务中阐述等价类划分法的应用。

3. 实验任务

【任务 1.1】　家庭旅馆住宿管理系统"用户名"字段测试用例设计。

需求：家庭旅馆住宿管理系统的登录页面中,用户名限制为长度为 6~10 位的自然数。

界面原型：家庭旅馆住宿管理系统登录页面如图 1.3 所示。

图 1.3　家庭旅馆住宿管理系统登录页面

问题：采用等价类划分法进行测试用例设计。

第 1 步,依据常用方法划分等价类。

第 2 步,为等价类表中的每一个等价类分别规定一个唯一的编号,如表 1.1 所示。

表 1.1　等价类划分并编号_"用户名"字段

输　　入	有效等价类	无效等价类
用户名	长度为 6～10 位(1)	长度小于 6(3)
		长度大于 10(4)
	类型为 0～9 的自然数(2)	负数(5)
		小数(6)
		英文字母(7)
		字符(8)
		中文(9)
		空（10）

第 3 步,设计一个新用例,使它能够尽量多地覆盖尚未覆盖的有效等价类。重复该步骤,直到所有有效等价类均被用例所覆盖,如表 1.2 所示。

第 4 步,设计一个新用例,使它仅覆盖一个尚未覆盖的无效等价类。重复该步骤,直到所有的无效等价类均被用例所覆盖,如表 1.2 所示。

表 1.2　等价类划分法测试用例设计_"用户名"字段

用例编号	覆盖的等价类	输　入	预 期 结 果
1	1、2	1234567	系统提示"输入正确"
2	3	123	系统提示"用户名应为 6～10 位的自然数"
3	4	12345678910	系统提示"用户名应为 6～10 位的自然数"
4	5	－1234567	系统提示"用户名应为 6～10 位的自然数"
5	6	1.1234567	系统提示"用户名应为 6～10 位的自然数"
6	7	123456a	系统提示"用户名应为 6～10 位的自然数"
7	8	123456％	系统提示"用户名应为 6～10 位的自然数"
8	9	123456 好	系统提示"用户名应为 6～10 位的自然数"
9	10	为空	系统提示"用户名应为 6～10 位的自然数"

注意:任务 1.1 是针对页面中的某一个字段采用等价类划分法进行测试用例设计。

【**任务 1.2**】　家庭旅馆住宿管理系统注册页面测试用例设计。

需求:家庭旅馆住宿管理系统的注册页面须满足以下需求。

(1)登录账号:长度为 3～19 位,且应以字母开头。

(2)真实姓名:必填项。

(3)登录密码:必填项。

(4)确认密码:确认密码应与登录密码完全一致。

(5)出生日期:年份应为 4 位数字,月份应为 1～12,日期应为 1～31。

界面原型:家庭旅馆住宿管理系统注册页面如图 1.4 所示。

图 1.4　家庭旅馆住宿管理系统注册页面

问题：采用等价类划分法进行测试用例设计。

第 1 步，依据常用方法划分等价类。

第 2 步，为等价类表中的每一个等价类分别规定一个唯一的编号，如表 1.3 所示。

表 1.3　等价类划分并编号_注册页面

输　入	有效等价类	无效等价类
登录账号	长度为 3～19 位(1)	长度小于 3(2)
		长度大于 19(3)
	以字母开头(4)	非字母开头(5)
真实姓名	必须填写(6)	为空(7)
登录密码	必须填写(8)	为空(9)
确认密码	值和登录密码相同(10)	值和登录密码不同(11)
出生日期(年)	长度为 4 位(12)	长度不是 4 位(13)
	必须是数字(14)	有字母或其他非数字符号(15)
	在合理范围内(16)	年份不合理(17)
出生日期(月)	1～12(18)	小于 1(19)
		大于 12(20)
		有字母或其他非数字符号(21)
出生日期(日)	1～31(22)	小于 1(23)
		大于 31(24)
		有字母或其他非数字符号(25)

注意：隐含需求，年份不仅应为 4 位数字，还应为合理范围内的数字。

第 3 步，设计一个新用例，使它能够尽量多地覆盖尚未覆盖的有效等价类。重复该步骤，直到所有有效等价类均被用例所覆盖，如表 1.4 所示。

第 4 步，设计一个新用例，使它仅覆盖一个尚未覆盖的无效等价类。重复该步骤，直到所有的无效等价类均被用例所覆盖，如表 1.4 所示。

表 1.4 等价类划分法测试用例设计_注册页面

用例编号	覆盖的等价类	输入					预期结果
		登录账号	真实姓名	登录密码	确认密码	出生日期	
1	1、4、6、8、10、12、14、16、18、22	A123	weind	1	1	2011-5-6	系统提示"注册成功"
2	2	A1	weind	1	1	2011-5-6	系统提示"登录账号长度应为 3～19 位，且应以字母开头"
3	3	A123456 7890123 456789	weind	1	1	2011-5-6	系统提示"登录账号长度应为 3～19 位，且应以字母开头"
4	5	1123	weind	1	1	2011-5-6	系统提示"登录账号长度应为 3～19 位，且应以字母开头"
5	7	A123		1	1	2011-5-6	系统提示"真实姓名必须填写"
6	9	A123	weind		1	2011-5-6	系统提示"登录密码必须填写"
7	11	A123	weind	1	2	2011-5-6	系统提示"确认密码与登录密码不一致"
8	13	A123	weind	1	1	20111-5-6	系统提示"出生日期输入有误"
9	15	A123	weind	1	1	201a-5-6	系统提示"出生日期输入有误"
10	17	A123	weind	1	1	9999-5-6	系统提示"出生日期输入有误"
11	19	A123	weind	1	1	2011-0-6	系统提示"出生日期输入有误"
12	20	A123	weind	1	1	2011-17-6	系统提示"出生日期输入有误"
13	21	A123	weind	1	1	2011-a1-6	系统提示"出生日期输入有误"
14	23	A123	weind	1	1	2011-5-0	系统提示"出生日期输入有误"
15	24	A123	weind	1	1	2011-5-89	系统提示"出生日期输入有误"
16	25	A123	weind	1	1	2011-5-a1	系统提示"出生日期输入有误"

注意:

① 任务1.2是针对某一个整体页面(页面中包含多个字段)采用等价类划分法进行测试用例设计。

② 对比任务1.1和任务1.2,进行等价类划分法的应用。

【任务1.3】 家庭旅馆住宿管理系统结算功能测试用例设计。

任务1.1主要针对页面中的某一个字段进行用例设计,任务1.2主要针对某一个整体页面(页面中包含多个字段)进行用例设计。但是,通常一些软件项目的《需求规格说明书》中,往往仅给出文字需求,而并未给出界面原型进行参照,这显然给测试人员设计测试用例增加了难度。下面结合此类实例进行等价类划分法的应用讲解。

需求: 家庭旅馆住宿管理系统的房费结算有一定的规则限制,游客入住旅馆后进行住宿费用结算时,可依据房间价格、入住天数、入住人是否有会员卡等情况给予不同的折扣。具体房费计算方式为

$$房费 = 房间单价 \times 折扣率$$

其中,折扣率根据入住天数(最多30天)、是否有会员卡(有卡、无卡)、入住次数(3次及以下、3次以上)和物品寄存个数的不同而有所不同,体现在不同的情况下对应的积分不同,10分及10分以上折扣率为70%,10分以下折扣率为90%,具体规则如表1.5所示。

表1.5 家庭旅馆住宿管理系统积分规则

规则	入住天数/天			会员卡		入住次数		物品寄存
	1	2~10	11~30	有	无	3次及以下	3次以上	
积分/分	2	4	6	4	1	1	3	寄存1件物品扣1分,最多扣6分,最多可寄存9件物品

问题: 采用等价类划分法进行测试用例设计。

第1步,分析需求说明,提取有用信息。需求的详细分析过程如下。

经分析可知,存在如下关系:根据入住人的情况计算积分,再根据积分计算折扣率,进而计算房费。结合得出的关系,思考以下几个问题,以进一步加深对需求的理解。

设计测试用例,首先要了解输入和输出。

(1) 什么是输入?由"房费=房间单价×折扣率"可知,输入为房间单价和折扣率。同时,折扣率受到入住天数、会员卡的有无、入住次数及物品寄存情况的影响。所以,输入实质为房间单价、入住天数、会员卡的有无、入住次数及物品寄存。

(2) 什么是输出?经分析得知,折扣率应为一个中间输出结果,而最终输出应为房费。

(3) 输入有哪些条件限制(含直接给出的需求和隐含的需求)。

入住天数:取值的有效范围为1~30(可再细分成三类)。

会员卡:Y代表有卡;N代表无卡。

入住次数:分为3次及以下和3次以上。

寄存物品个数:空白、字符"无"或1~9的整数。

第2步,根据第1步的分析划分等价类。

第3步,为等价类表中的每一个等价类分别规定一个唯一的编号,如表1.6所示。

表 1.6　等价类划分并编号_结算功能

输　　入	有效等价类	无效等价类
入住天数/天	2～10(1)	
	11～30(2)	
	1(3)	小于 1(12)
		大于 30(13)
会员卡	Y(4)	除 Y 和 N 之外的其他字符(14)
	N(5)	
入住次数/次	3 次及以下(6)	除"3 次及以下"和"3 次以上"之外的其他字符(15)
	3 次以上(7)	
寄存物品个数/件	空白(8)	除空白、字符"无"之外的其他字符(16)
	无(9)	
	1～6(10)	小于 1(17)
	7～9(11)	大于 9(18)

第 4 步,设计一个新用例,使它能够尽量多地覆盖尚未覆盖的有效等价类。重复该步骤,直到所有有效等价类均被用例所覆盖,如表 1.7 和表 1.8 所示。

第 5 步,设计一个新用例,使它仅覆盖一个尚未覆盖的无效等价类。重复该步骤,直到所有的无效等价类均被用例所覆盖,如表 1.7 和表 1.8 所示。

表 1.7　等价类划分法测试用例设计(缺少预期结果)_结算功能

用例编号	覆盖的等价类	输　　入			
		入住天数/天	会员卡	入住次数/次	寄存物品个数/件
1	1、4、6、8	3	Y	3	空白
2	2、5、7、9	12	N	5	无
3	3、4、6、10	1	Y	3	1
4	1、5、7、11	3	N	5	7
5	12	0	Y	3	空白
6	13	35	N	5	无
7	14	3	是	3	4
8	15	3	Y	三	7
9	16	3	N	3	没有
10	17	3	Y	5	0
11	18	3	N	3	10

表 1.8　等价类划分法测试用例设计(带有预期结果)_结算功能

| 用例编号 | 覆盖的等价类 | 输入 | | | | | 折扣率的预期结果 | 房费的预期结果 |
		入住天数/天	会员卡	入住次数/次	寄存物品个数/件	房间单价/元·天⁻¹		
1	1、4、6、8	3	Y	3	空白	500	积分 4+4+1-0<10 时,折扣率为 90%	450 元
2	2、5、7、9	12	N	5	无	500	积分 6+1+3-0≥10 时,折扣率为 70%	350 元
3	3、4、6、10	1	Y	3	1	500	积分 2+4+1-1<10 时,折扣率为 90%	450 元
4	1、5、7、11	3	N	5	7	500	积分 4+1+3-6<10 时,折扣率为 90%	450 元
5	12	0	Y	3	空白	500		系统提示"入住天数应为 1~30,请重新输入"
6	13	35	N	5	无	500		系统提示"入住天数应为 1~30,请重新输入"
7	14	3	是	3	4	500		系统提示"'会员卡'一栏请输入 Y(有卡)或 N(无卡),请重新输入"
8	15	3	Y	三	7	500		系统提示"入住次数请填写阿拉伯数字,请重新输入"
9	16	3	N	3	没有	500		系统提示"寄存物品处为空白、无或 1~9 的整数,请重新输入"
10	17	3	Y	5	0	500		系统提示"寄存物品处为空白、无或 1~9 的整数,请重新输入"
11	18	3	N	3	10	500		系统提示"寄存物品处为空白、无或 1~9 的整数,请重新输入"

注意:

① 任务 1.3 是针对实际业务的项目需求采用等价类划分法进行测试用例设计。

② 在设计实际业务的测试用例时,应进行输入、输出分析,而且要注意保留预期结果。例如,仅将表 1.7 作为最终测试用例是错误的。

③ 在进行相关的测试用例设计时,往往需要花较多时间在预期结果上。

④ 对比任务 1.1~1.3,进行等价类划分法的应用。

4. 拓展练习

【练习 1.1】 采用等价类划分法针对登录页面进行测试用例设计。登录页面的需求如下。

(1) 用户名:系统中已存在的用户名,如 weind。

(2) 密码:与注册时设置的密码相同,如 123。

【练习 1.2】 采用等价类划分法针对用户调查页面进行用例设计,用户调查页面主要对用户的个人信息进行调查统计,需要用户填写个人资料,具体需求如下:账号为个人学号或工号,最长不超过 6 位,且不能重复;姓名最长不超过 15 个字符,且必须填写;密码和确认密码为 6~20 位的字符串,必须由英文、数字共同组成;查询密码答案最长不超过 30 个字符;出生日期必须填写;性别为单选选项;爱好为非必填项。

用户调查界面原型如图 1.5 所示。

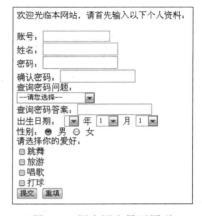

图 1.5　用户调查界面原型

实验 2　边界值分析法与用例设计

1. 实验目标

（1）理解边界值分析法的原理。
（2）能够使用边界值分析法进行测试用例设计。
（3）能够在真实项目中灵活运用边界值分析法。

2. 背景知识

　　等价类分析法既能帮助测试人员减少测试用例的数量，又能尽可能地覆盖测试点。为什么还要引入边界值分析法设计测试用例呢？下面通过实例进行阐述。

　　【例 2.1】　如图 2.1 所示，采用等价类划分法对两位数加法器进行测试用例设计后，针对边界（－100,100）进行用例填充并执行测试，系统提示"输入的参数值必须大于或等于－100 同时小于或等于 100"。不难理解，程序在该边界值处存在缺陷。

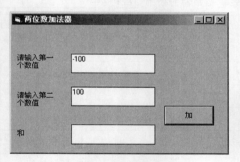 

(a) 针对边界进行测试用例填充　　　　　　　(b) 执行测试后的系统提示

图 2.1　两位数加法器实例

　　【例 2.2】　如图 2.2 所示，采用等价类划分法对软件学院教师管理系统进行测试用例设计后，针对工龄"1～49"的边界 50 进行用例填充并执行测试，预期结果为系统提示"工龄输入请限制在 1～49，请重新输入"，但系统却默认了该输入的正确性。显然，程序在该边界值处也存在缺陷。

　　两位数加法器实例和软件学院教师管理系统实例仅为众多实例中随意选出的两个代表，说明程序在边界值处存在缺陷是较普遍的现象，此现象较易于解释，例如：

　　（1）程序员使用比较操作符进行比较时，往往容易将小于或等于操作符（＜＝）误写成小于操作符（＜）等。

　　（2）程序员使用 for 循环、while 循环等时，往往也会涉及比较运算符，或者将＋＋i 或

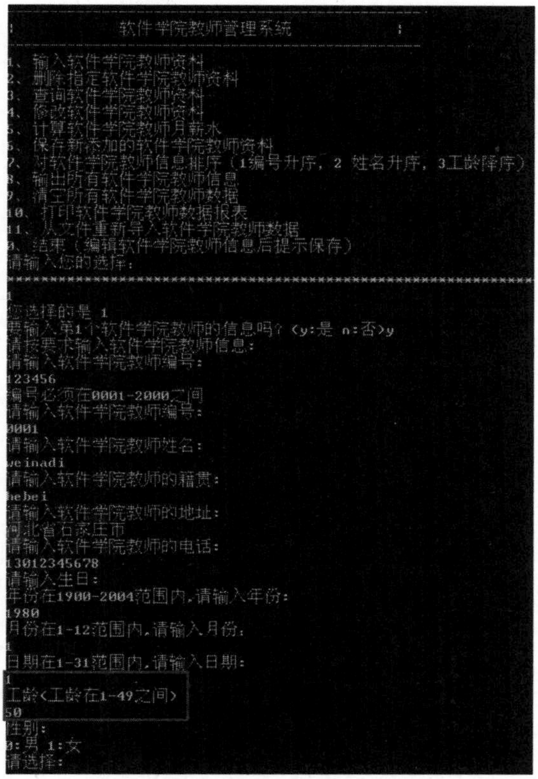

图 2.2　软件学院教师管理系统实例

i＋＋混淆。

（3）对于需求理解有误，显然也会导致程序在边界值处存在缺陷。

这些足以说明，仅依靠等价类划分法设计测试用例并不能完全、充分覆盖测试点，程序在边界区域更容易存在问题。

边界值分析法是对输入或输出的边界值进行测试的一种测试方法。边界值分析法不是在一个等价类中任选一个值作为代表（等价类划分法是在等价类中任意选一个值作为代表），而是选一个或几个值，使该等价类的边界值成为测试关注目标。通常，如果将边界值分析法作为等价类划分法的补充，则边界值分析法的测试用例来自等价类的边界，对边界的取值进行特别关注。

注意：边界值分析法不仅关注输入条件，它还根据输出的情况（按输出划分等价类）设计测试用例。

基于此，在等价类的边界上以及两侧进行测试用例设计时，可参考以下思路。

首先，确定边界。通常，输入或输出等价类的边界即边界值分析法着重测试的边界区域。其次，选取等于、刚刚大于或刚刚小于等价类边界的值作为边界值测试数据，而并非选取等价类中的典型值或任意值。例如：

（1）输入条件规定了值的范围，则应取刚达到这个范围的边界值以及刚刚超过这个范围边界的值作为测试边界值。

（2）输入条件规定了值的个数，则应取最大个数、最小个数，以及比最大个数多 1 个、比最小个数少 1 个的数作为测试边界值。

（3）输入域或输出域是有序集合（如有序表、顺序文件等），则应选取集合中的第一个和最后一个元素作为测试边界值。

（4）分析需求规格说明书，找出其他可能的边界条件。对于不同类型的条件限制，测试边界值的选取有一定的规律，如表 2.1 所示。

表 2.1　边界值选取实例

类型	边界值	实　例
数字	最大/最小	某保险系统的投保页面中，仅可针对年龄为 5～50 岁的人群进行投保，现进行投保年龄测试
字符	首位/末位	针对 ASCII 中的字符"A～Z"进行测试，则其边界值应选取@、[、A、Z
位置	上/下	某列表中最多显示 20 条记录，现进行删除操作测试
速度	最快/最慢	某登录页面的验证码功能，当该验证码停留 10s 未进行验证码输入时，验证码过期。现进行验证码过期时长测试
尺寸	最短/最长	某视频监控系统可监控视角为 1～20m 的区域内，现进行监控系统监控范围的测试
质量	最轻/最重	质量在 10～50kg 的邮件，其邮费计算公式为……，则其质量的边界值为 9.99、10.00、50.00、50.01
空间	空/满	某 U 盘容量为 1GB，现对该 U 盘容量进行测试

小练习：

① 一个输入文件应包括 1～255 个记录，对该文件进行输入记录的个数测试。

答案：边界值可取 1、255、0、256 等。

② 某程序的规格说明要求计算"每月保险金扣除额为 0～1165.25 元"，对该程序进行保险金扣除额的测试。

答案：边界值可取 0.00、1165.25、-0.01、1165.26 等。

③ 情报检索系统要求每次"最少显示 1 条、最多显示 4 条情报摘要"，对该系统进行情报摘要显示测试。

答案：边界值可取 1、4、0、5 等。

综上所述，读者已从理论层面上认识到边界值分析法的应用将进一步弥补等价类划分法的不足，通过对边界值进行重点分析，进一步提升软件的质量。下面在实验 1 的基础上，采用边界值分析法进行用例补充。

3. 实验任务

【任务 2.1】　家庭旅馆住宿管理系统"用户名"字段测试用例设计。

需求：家庭旅馆住宿管理系统的登录页面中，用户名限制长度为 6～10 位的自然数。

界面原型：家庭旅馆住宿管理系统登录页面如图 2.3 所示。

问题：采用边界值分析法进行测试用例设计。

前提条件：在任务 1.1 中已完成了等价类划分法的测试用例设计，等价类划分表如表 2.2 所示。

图 2.3　家庭旅馆住宿管理系统登录页面

表 2.2　等价类划分表_"用户名"字段

输　　入	有效等价类	无效等价类
用户名	长度为 6～10 位(1)	长度小于 6(3)
		长度大于 10(4)
	类型为 0～9 的自然数(2)	负数(5)
		小数(6)
		英文字母(7)
		字符(8)
		中文(9)
		空（10）

第 1 步,针对表 2.2 中的"长度为 6～10 位"有效等价类进行边界值选取。须针对边界值 5 位、6 位、10 位、11 位进行测试用例设计,以补充等价类划分法测试用例设计。

第 2 步,针对边界值进行测试用例设计,如表 2.3 所示。

表 2.3　边界值测试用例设计_"用户名"字段

用例编号	覆盖边界值	输　入	预　期　结　果
1	5 位	12345	系统提示"用户名应为 6～10 位的自然数"
2	6 位	123456	系统提示"输入正确"
3	10 位	1234567890	系统提示"输入正确"
4	11 位	12345678901	系统提示"用户名应为 6～10 位的自然数"

注意:

① 边界值分析法往往是在等价类划分法的基础上采用,进行等价类划分法测试用例的追加和扩充。基于经验得知,采用边界值分析法进行测试用例设计更易发现系统缺陷。

② 使用边界值分析法补充测试用例的过程中,若追加的用例在等价类划分法中恰巧已经设计并执行过,则该用例可省略或不执行。

思考:任务2.1的边界值确定过程中,是否有必要针对"0～9的自然数"进行边界值的选取?

【任务2.2】 家庭旅馆住宿管理系统注册页面测试用例设计。

需求:家庭旅馆住宿管理系统的注册页面须满足以下需求。

(1) 登录账号:长度为3～19位,且应以字母开头。

(2) 真实姓名:必填项。

(3) 登录密码:必填项。

(4) 确认密码:确认密码应与登录密码完全一致。

(5) 出生日期:年份应为4位数,月份应为1～12,日期应为1～31。

界面原型:家庭旅馆住宿管理系统注册页面如图2.4所示。

图2.4 家庭旅馆住宿管理系统注册页面

问题:采用边界值分析法进行测试用例设计。

前提条件:在任务1.2中已完成了等价类划分法测试用例设计,等价类划分表如表2.4所示。

表2.4 等价类划分表_注册页面

输　　入	有效等价类	无效等价类
登录账号	长度为3～19位(1)	长度小于3(2)
		长度大于19(3)
	以字母开头(4)	非字母开头(5)
真实姓名	必须填写(6)	为空(7)
登录密码	必须填写(8)	为空(9)
确认密码	值和登录密码值相同(10)	值和登录密码值不同(11)
出生日期(年)	长度为4位(12)	不是4位(13)
	必须是数字(14)	有字母或其他非数字符号(15)
	在合理范围内(16)	年份不合理(17)
出生日期(月)	1～12(18)	小于1(19)
		大于12 (20)
		有字母或其他非数字符(21)
出生日期(日)	1～31(22)	小于1(23)
		大于31(24)
		有字母或其他非数字符号(25)

第 1 步,针对表 2.4 中的"登录账号""出生日期(年)""出生日期(月)"及"出生日期(日)"进行边界值选取,如表 2.5 所示。

表 2.5　边界值选取_注册页面

输　入	等　价　类	边　界　值
登录账号	长度为 3～19 位(1)	2 位、3 位、19 位、20 位
出生日期(年)	长度为 4 位(12)	3 位、5 位
出生日期(月)	1～12(18)	0、1、12、13
出生日期(日)	1～31(22)	0、1、31、32

第 2 步,针对边界值进行测试用例设计,如表 2.6 所示。

表 2.6　边界值测试用例设计_注册页面

用例编号	覆盖边界值	输　入					预期结果
		登录账号	真实姓名	登录密码	确认密码	出生日期	
1	登录账号长度为 2 位	A1	weind	1	1	2011-5-6	系统提示"登录账号长度应为 3～19,且应以字母开头"
2	登录账号长度为 3 位	A12	weind	1	1	2011-5-6	系统提示"注册成功"
3	登录账号长度为 19 位	A123456 7890123 45678	weind	1	1	2011-5-6	系统提示"注册成功"
4	登录账号长度为 20 位	A123456 7890123 456789	weind	1	1	2011-5-6	系统提示"登录账号长度应为 3～19,且应以字母开头"
5	出生日期(年)长度为 3 位	A123	weind	1	1	201-5-6	系统提示"出生日期输入有误"
6	出生日期(年)长度为 5 位	A123	weind	1	1	20111-5-6	系统提示"出生日期输入有误"
7	出生日期(月)边界	A123	weind	1	1	2011-0-6	系统提示"出生日期输入有误"
8	出生日期(月)边界	A123	weind	1	1	2011-1-6	系统提示"注册成功"
9	出生日期(月)边界	A123	weind	1	1	2011-12-6	系统提示"注册成功"
10	出生日期(月)边界	A123	weind	1	1	2011-13-6	系统提示"出生日期输入有误"
11	出生日期(日)边界	A123	weind	1	1	2011-5-0	系统提示"出生日期输入有误"
12	出生日期(日)边界	A123	weind	1	1	2011-5-1	系统提示"注册成功"

用例编号	覆盖边界值	输入					预期结果
		登录账号	真实姓名	登录密码	确认密码	出生日期	
13	出生日期（日）边界	A123	weind	1	1	2011-5-31	系统提示"注册成功"
14	出生日期（日）边界	A123	weind	1	1	2011-5-32	系统提示"出生日期输入有误"

注意：

① 表2.6中的某些用例（如用例2、8、12等）依据等价类划分法中"设计一个新用例，使它能够尽可能多地覆盖尚未覆盖的有效等价类。重复该步骤，直到所有有效等价类均被用例所覆盖"的思想，实质可与等价类划分法得出的测试用例进行合并。在此于表2.6中再次列出，旨在让读者对边界值分析法有更清晰的理解。

② 针对年、月、日组合不合理的日期（如2019年6月31日），本次用例设计未进行考虑，读者可针对该方面进行用例扩充。

【任务2.3】 家庭旅馆住宿管理系统结算功能测试用例设计。

需求： 家庭旅馆住宿管理系统的房费结算有一定的规则限制，游客入住旅馆后在进行住宿费用结算时，可依据房间价格、入住天数、入住人是否有会员卡等情况给予不同的折扣。具体房费计算方式为

$$房费＝房间单价×折扣率$$

其中，折扣率根据入住天数（最多30天）、是否有会员卡（有卡、无卡）、入住次数（3次及以下、3次以上）和物品寄存个数的不同而有所不同，体现在不同的情况下对应的积分不同，10分及10分以上折扣率为70%，10分以下折扣率为90%，具体规则如表2.7所示。

表2.7 家庭旅馆住宿管理系统积分规则

规则	入住天数/天			会员卡		入住次数/次		物品寄存
	1	2～10	11～30	有	无	3次及以下	3次以上	
积分/分	2	4	6	4	1	1	3	寄存1件物品扣1分，最多扣6分，最多可寄存9件物品

问题： 采用边界值分析法进行测试用例设计。

前提条件： 在任务1.3中已完成了等价类划分法测试用例设计，等价类划分表如表2.8所示。

表2.8 等价类划分表_结算功能

输入	有效等价类	无效等价类
入住天数/天	2～10(1)	
	11～30(2)	
	1(3)	小于1(12)
		大于30(13)

输　　入	有效等价类	无效等价类
会员卡	Y(4)	除 Y 和 N 之外的其他字符(14)
	N(5)	
入住次数/次	≤3(6)	除"3 次及以下"和"3 次以上"之外的其他字符(15)
	>3(7)	
寄存物品个数/件	空白(8)	除空白、字符"无"之外的其他字符(16)
	无(9)	
	1～6(10)	小于 1(17)
	7～9(11)	大于 9(18)

第 1 步,针对表 2.8 中的"入住天数""入住次数"及"物品寄存个数"进行边界值选取,如表 2.9 所示。

表 2.9　边界值选取_结算功能

输入	等　价　类	边　界　值
入住天数/天	2～10(1)	1、2、10、11
	11～30(2)	10、11、30、31
	=1(3)	0、1、2
入住次数/次	≤3(6)	0、3、4
	>3(7)	3、4、无穷大
寄存物品个数/件	1～6(10)	0、1、6、7
	7～9(11)	6、7、9、10

注意:对于同一输入条件的两个相同边界值,设计测试用例时仅针对该边界值执行一次测试即可,例如入住天数的"11"。

第 2 步,针对边界值进行测试用例设计,如表 2.10 所示。

表 2.10　边界值测试用例设计_结算功能

用例编号	覆盖边界值	输　　入					折扣率的预期结果	房费的预期结果
		入住天数/天	会员卡	入住次数/次	寄存物品个数/件	房间单价/(元·天⁻¹)		
1	入住1天	1	Y	3	空白	500	积分 2＋4＋1－0<10 时,折扣率为 90%	450 元
2	入住2天	2	Y	3	空白	500	积分 4＋4＋1－0<10 时,折扣率为 90%	450 元

用例编号	覆盖边界值	输入					折扣率的预期结果	房费的预期结果
		入住天数/天	会员卡	入住次数/次	寄存物品个数/件	房间单价/(元·天⁻¹)		
3	入住10天	10	Y	3	空白	500	积分4＋4＋1－0＜10时,折扣率为90%	450元
4	入住11天	11	Y	3	空白	500	积分6＋4＋1－0≥10时,折扣率为70%	350元
5	入住30天	30	Y	3	空白	500	积分6＋4＋1－0≥10时,折扣率为70%	350元
6	入住31天	31	Y	3	空白	500		系统提示"入住天数应为1～30,请重新输入"
7	入住0次	3	Y	0	空白	500	积分4＋4＋1－0＜10时,折扣率为90%	450元
8	入住3次	3	Y	3	空白	500	积分4＋4＋1－0＜10时,折扣率为90%	450元
9	入住4次	3	Y	4	空白	500	积分4＋4＋3－0≥10时,折扣率为70%	350元
10	入住无穷次	3	Y	无穷,如500	空白	500	积分4＋4＋3－0≥10时,折扣率为70%	350元
11	寄存0件物品	3	Y	4	0	500		系统提示"寄存物品处为空白、无或1～9的整数,请重新输入"
12	寄存1件物品	3	Y	4	1	500	积分4＋4＋3－1≥10时,折扣率为70%	350元
13	寄存6件物品	3	Y	4	6	500	积分4＋4＋3－6＜10时,折扣率为90%	450元
14	寄存7件物品	3	Y	4	7	500	积分4＋4＋3－7＜10时,折扣率为90%	450元
15	寄存9件物品	3	Y	4	9	500	积分4＋4＋3－9＜10时,折扣率为90%	450元

用例编号	覆盖边界值	输入					折扣率的预期结果	房费的预期结果
		入住天数/天	会员卡	入住次数/次	寄存物品个数/件	房间单价/(元·天⁻¹)		
16	寄存10件物品	3	Y	4	10	500		系统提示"寄存物品处为空白、无或1~9的整数,请重新输入"

思考:任务2.3的需求中的边界值点是否已经考虑充分?

提示:对于"10分及10分以上折扣率为70%,10分以下折扣率为90%"中的"10分",同样需要进行边界值的分析和测试用例设计。请读者结合该提示继续完成后续测试用例的填充。

4. 拓展练习

【练习】 采用边界值分析法对练习1.2的测试用例进行补充,针对边界情况进行分析。需求及界面原型参见练习1.2的介绍,此处不再赘述。

实验 3　因果图法与用例设计

1. 实验目标

（1）能够依据需求分析原因和结果。
（2）能够绘制因果图，标注相应的关系符号。
（3）能够将因果图转化成判定表。
（4）能够使用因果图法进行测试用例设计。

2. 背景知识

需求：某旅馆住宿系统可办理房间选定、房款支付及房间管理相关业务。其需求描述如下：游客的情况分为支付全部房款（即预期入住天数内所有房款）和支付部分房款（仅支付定金）。可选择"单人间""双人间"或"豪华间"，若某类型房间有空房，则相应类型的房间被开启；若某类型房间无空房，则"房间已满"提示灯亮。无空房时，支付部分房款的游客选择该类型的房间，则该类型房间不被开启且提示办理退款。若此期间，该类型房间有客人退房，则"房间已满"提示灯灭，该类型房间的某间房被开启的同时提示房款不足。

界面原型：旅馆住宿系统业务办理页面如图 3.1 所示。

图 3.1　旅馆住宿系统业务办理页面

首先，基于上述需求，思考采用等价类划分法如何进行测试用例设计。读者采用等价类划分法进行上述需求的测试用例设计时，不难发现设计出的测试用例存在如下特点。其一，数量甚少。其二，仅着重考虑了各项输入条件，并未考虑输入条件的各种组合情况。例如，选择不同的房款支付方式及房间类型，在"房间已满"和"房间空余"的不同前提下，产生的结果会有所差异，此情况在等价类划分法中并未涉及和考虑。其三，未考虑各输入情况之间的相互制约关系。例如，"支付房款"与"支付定金"不能同时选择，最多只能选择一个；"单人间""双人间"和"豪华间"不能同时选择，最多仅能选择一个等，上述列举的两种情况在等价类划分法中也并未涉及和考虑。

再如某保险公司的预约投保系统,界面原型如图 3.2 所示。读者针对此界面原型采用等价类划分法进行测试用例设计时,同样会忽略多种关系不能同时存在的情况。例如,"称谓"字段中"先生"与"女士"不能同时成立,最多仅能成立两者之一;"所在地"字段中,当选择某市时,该市所属省份必须同步出现,不能有选择某市后该市所属省份不出现的情况发生;"联系电话"字段中,"固定电话""小灵通"及"手机号"至少填写一个即可。

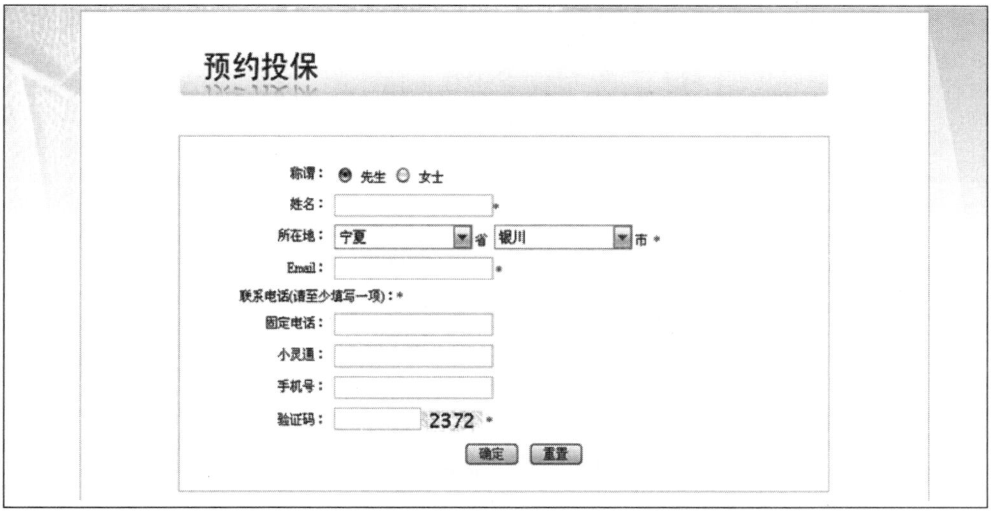

图 3.2　预约投保系统界面原型

读者充分理解了上述两实例后,则不难理解仅采用等价类划分法并不能很好地处理"当系统中输入项之间以及输入项与输出之间存在多种关系"时的测试用例设计问题,这正是引入因果图法的主要原因。

因果图法是从需求中找出因(输入条件)和果(输出或程序状态的改变),通过分析输入条件之间的关系(组合关系、约束关系等)以及输入和输出之间的关系绘制出因果图,再转化成判定表,从而设计出测试用例的方法,如图 3.3 所示。不难理解,该方法主要适用于各种输入条件之间存在某种相互制约关系或输出结果依赖于各种输入条件的组合时的情况。

图 3.3　因果图法介绍

下面以图 3.4 为例,对因果图进行初步介绍。

通过观察可以发现,图 3.4 中无法识别的符号较多,如 E、V 等。下面结合图 3.5,对因果图中的常用符号含义进行介绍。

因果图符号的种类繁多,常用符号介绍如下。

(1) CI:原因。I 取"0"表示状态不出现,"1"表示状态出现,若有多状态,可用大于 1 的多个值表示。

(2) EI:结果。I 取"0"表示状态不出现,"1"表示状态出现,若有多状态,可用大于 1 的多个值表示。

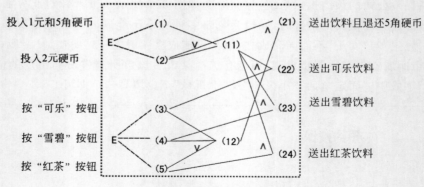

输入条件(原因)　　　　　　　　　　　　　　　　　　输出条件(结果)

图 3.4　因果图初识

(a) 恒等　　　　(b) 非　　　　(c) 或　　　　(d) 与

图 3.5　因果图符号

（3）恒等：原因结果同时出现。

（4）非：原因出现，结果不出现；原因不出现，结果出现。

（5）或：只要有一个原因出现，结果就出现；原因都不出现，结果就不出现。

（6）且：原因都出现，结果才出现。

注意：图 3.5 所示的每个结点表示一个状态。

为了表示原因与原因之间、结果与结果之间可能存在的约束条件，因果图中通常还附加一些表示约束条件的符号，如图 3.6 所示。

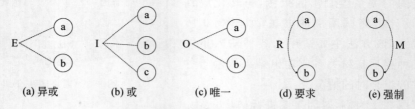

(a) 异或　　　(b) 或　　　(c) 唯一　　　(d) 要求　　　(e) 强制

图 3.6　带约束条件的因果图符号

约束符号也包含多种类型，分别从输入考虑和从输出考虑两方面进行归类如下。

（1）从输入考虑。

① E(互斥/异或)：表示 a、b 两个原因不会同时成立，最多只有一个成立。

② I(包含)：a、b、c 三个原因中至少有一个必须成立。

③ O(唯一)：a、b 两个原因中必须有一个，且仅有一个成立。

④ R(要求)：当 a 出现时，b 必须也出现，不可能出现 a 而不出现 b。

（2）从输出考虑。

M（强制或屏蔽）：a 是 1 时，b 必须是 0；a 是 0 时，b 的值不确定。

下面再次对某保险公司的预约投保系统的"预约投保"页面进行分析，结果如图 3.7 所示。

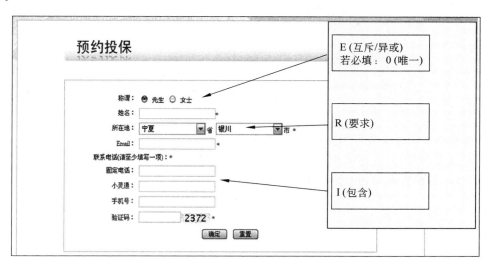

图 3.7　预约投保页面各字段关系分析

到目前为止，已经强调了因果图中各符号的含义，究竟如何使用因果图法进行测试用例设计呢？可参照如下步骤。

（1）分析需求，提取原因和结果，并赋予标识符；

（2）分析需求，提取因果关系，并表示成因果图；

（3）标明因果图中的约束条件；

（4）将因果图转换成判定表；

（5）为判定表中每一列表示的情况设计测试用例。

注意：原因常常是输入条件或输入条件的等价类；结果常常是输出条件。

下面以旅馆住宿系统为例，针对忽略房间状态和考虑房间状态两种不同的需求情况，采用因果图法进行测试用例设计。

3. 实验任务

【任务 3.1】　旅馆住宿系统测试用例设计（忽略房间状态）。

需求：某旅馆住宿系统可办理房间选定、房款支付及房间管理相关业务，系统默认房间资源始终保持充足的状态。其需求描述如下：游客的情况分为支付全部房款（即预期入住天数内所有房款）和支付部分房款（仅支付定金）。选择"单人间""双人间"或"豪华间"，则相应类型的房间被开启。若游客支付的房款不足，则在开启房间的同时系统提示房款不足。

界面原型：旅馆住宿系统业务办理页面（忽略房间状态）如图 3.8 所示。

问题：采用因果图法进行测试用例设计。

图 3.8 旅馆住宿系统业务办理页面(忽略房间状态)

前提条件：对需求进行分析后可发现,该需求的输入项与输入项之间以及输入项与结果之间存在多种关系,此时采用因果图法进行测试用例设计更为合适。

第 1 步,分析需求,找出原因和结果,即输入和输出。

原因：

(1) 游客支付全部房款。

(2) 游客支付部分房款。

(3) 游客选择"单人间"。

(4) 游客选择"双人间"。

(5) 游客选择"豪华间"。

结果：

(21) 该类型房间被打开且提示房款支付不足。

(22) 某单人间被打开。

(23) 某双人间被打开。

(24) 某豪华间被打开。

第 2 步,绘制因果图,并标注相应的关系符号,如图 3.9 所示。图 3.9 中,所有原因结点显示于左侧,所有结果结点显示于右侧,中间结点表示处理的中间状态。

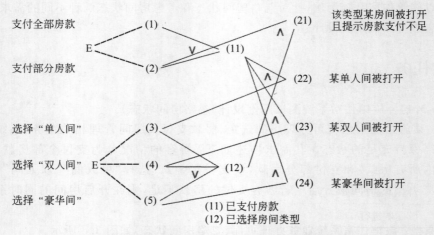

图 3.9 业务办理_因果图(忽略房间状态)

中间结点：

（11）已支付房款。

（12）已选择房间类型。

注意：中间结点的设立并非必须要完成的工作，但是它的设立可使绘制出的因果图更简单和美观，阅读起来也较为方便。

第 3 步，转换成判定表，如表 3.1 所示。

表 3.1　业务办理_判定表（忽略房间状态）

输入条件	游客支付全部房款	（1）	1	1	1	1	0	0	0	0	0	0	0
	游客支付部分房款	（2）	0	0	0	0	1	1	1	1	0	0	0
	游客选择"单人间"	（3）	1	0	0	0	1	0	0	0	1	0	0
	游客选择"双人间"	（4）	0	1	0	0	0	1	0	0	0	1	0
	游客选择"豪华间"	（5）	0	0	1	0	0	0	1	0	0	0	1
中间结果	已支付房款	（11）	1	1	1	1	1	1	1	1	0	0	0
	已选择房间类型	（12）	1	1	1	0	1	1	1	0	1	1	1
输出结果	该类型房间被打开且提示房款支付不足	（21）	0	0	0	0	1	1	1	0	0	0	0
	某单人间被打开	（22）	1	0	0	0	0	0	0	0	0	0	0
	某双人间被打开	（23）	0	1	0	0	0	1	0	0	0	0	0
	某豪华间被打开	（24）	0	0	1	0	0	0	1	0	0	0	0
测试用例			Y	Y	Y	Y	Y	Y	Y	Y	Y	Y	Y

第 4 步，可将表 3.1 作为确定测试用例的依据。设计测试用例如表 3.2 所示。

表 3.2　业务办理_测试用例设计（忽略房间状态）

编号	输　　入	预　期　结　果
1	游客支付全部房款,选择"单人间"	某单人间被打开
2	游客支付全部房款,选择"双人间"	某双人间被打开
3	游客支付全部房款,选择"豪华间"	某豪华间被打开
4	游客支付全部房款,未选择任何类型的房间	所有房间均不被打开
5	游客支付部分房款,选择"单人间"	某单人间被打开且系统提示房款支付不足
6	游客支付部分房款,选择"双人间"	某双人间被打开且系统提示房款支付不足
7	游客支付部分房款,选择"豪华间"	某豪华间被打开且系统提示房款支付不足
8	游客支付部分房款,未选择任何类型的房间	所有房间均不被打开
9	游客不进行支付,选择"单人间"	所有房间均不被打开
10	游客不进行支付,选择"双人间"	所有房间均不被打开
11	游客不进行支付,选择"豪华间"	所有房间均不被打开

【任务 3.2】 旅馆住宿系统测试用例设计（考虑房间状态）。

需求：某旅馆住宿系统可办理房间选定、房款支付及房间管理相关业务。其需求描述如下：游客的情况分为支付全部房款（即预期入住天数内所有房款）和支付部分房款不足（仅支付定金）。可选择"单人间""双人间"或"豪华间"，若某类型房间有空房，则相应类型的房间被开启；若某类型房间无空房，则"房间已满"提示灯亮。无空房时，支付部分房款的游客选择该类型的房间，则该类型房间不被开启且提示办理退款。若此期间，该类型房间有客人退房，则"房间已满"提示灯灭，该类型房间的某间房被开启的同时提示房款不足。

界面原型：旅馆住宿系统业务办理页面（考虑房间状态）如图 3.10 所示。

图 3.10　旅馆住宿系统业务办理页面（考虑房间状态）

问题：采用因果图法进行测试用例设计。

前提条件：对需求进行分析后可发现，该需求的输入项与输入项之间以及输入项与结果之间存在多种关系，此时采用因果图法进行测试用例设计更为合适。

第 1 步，分析需求说明，找出原因和结果，即输入和输出。

原因：

（1）该类型房间有空房。

（2）游客支付部分房款。

（3）游客支付全部房款。

（4）游客选择"单人间"。

（5）游客选择"双人间"。

（6）游客选择"豪华间"。

结果：

（21）该类型房间"房间已满"灯亮。

（22）提示办理退款。

（23）提示房款不足。

（24）某单人间被打开。

（25）某双人间被打开。

（26）某豪华间被打开。

第 2 步，绘制因果图，并标注相应关系符号，如图 3.11 所示。图 3.11 中，所有原因结点显示于左侧，所有结果结点显示于右侧，中间结点表示处理的中间状态。

中间结点:

(11) 支付房款不足且已选择房间类型。

(12) 已选择房间类型。

(13) 该类型房间有空房并且提示房款支付不足。

(14) 房款已支付。

注意:中间结点的设置并非必须要完成的工作,但是设立中间结点可使绘制出的因果图更简单和美观,阅读起来也较为方便。

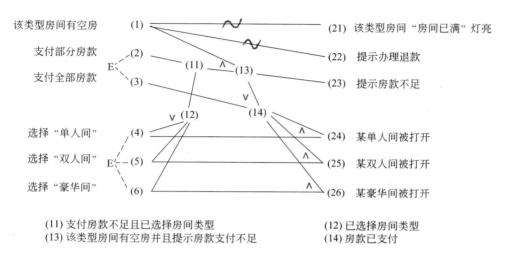

(11) 支付房款不足且已选择房间类型　　　　(12) 已选择房间类型
(13) 该类型房间有空房并且提示房款支付不足　(14) 房款已支付

图 3.11　业务办理_因果图(考虑房间状态)

第 3 步,转换成判定表,如表 3.3 和表 3.4 所示。

表 3.3　业务办理_判定表一(考虑房间状态)

类别	行	1	2	3	4	5	6	7	8	9	10	11	12	13	14	15	16	17	18	19	20	21	22	23	24	25	26	27	28	29	30	31	32
输入条件	(1)	1	1	1	1	1	1	1	1	1	1	1	1	1	1	1	1	1	1	1	1	1	1	1	1	1	1	1	1	1	1	1	1
	(2)	1	1	1	1	1	1	1	1	1	1	1	1	1	1	1	1	0	0	0	0	0	0	0	0	0	0	0	0	0	0	0	0
	(3)	1	1	1	1	1	1	1	1	0	0	0	0	0	0	0	0	1	1	1	1	1	1	1	1	0	0	0	0	0	0	0	0
	(4)	1	1	0	0	1	1	0	0	1	1	0	0	1	1	0	0	1	1	0	0	1	1	0	0	1	1	0	0	1	1	0	0
	(5)	1	0	1	0	1	0	1	0	1	0	1	0	1	0	1	0	1	0	1	0	1	0	1	0	1	0	1	0	1	0	1	0
	(6)	0	0	0	0	1	1	1	1	0	0	0	0	1	1	1	1	0	0	0	0	1	1	1	1	0	0	0	0	1	1	1	1
输出结果	(21)										0	0	0				0		0	0	0				0		0	0	0				0
	(22)										0	0	0				0		0	0	0				0		0	0	0				0
	(23)										1	1	0				1		0	0	0				0		0	0	0				0
	(24)										0	0	0				0		1	0	0				0		0	0	0				0
	(25)										0	0	0				0		0	1	0				0		0	0	0				0
	(26)										0	0	0				0		0	0	0				1		0	0	0				0
测试用例											Y	Y	Y				Y		Y	Y	Y				Y		Y	Y	Y				Y

表 3.4　业务办理_判定表二（考虑房间状态）

		1	2	3	4	5	6	7	8	9	10	11	12	13	14	15	16	17	18	19	20	21	22	23	24	25	26	27	28	29	30	31	32
输入条件	(1)	0	0	0	0	0	0	0	0	0	0	0	0	0	0	0	0	0	0	0	0	0	0	0	0	0	0	0	0	0	0	0	0
	(2)	1	1	1	1	1	1	1	1	1	1	1	1	1	1	1	1	0	0	0	0	0	0	0	0	0	0	0	0	0	0	0	0
	(3)	1	1	1	1	1	1	1	1	0	0	0	0	0	0	0	0	1	1	1	1	1	1	1	1	0	0	0	0	0	0	0	0
	(4)	1	1	0	0	1	1	0	0	1	1	0	0	1	1	0	0	1	1	0	0	1	1	0	0	1	1	0	0	1	1	0	0
	(5)	1	0	1	0	1	0	1	0	1	0	1	0	1	0	1	0	1	0	1	0	1	0	1	0	1	0	1	0	1	0	1	0
	(6)	0	0	0	0	1	1	1	1	0	0	0	0	1	1	1	1	0	0	0	0	1	1	1	1	0	0	0	0	1	1	1	1
输出结果	(21)						1	1	1				1		1	1	1		1								1	1	1				1
	(22)						1	1	0				1		1	1	1		1								0	0	0				0
	(23)						0	0	0				0		0	0	0		0								0	0	0				0
	(24)						0	0	0				0		0	0	0		0								0	0	0				0
	(25)						0	0	0				0		0	0	0		0								0	0	0				0
	(26)						0	0	0				0		0	0	0		0								0	0	0				0
测试用例							Y	Y	Y				Y		Y	Y	Y		Y								Y	Y	Y				Y

注意：

① 转化判定表时，通过分析，可先将违反约束条件的组合省略，再列出判定表，则可大大减少工作量。本任务组合项较多，为避免讲解不充分，特列举出所有组合。

② 表 3.3 和表 3.4 中未列出中间结点的取值情况，读者可自行列举。

第 4 步，在判定表中，空白部分表示因违反约束条件而不可能出现的情况，故不对此进行测试用例设计。将表 3.3 和表 3.4 作为确定测试用例的依据。设计测试用例如表 3.5 所示。

表 3.5　业务办理_测试用例设计（考虑房间状态）

编号	输　入	预期结果
1	游客支付部分房款，选择"单人间"且有空房	某单人间被打开且系统提示房款不足
2	游客支付部分房款，选择"双人间"且有空房	某双人间被打开且系统提示房款不足
3	游客支付部分房款，未选择任何类型的房间	所有房间均不被打开且"房间已满"灯为灭的状态
4	游客支付部分房款，选择"豪华间"且有空房	某豪华间被打开且系统提示房款不足
5	游客支付全部房款，选择"单人间"且有空房	某单人间被打开
6	游客支付全部房款，选择"双人间"且有空房	某双人间被打开
7	游客支付全部房款，未选择任何类型的房间	所有房间均不被打开且"房间已满"灯为灭的状态
8	游客支付全部房款，选择"豪华间"且有空房	某豪华间被打开
9	游客不进行支付，选择"单人间"且有空房	所有房间均不被打开且"房间已满"灯为灭的状态

编号	输　入	预期结果
10	游客不进行支付,选择"双人间"且有空房	所有房间均不被打开且"房间已满"灯为灭的状态
11	游客不进行支付,未选择任何类型的房间且有空房	所有房间均不被打开且"房间已满"灯为灭的状态
12	游客不进行支付,选择"豪华间"且有空房	所有房间均不被打开且"房间已满"灯为灭的状态
13	游客支付部分房款,选择"单人间"且没有空房	"房间已满"灯为亮的状态且系统提示办理退款
14	游客支付部分房款,选择"双人间"且没有空房	"房间已满"灯为亮的状态且系统提示办理退款
15	游客支付部分房款,未选择任何类型的房间	"房间已满"灯为亮的状态
16	游客支付部分房款,选择"豪华间"且没有空房	"房间已满"灯为亮的状态且系统提示办理退款
17	游客支付全部房款,选择"单人间"且没有空房	"房间已满"灯为亮的状态且系统提示办理退款
18	游客支付全部房款,选择"双人间"且没有空房	"房间已满"灯为亮的状态且系统提示办理退款
19	游客支付全部房款,未选择任何类型的房间	"房间已满"灯为亮的状态
20	游客支付全部房款,选择"豪华间"且没有空房	"房间已满"灯为亮的状态且系统提示办理退款
21	游客不进行支付,选择"单人间"且没有空房	所有房间均不被打开且"房间已满"灯为亮的状态
22	游客不进行支付,选择"双人间"且没有空房	所有房间均不被打开且"房间已满"灯为亮的状态
23	游客不进行支付,未选择任何类型的房间且没有空房	所有房间均不被打开且"房间已满"灯为亮的状态
24	游客不进行支付,选择"豪华间"且没有空房	所有房间均不被打开且"房间已满"灯为亮的状态

注意:需求中描述当房间没有空余时,"房间已满"灯亮。但是,读者会发现界面原型中并未显示"灯"。在此,值得一提的是,实际项目中界面原型可能会采用其他方式来实现需求说明中的要求,所采取的表现方式或许更加易于理解和使用。建议开发人员确定界面原型后,及时与客户进行沟通并确认,便于后续工作在此基础上顺利开展。

思考:若此处采用等价类划分法设计测试用例,又该如何考虑呢?

4. 拓展练习

【练习 3.1】 采用因果图法针对以下需求进行测试用例设计。

需求:输入的第一个字符必须是♯或∗,第二个字符必须是一个数字,此情况下进行文件的修改。若第一个字符不是♯或∗,则给出信息 N;若第二个字符不是数字,则给出信息 M。

【练习 3.2】 采用因果图法针对以下需求进行测试用例设计。

需求:有一个自动售货机,若投入 5 角或 1 元的硬币,按下"橙汁"或"啤酒"按钮,则相应的饮料就送出来。若售货机没有零钱,则显示"零钱找完"的红灯亮,这时再投入 1 元硬币并按下按钮后,饮料不送出来而且 1 元硬币也退出来;若售货机有零钱,则显示"零钱找完"的红灯灭,投入 1 元硬币并按下按钮后,在送出饮料的同时退还 5 角硬币。

实验 4 决策表法与用例设计

1. 实验目标

（1）理解决策表法的原理。
（2）能够使用决策表法进行测试用例设计。
（3）能够在真实项目中灵活运用决策表法。

2. 背景知识

在使用因果图法进行测试用例设计的过程中用到了判定表。判定表又称决策表，是使用决策表法进行测试用例设计的核心，是分析和表达多逻辑条件下执行不同操作的情况的有效工具。因此，决策表法是一种能够将复杂逻辑关系和多条件组合情况表达得较为明确的方法，适用于程序中输入、输出较多或输入与输出之间相互制约条件较多的情况。在所有黑盒测试方法中，基于决策表法的测试是最严格、最具有逻辑性的。

下面通过表 4.1 所示实例加以说明。

表 4.1 决策表实例

问题与建议		1	2	3	4	5	6	7	8
问题	是否劳累	Y	Y	Y	Y	N	N	N	N
	是否喜欢	Y	Y	N	N	Y	Y	N	N
	是否难理解	Y	N	Y	N	Y	N	Y	N
建议	重听一遍					√			
	继续进行						√		
	进行下一题							√	√
	休息	√	√	√	√				

不难理解，决策表能够依据各种可能的情况将看似复杂的问题全部罗列出来，简明且无遗漏。同理可得，在软件测试中，利用决策表法也能够设计出完整的测试用例集合。

图 4.1 所示为决策表模型图。

决策表模型图中包含条件桩、条件项、动作桩和动作项四项元素，简要解释如下。

（1）条件桩：问题的所有条件的集合，包含各种条件，其中各条件次序无严格限制。

（2）条件项：问题的所有条件的各种取值的集

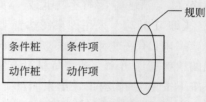

图 4.1 决策表模型图

合,包含条件桩中各种条件的各种取值的组合,其中各条件次序无严格限制。

（3）动作桩：问题的所有可采取操作的集合,包含各种可采取的操作,其中各操作次序无严格限制。

（4）动作项：针对条件项的各种组合的取值情况下,应该采取的对应操作。

需要提醒的是,决策表中任何一个条件组合的特定取值及其相应要执行的操作称为规则。

不难理解,决策表法实质为直接把测试输入中所有可能的情况进行组合,并汇总所对应的操作结果,这也是决策表法的优势所在。显然,利用决策表法能够设计出各种组合类型的完整测试用例集合。但不得不承认,决策表法并非十全十美,它不能表达重复执行的动作,如循环结构等。因此,读者应辩证地看待该方法。

至此,读者已对决策表法有了相关见解,如何使用决策表法成为下一步要研究的重点。读者可参照以下步骤进行测试用例设计。

（1）列出所有的条件桩和动作桩。

（2）确定规则的个数。

（3）填入条件项。

（4）填入动作项。

（5）简化决策表,合并类似规则或相同动作。

注意:

① 针对"确定规则的个数",需要提醒的是,若某决策表中有 n 个条件,且每个条件可取真、假两种值,则共有 2^n 条规则;若某决策表中有 n 个条件,且每个条件可取 1、2、3、…、m,则共有 m^n 条规则。

② 针对决策表的简化过程,提醒以下两点：其一,若表中有两条或两条以上的规则具有相同的操作,且在条件项之间存在较为类似的关系,则可进行规则合并;其二,规则合并后得到的条件项用符合"—"表示,代表执行的动作与该条件的取值无关,即成为无关条件。

读者已从理论层面上认识了决策表法,下面将以旅馆住宿系统及经典的 NextDate 函数为例,从实践角度进一步介绍决策表法的应用。

3. 实验任务

【任务 4.1】 旅馆住宿系统测试用例设计。

需求: 为了进一步扩大业务和提升营业额,旅馆住宿系统支持房间预订、定金支付及会员卡办理功能,且规定在旅游旺季客房紧张的情况下,优先为进行了房间预订且已支付定金或持有会员卡的游客办理房间入住。

问题: 采用决策表法进行测试用例设计。

前提条件: 需求中输入与输出之间相互制约的条件较多,故适合采用决策表法设计测试用例。

第 1 步,分析需求,列出所有的条件桩和动作桩。

条件桩:

（1）是否进行房间预订。

（2）是否已支付定金。

（3）是否为旅馆会员。

动作桩：

（1）优先办理房间入住。

（2）做其他处理。

第 2 步，确定规则的个数。在此有 3 个条件，且每个条件有两种取值（是或否），故应有 $2 \times 2 \times 2 = 8$ 种规则。此步骤得出表 4.2 所示的决策表。

表 4.2 旅馆住宿系统_决策表_确定规则个数

条件和动作		规　则							
		1	2	3	4	5	6	7	8
条件	是否进行房间预订								
	是否已支付定金								
	是否为旅馆会员								
动作	优先办理房间入住								
	做其他处理								

第 3 步，填入条件项。条件项即条件桩中各种条件的各种取值的组合，其中各条件次序无严格限制。此步骤得出表 4.3 所示的决策表。

表 4.3 旅馆住宿系统_决策表_填入条件项

条件和动作		规　则							
		1	2	3	4	5	6	7	8
条件	是否进行房间预订	Y	Y	Y	Y	N	N	N	N
	是否已支付定金	Y	Y	N	N	Y	Y	N	N
	是否为旅馆会员	Y	N	Y	N	Y	N	Y	N
动作	优先办理房间入住								
	做其他处理								

第 4 步，填入动作项。此步骤得出表 4.4 所示的决策表。

表 4.4 旅馆住宿系统_决策表_填入动作项

条件和动作		规　则							
		1	2	3	4	5	6	7	8
条件	是否进行房间预订	Y	Y	Y	Y	N	N	N	N
	是否已支付定金	Y	Y	N	N	Y	Y	N	N
	是否为旅馆会员	Y	N	Y	N	Y	N	Y	N
动作	优先办理房间入住	X	X	X		X		X	
	做其他处理				X		X		X

第 5 步,简化决策表,合并类似规则或相同动作。经分析可知,规则 1 与规则 2、规则 5 与规则 7、规则 6 与规则 8 可进行合并,此步骤得出表 4.5 所示的决策表。

表 4.5　旅馆住宿系统_简化后的决策表

条件和动作		规　　则				
		1	2	3	4	5
条件	是否进行房间预订	Y	Y	Y	N	N
	是否已支付定金	Y	N	N	—	—
	是否为旅馆会员	—	Y	N	Y	N
动作	优先办理房间入住	X	X		X	
	做其他处理			X		X

至此,依据表 4.5 所示的所有规则可得出最终测试用例,如表 4.6 所示。

表 4.6　旅馆住宿系统_最终测试用例

编号	输　入　条　件	输　入　数　据	预　期　结　果
1	已进行房间预订且已支付定金	房间编号、类型、定金金额	优先办理入住
2	已进行房间预订、未支付定金,是旅馆会员	房间编号、类型、会员卡卡号	优先办理入住
3	已进行房间预订、未支付定金,不是旅馆会员	房间编号、类型	做其他处理
4	未进行房间预订,是旅馆会员	会员卡卡号	优先办理入住
5	未进行房间预订,不是旅馆会员		做其他处理

注意:

① 实际使用决策表时,常常优先进行化简。

② 体会因果图法与决策表法的不同。

【任务 4.2】 NextDate 函数测试用例设计。

需求:NextDate 函数包含了三个输入变量,分别为 Month(月份)、Day(日期)和 Year(年);函数输出为输入日期的后一天的日期。例如输入为 2010 年 10 月 10 日,则输出为 2010 年 10 月 11 日。其中,输入变量 Month、Day 和 Year 都为整数,且取值范围满足 $1 \leqslant Month \leqslant 12, 1 \leqslant Day \leqslant 31, 1980 \leqslant Year \leqslant 2020$。

问题:采用决策表法进行测试用例设计。

前提条件:需求中存在输入、输出较多或输入与输出之间相互制约条件较多的情况,故适合采用决策表法进行测试用例设计。

第 1 步,分析需求,列出所有的条件桩和动作桩。

条件桩:

(1) Month。

(2) Day。

(3) Year。

动作桩:

（1）Day 变量值加 1。

（2）Day 变量值复位为 1。

（3）Month 变量值加 1。

（4）Month 变量值复位为 1。

（5）Year 变量值加 1。

注意：为获得输入日期的后一天的日期，NextDate 函数仅须执行上述 5 种类型的操作。

第 2 步，确定规则的个数。依据"若某决策表中有 n 个条件，且每个条件可取真、假两种值，则共有 2^n 条规则；若某决策表中有 n 个条件，且每个条件可取 1、2、3、…、m，则共有 m^n 条规则。"可知，在此有 3 个条件，且每个条件的具体取值如下。

（1）Month 可有以下 4 种取值：

① M1＝{Month 有 30 天}。

② M2＝{Month 有 31 天，12 月除外}。

③ M3＝{Month 为 12 月}。

④ M4＝{Month 为 2 月}。

（2）Day 可有以下 5 种取值：

① D1＝{1≤Day≤27}。

② D2＝{Day＝28}。

③ D3＝{Day＝29}。

④ D4＝{Day＝30}。

⑤ D5＝{Day＝31}。

（3）Year 可有以下 2 种取值：

① Y1＝{Year 为是闰年}。

② Y2＝{Year 为非闰年}。

综上所述，应有 4×5×2＝40 种规则。

第 3 步，填入条件项。条件项即条件桩中各种条件的各种取值的组合，其中各条件次序无严格限制。实际使用决策表时，常常优先进行化简，在此，填入条件项时即可结合实际情况进行适当化简。

填入条件项的过程中，以 Day 为填写基准（以条件中取值情况最多的条件项为基准），进行四组数据的填入（因为 Month 有 4 种取值），而 Year 仅对"Month＝M4，且 Day＝D2 或 D3"时的情况有影响。此步骤得出表 4.7 所示的决策表。

表 4.7 NextDate 函数_决策表_填入条件项

条件和动作		规则																					
		1	2	3	4	5	6	7	8	9	10	11	12	13	14	15	16	17	18	19	20	21	22
条件	Month	M1	M1	M1	M1	M1	M2	M2	M2	M2	M2	M3	M3	M3	M3	M3	M4	M4	M4	M4	M4	M4	M4
	Day	D1	D2	D3	D4	D5	D1	D2	D3	D4	D5	D1	D2	D3	D4	D5	D1	D2	D2	D3	D3	D4	D5
	Year	—	—	—	—	—	—	—	—	—	—	—	—	—	—	—	—	Y1	Y2	Y1	Y2	—	—

条件和动作		规则																					
		1	2	3	4	5	6	7	8	9	10	11	12	13	14	15	16	17	18	19	20	21	22
动作	无效																						
	Day 加 1																						
	Day 复位																						
	Month 加 1																						
	Month 复位																						
	Year 加 1																						

第 4 步,填入动作项。此步骤得出表 4.8 所示的决策表。

表 4.8　NextDate 函数_决策表_填入动作项

条件和动作		规则																					
		1	2	3	4	5	6	7	8	9	10	11	12	13	14	15	16	17	18	19	20	21	22
条件	Month	M1	M1	M1	M1	M1	M2	M2	M2	M2	M2	M3	M3	M3	M3	M3	M4	M4	M4	M4	M4	M4	M4
	Day	D1	D2	D3	D4	D5	D1	D2	D3	D4	D5	D1	D2	D3	D4	D5	D1	D2	D2	D3	D3	D4	D5
	Year	—	—	—	—	—	—	—	—	—	—	—	—	—	—	—	—	Y1	Y2	Y1	Y2	—	—
动作	无效					√															√	√	√
	Day 加 1	√	√	√			√	√	√	√		√	√	√	√		√	√					
	Day 复位				√						√					√			√	√			
	Month 加 1				√						√								√	√			
	Month 复位															√							
	Year 加 1															√							

第 5 步,简化决策表,合并类似规则或相同动作。经分析可知,规则 1、规则 2 与规则 3,规则 6、规则 7、规则 8 与规则 9,规则 11、规则 12、规则 13 与规则 14,以及规则 21 与规则 22 可进行合并,此步骤得出表 4.9 所示的决策表。

表 4.9　NextDate 函数_简化后决策表

条件和动作		规则													
		1~3	4	5	6~9	10	11~14	15	16	17	18	19	20	21	22
条件	Month	M1	M1	M1	M2	M2	M3	M3	M4	M4	M4	M4	M4		
	Day	D1~D3	D4	D5	D1~D4	D5	D1~D4	D5	D1	D2	D2	D3	D3	D4	D5
	Year	—	—	—	—	—	—	—	—	Y1	Y2	Y1	Y2	—	—
动作	无效			√									√	√	√
	Day 加 1	√			√		√		√	√					
	Day 复位		√			√		√			√	√			

条件和动作		规　则													
		1~3	4	5	6~9	10	11~14	15	16	17	18	19	20	21	22
动作	Month 加 1		√			√					√	√			
	Month 复位							√							
	Year 加 1							√							

至此,依据表 4.9 所示的所有规则可得出最终测试用例,如表 4.10 所示。

表 4.10　NextDate 函数_最终测试用例

编号	输入条件	输入数据	预期结果
1	输入 3 个变量值	Year＝2010、Month＝9、Day＝10	2010-9-11
2	输入 3 个变量值	Year＝2010、Month＝9、Day＝30	2010-10-1
3	输入 3 个变量值	Year＝2010、Month＝9、Day＝31	无效
4	输入 3 个变量值	Year＝2010、Month＝10、Day＝10	2010-10-11
5	输入 3 个变量值	Year＝2010、Month＝10、Day＝31	2010-11-1
6	输入 3 个变量值	Year＝2010、Month＝12、Day＝10	2010-12-11
7	输入 3 个变量值	Year＝2010、Month＝12、Day＝31	2011-1-1
8	输入 3 个变量值	Year＝2010、Month＝2、Day＝10	2010-2-11
9	输入 3 个变量值	Year＝2012、Month＝2、Day＝28	2012-2-29
10	输入 3 个变量值	Year＝2010、Month＝2、Day＝28	2010-3-1
11	输入 3 个变量值	Year＝2012、Month＝2、Day＝29	2012-3-1
12	输入 3 个变量值	Year＝2010、Month＝2、Day＝29	无效
13	输入 3 个变量值	Year＝2010、Month＝2、Day＝30	无效

注意:请读者尝试采用等价类划分法、边界值分析法和决策表法进行测试用例设计,并体会等价类划分法、边界值分析法与决策表法的不同。

4. 拓展练习

【练习】　采用决策表法针对以下需求进行测试用例设计。

需求:订购单的检查规则为,若订购单金额超过 600 元且未过期,则发出批准单和提货单;若订购单金额超过 600 元,但过期了,则不发批准单;如果订购单金额低于 600 元,则不论是否过期都发出批准单和提货单,在过期的情况下还需发出通知单。

实验 5 错误推测法与用例设计

1. 实验目标

（1）理解错误推测法的原理。
（2）能够采用错误推测法进行测试用例设计。
（3）能够在真实项目中灵活运用错误推测法。

2. 背景知识

对于每个行业的工作者而言，经验都非常重要。对于测试工作而言，经验同样占据举足轻重的地位。基于经验开展的测试可以更充分、更高效地发现深层次的缺陷，进一步提升软件的质量。

错误推测法即借助测试经验开展测试的一种方法，它基于经验和直觉推测软件中容易产生缺陷的功能、模块及各种业务场景等，并依据推测逐一进行列举，从而更有针对性地设计测试用例。例如，进行旅馆住宿系统测试时，办理入住及房间结算功能模块产生的缺陷数量最多，且缺陷严重程度也较高。因此，进行旅馆住宿系统其他版本测试时，着重测试了上述两模块，实践证明的确能够发现不少缺陷。

下面以办理入住功能为例进行错误推测法的阐述。需求简要概括如下：旅馆住宿系统支持房间网上预订、房间非网上预订（即旅馆业主为游客办理预订）、房间入住、房间续租、更换房间及房间结算等功能，且无论已预订房间的或是未预订房间的游客，只要房间有空余，均可办理入住。

基于经验可知，办理入住功能中，往往易产生房间资源占用冲突的情况发生，例如：

（1）针对空闲的房间，其他游客办理入住时是否允许；

（2）针对已被预订的某时段的房间，其他游客办理该时段入住时是否允许；

（3）针对已被预订但又被退订某时段的房间，其他游客办理该时段入住时是否允许；

（4）针对已被他人入住的某时段的房间，其他游客办理该时段入住时是否允许；

（5）针对某游客入住到期但同时申请当前房间续租业务的房间，其他游客办理续租时段入住时是否允许；

（6）针对某游客已入住但申请换房业务，且换房成功后空闲的房间，其他游客办理该时段入住时是否允许；

（7）针对某游客已入住但申请换房业务，且换房成功后新占用的房间，其他游客办理该时段入住时是否允许；

（8）针对刚刚办理了房间结算业务的房间，办理已结算时段入住时是否允许；

（9）针对一间房的多个不同时间段被不同游客办理了预订、入住、续租、换房等业务的

情况,其他游客办理入住时是否允许;

(10) 其他容易产生房间资源占用冲突的情况。

基于上述分析,进一步设计测试用例,如表 5.1 所示。

表 5.1 测试用例设计

模块名称	办理入住	优先级	高
功能点	旅馆业主给未预订房间的游客办理入住		
预置条件	(1) 以旅馆业主身份登录系统,例如 lvguan/123456 (2) 旅馆有单人间房间类型 (3) 单人间类型下有 101 房间,且为空房 (4) 单人间类型下有 102 房间,102 号房间 8 月 13—15 日已入住并续租到 8 月 18 日,8 月 22—25 日被另一个游客网上预订,8 月 26—28 日由旅馆业主为第三名游客办理了预订 (5) 单人间类型下有 103 房间等		

序号	功能点	子预置条件	用例描述(含输入数据)	预期结果
1	办理入住	无	(1) 在办理入住页面中填写或选择以下字段信息: 房间类型:单人间 房间号:101 入住人数:2 姓名:小魏 性别:女 身份证号:130103198112121111 联系方式:13012345678 入住日期:当天日期 离开日期:2011 年 8 月 20 日 押金金额:100 元 备注:需要有网络的房间 (2) 单击"办理入住"按钮	(1) 系统提示"办理入住成功" (2) 住宿管理模块下列表中增加一条入住记录 (3) 结算管理模块下列表中增加一条入住记录 (4) 该记录的各字段显示同办理入住时添加的信息
2	能否入住验证:入住房在入住期间不能再被办理入住(不含续租)	当前日期 8 月 13 日	(1) 单击系统主界面上的"办理入住"命令,打开办理入住页面 (2) 在办理入住页面中办理 8 月 13—16 日的 102 房间(单人间)入住业务 (3) 单击"办理入住"按钮	系统提示"无法进行入住,该房间在该时间段被占用"
3	能否入住验证:入住房在入住期间不能再被办理入住(含续租)	当前日期 8 月 17 日	(1) 单击系统主界面上的"办理入住"命令,打开办理入住页面 (2) 在办理入住页面中办理 8 月 17—19 日的 102 房间(单人间)入住业务 (3) 单击"办理入住"按钮	系统提示"无法进行入住,该房间在该时间段被占用"
4	能否入住验证:入住房在入住期间的边界不能再被办理入住(含续租)	当前日期 8 月 18 日	(1) 单击系统主界面上的"办理入住"命令,打开办理入住页面 (2) 在办理入住页面中办理 8 月 18—20 日的 102 房间(单人间)入住业务 (3) 单击"办理入住"按钮	系统提示"无法进行入住,该房间在该时间段被占用"

序号	功能点	子预置条件	用例描述（含输入数据）	预期结果
5	能否入住验证：某时间范围房间为空房可被办理入住（含续租）	当前日期 8 月 19 日	（1）单击系统主界面上的"办理入住"命令，打开办理入住页面 （2）在办理入住页面中办理 8 月 19—21 日的 102 房间（单人间）入住业务 （3）单击"办理入住"按钮	可成功办理入住
6	能否入住验证：某时间范围房间已被游客网上预订则不可再被办理入住（含边界）	当前日期 8 月 19 日	（1）单击系统主界面上的"办理入住"命令，打开办理入住页面 （2）在办理入住页面中办理 8 月 19—22 日的 102 房间（单人间）业务 （3）单击"办理入住"按钮	系统提示"无法进行入住，该房间在该时间段被占用"
7	能否入住验证：某时间范围房间已被游客网上预订或旅馆业主办理了预订则不可再被办理入住（含边界）	当前日期 8 月 25 日	（1）单击系统主界面上的"办理入住"命令，打开办理入住页面 （2）在办理入住页面中办理 8 月 25—26 日的 102 房间（单人间）入住业务 （3）单击"办理入住"按钮	系统提示"无法进行入住，该房间在该时间段被占用"
8	能否入住验证：某时间范围房间已被旅馆业主办理了预订则不可再被办理入住	当前日期 8 月 26 日	（1）单击系统主界面上的"办理入住"命令，打开办理入住页面 （2）在办理入住页面中办理 8 月 26—28 日的 102 房间（单人间）入住业务 （3）单击"办理入住"按钮	系统提示"无法进行入住，该房间在该时间段被占用"
9	能否入住验证：某时间范围房间已被旅馆业主办理了预订则不可再被办理入住（含边界）	当前日期 8 月 28 日	（1）单击系统主界面上的"办理入住"命令，打开办理入住页面 （2）在办理入住页面中办理 8 月 28—29 日的 102 房间（单人间）入住业务 （3）单击"办理入住"按钮	系统提示"无法进行入住，该房间在该时间段被占用"
10	能否入住验证：某时间范围房间为空房可办理入住（含边界）	当前日期 8 月 29 日	（1）单击系统主界面上的"办理入住"命令，打开办理入住页面 （2）在办理入住页面中办理 8 月 29—30 日的 102 房间（单人间） （3）单击"办理入住"按钮	可成功办理入住
11	能否入住验证：已入住房未到期，办理结算后，剩余日期可办理入住	（1）8 月 16 日办理了 102 房间（单人间）的结算 （2）当前日期 8 月 17 日	（1）单击系统主界面上的"办理入住"命令，打开办理入住页面 （2）在办理入住页面中办理 8 月 17—18 日的 102 房间（单人间）入住业务 （3）单击"办理入住"按钮	可成功办理入住

序号	功能点	子预置条件	用例描述(含输入数据)	预期结果
12	能否入住验证:已入住房换房后,当前房可办理入住	(1) 8月16日办理了换房,游客从102房间(单人间)换至103房间(单人间) (2) 当前日期8月17日	(1) 单击系统主界面上的"办理入住"命令,打开办理入住页面 (2) 在办理入住页面中办理8月17—18日的102房间(单人间)入住业务 (3) 单击"办理入住"按钮	可成功办理入住
13	能否入住验证:已入住房换房后,被换至的房间不可再为其他游客办理入住	(1) 8月16日办理了换房,游客从102房间(单人间)换至103房间(单人间) (2) 当前日期8月17日	(1) 单击系统主界面上的"办理入住"命令,打开办理入住页面 (2) 在办理入住页面中办理8月17—18日的103房间(单人间)入住业务 (3) 单击"办理入住"按钮	系统提示"无法进行入住,该房间在该时间段被占用"
14	能否入住验证:已预订房退订后,当前房可办理入住	(1) 游客退订了8月22—25日的102房间预订 (2) 当前日期8月22日	(1) 单击系统主界面上的"办理入住"命令,打开办理入住页面 (2) 在办理入住页面中办理8月22—25日的102房间(单人间)入住业务 (3) 单击"办理入住"按钮	可成功办理入住

注意:

① 值得提醒的是,表5.1中所示用例并未覆盖所有测试点,仅为依据错误推测法推测出的容易出问题、需要特别关注的地方。读者可结合个人经验进一步填充测试用例。

② 限于篇幅,表5.1所示的测试用例模板中省去了"测试输入数据""实际结果"等列。

不难理解,从某种角度来讲,将错误推测法看成一种提高测试质量和效率的技能似乎更为适合。该方法应用得好坏充分体现了测试人员经验丰富的程度。因此,通过该方法的学习,希望读者重视以往测试中遇到的缺陷,不断积累和总结经验,从而更充分、更高效地发现深层次的缺陷,进一步提升软件的质量。

显然,本实验在介绍错误推测法的同时,也在与读者分享一些经验,旨在让读者顺利开展相应测试。纵观众多的软件系统,尽管功能不同、业务各异,但归根结底都离不开最基本的新增、删除、修改及查询功能。下面介绍常见的新增、删除、修改及查询功能的测试点,以便读者拓展测试思路。

3. 实验任务

【任务5.1】 新增功能测试点汇总。

本任务针对常见的新增功能,汇总通用测试点或易产生缺陷的地方,如表5.2所示,以便读者拓展新增功能测试思路,积累经验。

表 5.2　新增功能测试点

测试类型	错误推测法	测试项	新增功能
用例编号	测 试 内 容		期望结果
1	正确输入页面各字段信息,验证系统是否提示操作成功,以及相关模块和数据库中是否添加了相应的记录		是
2	错误输入页面中某个或某些字段信息,验证系统是否提示操作失败及失败原因,以及相关模块和数据库中是否未添加相应的记录		是
3	验证界面中各字段的名称及控件类型的显示是否与需求规格说明书相同,避免出现丢失字段、有多余字段及字段不正确的情况		是
4	验证各字段的字段规则控制是否合理如:"邮箱字段格式要求为×××@×××.×××类型,最长支持 30 个字符",则当输入的内容不符合格式要求时,给出提示"请填写正确的邮箱格式"		是
5	验证必填字段是否有"＊"等特殊提示标识		是
6	验证必填字段是否控制正确,不填写时,系统应给出必须填写的提示信息		是
7	对于有唯一性限制的字段,验证唯一性控制是否准确,例如使用已注册过的邮箱再次进行注册,系统应给出邮箱已注册的提示		是
8	验证各按钮功能实现是否正确,如"提交""重置""取消"等按钮		是
9	验证正确、错误等各类不同输入的情况下,产生的相应提示信息描述清晰、准确		是
10	验证新增的操作权限是否控制正确,有权限人员可进行新增操作;反之,则不能。例如,需求中规定当已添加 5 份简历后,不再具备新增简历的权限,则当简历已添加 5 份后,"新增"按钮置灰显示或不再显示"新增"按钮;再如,学生作业提交系统中,当超过了作业提交截止时间后,则不再具备提交作业的权限		是
11	当有自动产生的字段时,验证新产生的各项字段显示正确、功能正确,具体同以上各测试点。例如,有的注册页面中存在复选框"显示高级用户设置选项",勾选后即可打开高级用户设置界面		是

【任务 5.2】　删除功能测试点汇总。

本任务针对常见的删除功能,汇总通用测试点或易产生缺陷的地方,如表 5.3 所示,以便读者拓展删除功能测试思路,积累经验。

表 5.3　删除功能测试点

测试类型	错误推测法	测试项	删除功能
用例编号	测 试 内 容		期望结果
1	选择一条记录进行删除操作,验证系统是否提示操作成功,以及相关模块和数据库中是否删除了相应的记录		是
2	选择一条记录但未进行删除操作,验证相关模块和数据库中是否删除了相应的记录		是
3	进行删除操作,验证是否弹出确认删除对话框,以及是否支持确定和取消操作		是
4	验证删除单条记录、多条记录及全部记录的功能是否正确		是
5	当删除操作为软删除(即未真正删除,仅为前台无法看见,但仍存放于后台或其他位置)时,验证软删除操作后是否可恢复被删除的记录		是

用例编号	测 试 内 容	期望结果
6	多记录分页显示的情况下,验证删除功能是否正确。例如,当最后一页仅有一条记录时,删除此记录是否会报错,以及是否会自动将页码定位于前一页	是
7	验证删除的操作权限是否控制正确,有权限人员可进行删除操作;反之,则不能。例如,普通用户 A 新增的帖子,往往只允许用户 A 及管理员有权限删除,而普通用户 B 不具有删除权限	是
8	验证是否支持批量删除功能	是

【任务 5.3】 修改功能测试点汇总。

本任务针对常见的修改功能,汇总通用测试点或易产生缺陷的地方,如表 5.4 所示,以便读者拓展修改功能测试思路,积累经验。

表 5.4　修改功能测试点

测试类型	错误推测法	测试项	修改功能
用例编号	测 试 内 容		期望结果
1	进入修改界面,验证界面显示的内容是否与新增时填写的信息,以及内容与字段是否准确对应		是
2	进入修改界面,验证界面中部分字段是否以只读方式显示,限制进行修改。例如,生成的工单流水号、Bug 报告的创建时间等均为已生成的信息,不支持修改		是
3	在修改界面中,进行修改操作并成功保存后,验证系统是否提示操作成功,以及相关模块和数据库中是否显示为修改后的记录		是
4	其他测试内容基本与新增功能类似,如必填项字段验证、字段规则验证、唯一性验证、修改权限验证等,故不再赘述		是

【任务 5.4】 查询功能测试点汇总。

本任务针对常见的查询功能,汇总通用测试点或易产生缺陷的地方,如表 5.5 所示,以便读者拓展查询功能测试思路,积累经验。

表 5.5　查询功能测试点

测试类型	错误推测法	测试项	查询功能
用例编号	测 试 内 容		期望结果
1	查询时,输入的查询条件为数据库中存在的记录,验证是否能正确查找到		是
2	查询时,输入的查询条件为数据库中不存在的记录,验证是否无法查找		是
3	验证界面中查询字段的设置是否与需求规格说明书相同,避免出现丢失字段、有多余字段或字段不正确的情况		是
4	查询不同类型的内容(数据库中存在相应数据),验证是否能正确查出。例如,C♯、♯include<stdio.h>、《软件性能测试——基于 LoadRunner 应用》等各类内容		是
5	查询条件有条数限制时,测试查询边界条数是否正确。例如,一次查询可显示 5 条记录,则需对显示 4 条、5 条、6 条记录的情况进行测试		是
6	验证单条件查询、多条件组合查询功能是否正常		是

用例编号	测 试 内 容	期望结果
7	验证无条件查询(即不输入条件)时,是否默认显示所有记录	是
8	验证是否支持模糊查询	是
9	查询条件中存在空格时,验证是否过滤空格	是
10	查询条件中输入特殊字符时,验证是否处理,如 &	是
11	验证查询结果分页显示是否正确,且各页查询结果是否均可正确查看	是
12	验证"清空查询条件"按钮的功能是否能实现,以及功能是否正常	是

至此,简要汇总了常见的新增、删除、修改及查询功能的测试点,读者可结合个人项目经验进一步完善上述测试点。

4. 拓展练习

【练习5.1】 对任意网站的注册功能进行测试,结合任务5.1中汇总的新增功能测试点执行测试,可结合实际业务进行测试点拓展。在此提醒读者,此过程中应注意总结并积累个人经验。(从某种角度来讲,注册即新增了一个用户)

【练习5.2】 对任意邮箱网站的删除邮件功能进行测试,结合任务5.2中汇总的删除功能测试点进行测试,可结合实际业务进行测试点拓展。提醒读者,此过程中应注意总结并积累个人经验。

实验 6 正交试验法与用例设计

1. 实验目标

(1) 理解正交试验法的原理。
(2) 能够使用正交试验法进行测试用例设计。
(3) 能够在真实项目中灵活运用正交试验法。

2. 背景知识

需求：某旅馆住宿系统的 Web 站点支持多种类型的服务器和操作系统，同时可供多种具有不同插件的浏览器访问，具体类型如下。
(1) Web 浏览器：Netscape 6.2、IE 6.0、Opera 4.0。
(2) 插件：无、RealPlayer、MediaPlayer。
(3) 应用服务器：IIS、Apache、Netscape Enterprise。
(4) 操作系统：Windows 2000、Windows NT、Linux。

基于上述需求，测试各种不同组合情况下网站的运行情况，思考此过程属于哪一种类型的测试？不难理解，此过程可归为兼容性测试。就此兼容性测试而言，如何进行测试用例设计呢？简要剖析如下。

(1) 采用等价类划分法：把 Web 浏览器、插件、应用服务器及操作系统作为有效等价类，依据等价类划分法步骤中的"设计一个新用例，使它能够尽量多地覆盖尚未覆盖的有效等价类。重复该步骤，直到所有有效等价类均被用例所覆盖"，可设计 4 条测试用例。思考可知，等价类划分法设计出的测试用例组合相当不充分，故否定此法。

注意：采用等价类划分法设计测试用例的步骤如下。
① 依据常用方法划分等价类。
② 为等价类表中的每一个等价类分别规定一个唯一的编号。
③ 设计一个新用例，使它能够尽量多地覆盖尚未覆盖的有效等价类。重复该步骤，直到所有有效等价类均被用例所覆盖。
④ 设计一个新用例，使它仅覆盖一个尚未覆盖的无效等价类。重复该步骤，直到所有的无效等价类均被用例所覆盖。

(2) 采用因果图法和决策表法：采用因果图法和决策表法进行测试用例设计时，同类输入间不可同时发生，不同类型输入间必须同时存在其中之一，所以将需求中的各项输入分别组合。这种情况下，测试的开展将极其充分，但不可避免地会产生一个非常庞大的组合，不符合实际情形，如 $3 \times 3 \times 3 \times 3 = 81$ 个组合，故否定此法。

(3) 是否可把需求中的各项输入随意进行组合呢？可想而知，随意组合的方式虽大大减少了测试用例的数量,但是组合存在随机性,无规律可循,所选择的测试用例代表性差,可能会导致测试不充分,故否定此法。

综上所述,既希望测试充分(即测试用例代表性强),又要求测试用例数量不可过大,究竟该如何设计测试用例呢?下面,介绍一种新的测试用例设计方法——正交试验法,该方法将很好地解决上述问题。

正交试验法是指使用事先已创建好的表格——正交表,来安排试验并进行数据分析的一种试验设计方法,该法简单易行,应用较广。借助正交表可从大量的试验数据(测试用例)中筛选出适量的、有代表性的值,从而协助测试人员合理地安排试验(测试),满足了在简化用例的同时尽可能地开展测试的需求。正交表种类繁多,$L_9(3^4)$、$L_8(2^7)$、$L_{16}(4^5)$、$L_8(4 \times 2^4)$等均为常用类型。

上述正交试验法的介绍较抽象,读者可能仍不尽理解。换言之,正交试验法即提供一个或一系列表格,表格中已经设计好了用例编号和规则,仅参照表格内容直接套用即可。注意,此法有特定的使用场合,常用于平台参数配置或兼容性测试中。

应用正交试验法的重点是正交表的套用,下面首先来分析正交表,如表 6.1 所示。

表 6.1 $L_9(3^4)$ 正交表

行　　号	列　　号			
	A	B	C	D
	水　　平			
1	1	1	1	1
2	1	2	2	2
3	1	3	3	3
4	2	1	2	3
5	2	2	3	1
6	2	3	1	2
7	3	1	3	2
8	3	2	1	3
9	3	3	2	1

表 6.1 所示为 $L_9(3^4)$ 正交表,是正交表的典型代表之一。下面对该表进行简要介绍。

(1) 行号 1～9:代表测试用例的个数最多有 9 个。

(2) 列号 A～D:代表各分类,例如需求中的 Web 浏览器、插件、应用服务器及操作系统。

(3) 表中内容项:表 6.1 中灰色背景区域的内容代表各分类下的各个元素。例如,A列为"Web 浏览器"时,正交试验表的 A1、A2、A3 单元格中可分别填写 Netscape 6.2、IE 6.0、Opera 4.0。

概括来讲,$L_9(3^4)$ 的含义为:L 表示正交表;9 表示该正交表可构成的最大用例数;4 表示最大分类数;3 表示各分类下的最大元素数。

注意：

① $L_9(3^4)$ 正交表仅能处理分类数小于或等于 4，且每个分类中最多包含 3 个元素的情况。

② 经观察发现，正交表中各组合情况均等。各列中，1、2、3 都各自出现 3 次；任意两列，例如 C、D 列，所构成的有序数对从上到下共有 9 种，既没有重复也没有遗漏；其他任何两列所构成的有序数对均为这 9 种各出现一次。因此，正交表在简化测试用例的同时，可均匀地实现测试用例设计。

以上从理论层面介绍了正交表及正交试验法，下面将从实践角度进一步介绍该方法的应用，通过套用正交表来实现测试用例的设计。

3. 实验任务

【任务 6.1】 旅馆住宿系统兼容性测试用例设计。

需求：某旅馆住宿系统 Web 站点有大量的服务器和操作系统，并且可供多种具有不同插件的浏览器访问，具体情况如下。

（1）Web 浏览器：Netscape 6.2、IE6.0、Opera 4.0。

（2）插件：无、RealPlayer、MediaPlayer。

（3）应用服务器：IIS、Apache、Netscape Enterprise。

（4）操作系统：Windows 2000、Windows NT、Linux。

问题：采用正交试验法进行测试用例设计。

第 1 步，分析需求说明，提取各分类及各分类下的元素。

分类：

（1）Web 浏览器。

（2）插件。

（3）应用服务器。

（4）操作系统。

各分类下的元素：

（1）Web 浏览器：1＝Netscape 6.2、2＝IE 6.0、3＝Opera 4.0。

（2）插件：1＝None、2＝RealPlayer、3＝MediaPlayer。

（3）应用服务器：1＝IIS、2＝Apache、3＝Netscape Enterprise。

（4）操作系统：1＝Windows 2000、2＝Windows NT、3＝Linux。

第 2 步，选择 $L_9(3^4)$ 正交表进行套用，结果如表 6.2 所示。

经分析得知，本任务中分类数为 4，各分类下的元素数为 3。由于 $L_9(3^4)$ 正交表仅能处理分类数小于或等于 4，且每个分类中最多 3 个元素的情况，显然，可进行套用。

表 6.2　兼容性测试_$L_9(3^4)$正交试验表

用例	浏览器	插　　件	服　务　器	操作系统
1	Netscape 6.2	None	IIS	Windows 2000
2	Netscape 6.2	RealPlayer	Apache	Windows NT

用例	浏览器	插 件	服 务 器	操作系统
3	Netscape 6.2	MediaPlayer	Netscape Enterprise	Linux
4	IE 6.0	None	Apache	Linux
5	IE 6.0	RealPlayer	Netscape Enterprise	Windows 2000
6	IE 6.0	MediaPlayer	IIS	Windows NT
7	Opera 4.0	None	Netscape Enterprise	Windows NT
8	Opera 4.0	RealPlayer	IIS	Linux
9	Opera 4.0	MediaPlayer	Apache	Windows 2000

因此,得出 9 条测试用例以协助兼容性测试,即每行可作为一条测试用例的数据组合。以上即为采用正交试验法针对旅馆住宿系统兼容性进行测试用例设计的过程。

【任务 6.2】 PowerPoint 软件打印功能测试用例设计。

需求: 针对 PowerPoint 2003 软件的部分打印功能模块进行测试,该模块的功能点主要包括打印范围、打印内容、打印颜色/灰度及打印效果。各功能点具体支持的选项如下。

(1) 打印范围:全部、当前幻灯片、给定范围。

(2) 打印内容:幻灯片、讲义、备注页、大纲视图。

(3) 打印颜色/灰度:颜色、灰度、黑白。

(4) 打印效果:幻灯片加框、幻灯片不加框。

问题: 采用正交试验法进行测试用例设计。

第 1 步,分析需求说明,提取各分类及各分类下的元素。分类如下:

(1) 打印范围。

(2) 打印内容。

(3) 打印颜色/灰度。

(4) 打印效果。

元素分类如下。

(1) 打印范围:1=全部、2=当前幻灯片、3=给定范围。

(2) 打印内容:1=幻灯片、2=讲义、3=备注页、4=大纲视图。

(3) 打印颜色/灰度:1=颜色、2=灰度、3=黑白。

(4) 打印效果:1=幻灯片加框、2=幻灯片不加框。

第 2 步,选择 $L_9(3^4)$ 正交表进行套用。

经分析,读者会发现上述各分类下的元素个数分别为 3、4、3、2,由于 $L_9(3^4)$ 正交表仅能处理分类数小于或等于 4,且每个分类中最多 3 个元素的情况,则该任务中第二个分类多了一个元素且第四个分类少了一个元素。此时读者可放弃选择 $L_9(3^4)$ 正交表,而选择套用其他更复杂的正交表,但是值得提醒的是,更复杂的正交表势必会降低测试的效率。结合实际情况考虑,仍可选择 $L_9(3^4)$ 正交表进行测试用例设计,从某种程度上来讲,设计出的测试用例也是相对较充分的。

可根据实际情况做出如下调整,把第二个分类下的后两项先合并(第二个分类多了一个元素),套用了正交表后再进行拆分;把第四个分类下的任意一个元素重复使用一次(第四个分类少了一个元素)。基于上述调整,$L_9(3^4)$正交表套用结果如表 6.3 所示。

表 6.3 PowerPoint 测试_套用正交表

行　号	列　号			
	1	2	3	4
	水　平			
1	1	1	1	1
2	1	2	2	2
3	1	34	3	1/2
4	2	1	2	1/2
5	2	2	3	1
6	2	34	1	2
7	3	1	3	2
8	3	2	1	1/2
9	3	34	2	1

第 3 步,拆分正交表,即将合并的内容进行拆分,如表 6.4 所示。

表 6.4 PowerPoint 测试_拆分正交表

行　号	列　号			
	1	2	3	4
	水　平			
1	1	1	1	1
2	1	2	2	2
3	1	3	3	1/2
4	1	4	3	——
5	2	1	2	1/2
6	2	2	3	1
7	2	3	1	2
8	2	4	1	——
9	3	1	3	2
10	3	2	1	1/2
11	3	3	2	1
12	3	4	2	——

注意：进行正交表拆分时,第 4、8、12 行的第 4 列,显示"——"。究竟为什么呢?请读

者打开 PowerPoint 2003 软件的打印功能页面，可以发现在大纲视图下无法选择打印效果（即该字段置灰显示），故用"— —"代替。

第 4 步，套用正交表，生成表 6.5 所示的测试用例。

表 6.5　PowerPoint 2003 测试_测试用例设计

用例	打印范围	打印内容	打印颜色/灰度	打印效果
1	全部	幻灯片	颜色	幻灯片加框
2	全部	讲义	灰度	幻灯片不加框
3	全部	备注页	黑白	幻灯片加框
4	全部	大纲视图	黑白	— —
5	当前幻灯片	幻灯片	灰度	幻灯片不加框
6	当前幻灯片	讲义	黑白	幻灯片加框
7	当前幻灯片	备注页	颜色	幻灯片不加框
8	当前幻灯片	大纲视图	颜色	— —
9	给定范围	幻灯片	黑白	幻灯片不加框
10	给定范围	讲义	颜色	幻灯片加框
11	给定范围	备注页	灰度	幻灯片加框
12	给定范围	大纲视图	灰度	— —

以上为采用正交试验法针对 PowerPoint 2003 软件的打印功能进行测试用例设计的过程。

注意：

① 采用正交试验法进行测试用例设计时，不能一味套用正交表，需要结合实际情况来灵活设计测试用例。例如，在大纲视图下无法选择打印效果（即该字段置灰显示），因此相关测试用例中"打印效果"一列用"— —"替代。

② 正交表种类繁多，在测试领域中，$L_9(3^4)$ 尤为常用。限于篇幅，在此仅以 $L_9(3^4)$ 为例进行介绍，对此感兴趣的读者可自行学习其他正交表。

4. 拓展练习

【练习】　采用正交试验法针对以下需求进行测试用例设计。

为提高某化工产品的转化率，选择 3 个有关因素进行试验，分别为反应温度（A）、反应时间（B）、用碱量（C），并确定了试验范围如下：

A：80～90℃。

B：90～150min。

C：5%～7%。

试验目的是确定 A、B、C 对转化率有什么影响，哪些是主要的，哪些是次要的，从而确定最合适的生产条件，即反应温度、反应时间及用碱量各为多少才能使转化率最高。

实验 7　场景法与用例设计

1. 实验目标

（1）理解场景法的原理。
（2）能够使用场景法进行测试用例设计。
（3）能够在真实项目中灵活运用场景法。

2. 背景知识

　　需求：某旅馆住宿系统支持房间网上预订业务。游客访问网站，进行网上房间预订操作，选择合适的房间后，进行在线预订。此时，游客需要使用个人账号登录系统，登录成功后，进行定金支付（定金金额为 1 天的房款）。支付成功后，生成房间预订单，完成房间预订流程。

　　基于上述需求，如何进行测试呢？分析房间预订的完整流程，首先可提取流程中所有单个功能点（或单个事件），如图 7.1 所示，包括访问网站、选择房间、使用个人账号登录网站、支付定金、生成预订订单等。

　　读者已知晓，针对提取出的单个功能点的测试，往往可采用等价类划分法或边界值分析法等针对相应系统界面设计测试，并充分思考可测试点进行测试执行即可。

图 7.1　旅馆住宿系统网上房间预订流程中的单个功能点

　　值得提醒的是，除了单个功能点需要充分测试外，由多个单个功能点组合而构成的整体业务流程的测试同样不容忽视。就目前来讲，系统大多是由事件来触发控制流程的，每个事件触发时的情景便形成了场景，而同一事件不同的触发顺序和处理结果形成了不同的事件流。场景法作为黑盒测试用例设计的重要方法之一，可将上述一系列的过程清晰地进行描述。

　　注意：

　　① 初级测试人员在测试过程中往往更重视单个功能点的细节测试，而容易忽视整体业务流程的检测。长此以往，容易导致测试工作与实际业务脱节，因此再次强调细节与整体同等重要。

　　② 事件流即一个事件及其所引发的后续处理。

探讨场景法之前,首先要弄清楚什么是场景。场景可理解为由哪些人、什么时间、什么地点、做什么以及如何做等要素组成的一系列相关活动,且场景中的活动还可以由一系列场景组成。

充分理解了场景的概念之后,则不难理解场景法是通过使用场景对软件系统的功能点或业务流程进行描述,即针对需求模拟不同的场景进行所有功能点及业务流程的覆盖,从而提高测试效率并达到良好测试效果的一种方法。显然,场景法适用于业务流程清晰的系统或功能。

通常,场景法由基本流和备选流两部分构成。

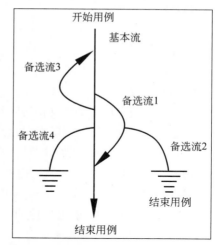

图 7.2　场景法的构成

(1) 基本流:基本流是经过用例的最简单的路径,即在无任何差错的情况下,程序从开始直接执行到结束的流程,如图 7.2 所示的中间的直线。通常,一个业务仅存在一个基本流,且基本流仅有一个起点和一个终点。

(2) 备选流:备选流为除基本流之外的各支流,包含多种不同情况,如图 7.2 所示的中间直线两侧的多个线条。例如,一个备选流可始于基本流,在某个特定条件下执行,然后重新加入基本流中(如备选流 1 和备选流 3);也可始于另一个备选流(如备选流 2);也可直接结束用例而不再加入基本流中(如备选流 2 和备选流 4)等。

注意:维基百科中对用例的定义:"用例,或译使用案例、用况,是软件工程或系统工程中对系统如何反应外界请求的描述,是一种通过用户的使用场景来获取需求的技术。每个用例提供了一个或多个场景,该场景说明了系统是如何与最终用户或其他系统交互的,即明确了谁可以用系统做什么,从而获得一个明确的业务目标。"

依据图 7.2 所示的基本流和备选流,可组合成多个不同的场景,举例如下。

场景 1:基本流。

场景 2:基本流＋备选流 1。

场景 3:基本流＋备选流 1＋备选流 2。

场景 4:基本流＋备选流 3。

场景 5:基本流＋备选流 3＋备选流 1。

场景 6:基本流＋备选流 3＋备选流 1＋备选流 2。

场景 7:基本流＋备选流 4。

场景 8:基本流＋备选流 3＋备选流 4。

至此,读者应对场景及场景法有了一定的认识。究竟如何使用场景法呢?可参照以下步骤进行测试用例设计。

(1) 分析需求,确定软件的基本流及各备选流。

(2) 依据基本流和各备选流,生成不同的场景。

(3) 针对生成的各场景,设计相应的测试用例。

(4) 重新审核生成的测试用例,去掉多余部分,并针对最终确定的测试用例设计测试数据。

以上为场景法理论层面上的相关介绍。下面以旅馆住宿系统为例,从实践角度进一步阐述场景法的应用。

3. 实验任务

【任务 7.1】 旅馆住宿系统房间预订测试用例设计。

需求:某旅馆住宿系统支持房间网上预订业务。游客访问网站,进行网上房间预订操作,选择合适的房间后,进行在线预订。此时,游客需要使用个人账号登录系统,登录成功后,进行定金支付(定金金额为 1 天的房款)。支付成功后,生成房间预订单,完成房间预订流程。

问题:采用场景法进行测试用例设计。

前提条件:该系统需求中,业务流程描述清晰,适合采用场景法进行测试用例设计。

第 1 步,分析需求,确定软件的基本流及各备选流,如表 7.1 和表 7.2 所示。

表 7.1　房间预订_基本流

类　　型	用 例 描 述
基 本 流	访问房间预订网站
	选择房间
	登录账号
	定金支付
	生成订单

表 7.2　房间预订_备选流

类　　型	用 例 描 述
备选流 1	房间类型不存在
备选流 2	房间已住满
备选流 3	账号不存在
备选流 4	账号或密码错误
备选流 5	用户账号余额不足
备选流 6	用户账号没有钱
备选流 x	用户退出系统

注意:备选流 x(用户退出系统)可在任何步骤中发生,故标识为未知数 x。

第 2 步,依据基本流和各备选流,生成不同的场景,如表 7.3 所示。

表 7.3　房间预订_场景组合

场 景 名 称	场 景 组 合	
场景 1-成功预订房间	基本流	
场景 2-房间类型不存在	基本流	备选流 2

场 景 名 称	场 景 组 合	
场景 3-房间已住满	基本流	备选流 3
场景 4-账号不存在	基本流	备选流 4
场景 5-账号或密码错误	基本流	备选流 5
场景 6-用户账号余额不足	基本流	备选流 6
场景 7-用户账号没有钱	基本流	备选流 7

注意:

① 表 7.3 所示的场景 5 可拆分为两个场景。

② 由于备选流 x(用户退出系统)可在任何步骤中发生,因此未分别设计场景,读者在测试中考虑并执行测试即可。

第 3 步,针对生成的各场景,设计相应的测试用例,如表 7.4 所示。

表 7.4　房间预订_测试用例设计

用例	场景/条件	房间类型	账号	密码	账号余额	预期结果
1	场景 1-成功预订房间	有效	有效	有效	有效	系统提示"操作成功",账户余额减少
2	场景 2-房间类型不存在	无效	不相干	不相干	不相干	系统提示"您查找的房间不存在"
3	场景 3-房间已住满	无效	不相干	不相干	不相干	系统提示"您查找的房间已住满"
4	场景 4-账号不存在	有效	无效	不相干	不相干	系统提示"账号不存在"
5	场景 5-账号或密码错误(账号正确,密码错误)	有效	有效	无效	不相干	系统提示"账号或密码错误"
6	场景 5-账号或密码错误(账号错误,密码正确)	有效	无效	有效	不相干	系统提示"账号或密码错误"
7	场景 6-用户账号余额不足	有效	有效	有效	无效	系统提示"账号余额不足,请充值"
8	场景 7-用户账号没有钱	有效	有效	有效	无效	系统提示"账号余额不足,请充值"

第 4 步,重新审核生成的测试用例,去掉多余部分,并针对最终确定的测试用例设计测试数据,如表 7.5 所示。

表 7.5　房间预订_最终测试用例(含测试数据)

用例	场景/条件	房间类型	账号	密码	账号余额/元	预期结果
1	场景 1-成功预订房间	双人间(300元/天)	Hello	123456	800	系统提示"操作成功",账户余额减少 300 元
2	场景 2-房间类型不存在	豪华间	不相干	不相干	不相干	系统提示"您查找的房间不存在"

用例	场景/条件	房间类型	账号	密码	账号余额/元	预期结果
3	场景3-房间已住满	单人间	不相干	不相干	不相干	系统提示"您查找的房间已住满"
4	场景4-账号不存在	双人间（300元/天）	Nihao	不相干	不相干	系统提示"账号不存在"
5	场景5-账号或密码错误（账号正确，密码错误）	双人间（300元/天）	Hello	12345	不相干	系统提示"账号或密码错误"
6	场景5-账号或密码错误（账号错误，密码正确）	双人间（300元/天）	Helloo	123456	不相干	系统提示"账号或密码错误"
7	场景6-用户账号余额不足	双人间（300元/天）	Hello	123456	200	系统提示"账号余额不足，请充值"
8	场景7-用户账号没有钱	双人间（300元/天）	Hello	123456	0	系统提示"账号余额不足，请充值"

值得提醒的是，表7.5中测试数据设置的前提条件如下。

（1）旅馆住宿系统中仅支持以下房间类型：标准间（100元/天）、单人间（200元/天）、双人间（300元/天）。

（2）单人间已住满，其他房间有空余。

（3）Hello为系统的已注册用户，密码为123456。

（4）Nihao为未注册用户。

至此，可利用表7.5中的测试用例协助开展测试。此处仅为采用场景法对旅馆住宿系统房间预订流程进行测试用例设计的步骤，读者可依据等价类划分法或其他方法进行测试用例的进一步补充，限于篇幅，不再赘述。

【任务7.2】 旅馆住宿系统会员卡结算测试用例设计。

需求：旅馆住宿系统为推广业务，特采用会员卡制度。游客可申请会员卡，同时可对会员卡进行充值。在指定旅馆住宿消费时，只须向商家出示会员卡，通过读卡器识别用户信息，验证该用户信息是否被列入黑名单，若非黑名单中的游客则输入正确密码后即可进行折扣消费。当办理房间结算时，需选择结算业务，核实界面提示打折后的住宿费用信息，输入应支付的结算金额，成功办理结算并在会员卡中扣除结算金额。

其中，游客可自行设置会员卡的密码，每次消费前输入密码方可进行下一步操作。若24小时（一个自然日）内密码连续输错3次，会员卡即被锁定，需要联系客服进行解锁激活。

问题：采用场景法进行测试用例设计。

前提条件：该系统需求中，业务流程描述清晰，适合采用场景法进行测试用例设计。

第1步，分析需求，确定软件的基本流及各备选流，如表7.6和表7.7所示。

表7.6 会员卡结算_基本流

步骤	用例名称	用例描述
1	刷卡	读卡器处于准备就绪状态，游客出示会员卡进行刷卡操作
2	验证会员卡	读卡器从会员卡的磁条中读取用户信息，并检查该卡是否属于可以接收的会员卡

步骤	用例名称	用例描述
3	验证黑名单	检查用户信息是否存在于黑名单中
4	输入密码	游客输入密码,验证密码是否有效
5	选择业务	系统显示当前游客可办理的优惠业务,在此选择结算业务
6	输入金额	核实界面提示打折后的住宿费用信息输入应支付的结算金额
7	结算	成功办理结算并在会员卡中扣除结算金额
8	返还卡	返还会员卡,读卡器恢复准备就绪状态

表 7.7　会员卡结算_备选流

备选流序号	用例名称	用例描述
备选流 1	读卡器未连接	表 7.6 的步骤 1 中,读卡器未连接,须待读卡器连接后重新刷卡
备选流 2	读卡器正忙	表 7.6 的步骤 1 中,读卡器正忙,须待空闲后重新刷卡
备选流 3	会员卡无效	表 7.6 的步骤 2 中,会员卡无法识别(其他类型卡、非当前旅馆会员卡)或已销户,系统提示"会员卡无效"
备选流 4	会员卡属于黑名单	表 7.6 的步骤 3 中,该会员卡存在于黑名单中,进行黑名单卡警报
备选流 5	输入密码错误	表 7.6 的步骤 4 中,验证密码是否有效,游客有 3 次输入机会。若密码输入有误,将显示适当的提示消息;若还存在输入机会,则重新进行密码输入;若最后一次尝试输入的密码仍然有误,则系统提示'密码错误,卡已锁',同时会员卡被锁定,需要联系客服进行解锁激活
备选流 6	会员卡中余额为 0	若会员卡中余额为 0,则结算按钮置灰显示,无法进行单击操作
备选流 7	输入的金额不正确	应支付的结算金额输入不正确(小于应支付金额或大于应支付金额),系统提示输入有误
备选流 8	会员卡中余额不足	若会员卡余额小于应支付的结算金额,系统提示会员卡余额不足
备选流 x	退出结算	游客可随时决定终止结算业务,仍保持房间入住状态

注意:备选流 x(退出结算)可在任何步骤中发生,故标识为未知数 x。

第 2 步,依据基本流和各备选流,生成不同的场景,如表 7.8 所示。

表 7.8　会员卡结算_场景组合

场景名称	场景组合	
场景 1-成功办理结算	基本流	
场景 2-读卡器未连接	基本流	备选流 1
场景 3-读卡器正忙	基本流	备选流 2
场景 4-会员卡无效	基本流	备选流 3
场景 5-会员卡属于黑名单	基本流	备选流 4
场景 6-输入密码错误,还有机会输入	基本流	备选流 5

场　景　名　称	场　景　组　合	
场景 7-输入密码错误，无机会再输入	基本流	备选流 5
场景 8-会员卡中余额为 0	基本流	备选流 6
场景 9-输入的金额不正确	基本流	备选流 7
场景 10-会员卡中余额不足	基本流	备选流 8

　　注意：由于备选流 x（退出结算）可在任何步骤中发生，因此未分别设计场景，读者在测试中考虑并执行测试即可。

　　第 3 步，针对生成的各场景，设计相应的测试用例，如表 7.9 所示。

表 7.9　会员卡结算_测试用例设计

用例	场景/条件	读卡器状态	卡是否有效	非黑名单卡	密码	输入次数	卡余额	输入金额	预期结果
1	场景 1-成功办理结算	有效	有效卡	有效	有效	有效	有效	有效	系统提示"操作成功"，账户余额减少
2	场景 2-读卡器未连接	无效	不相干	不相干	不相干	不相干	不相干	不相干	系统无任何提示和响应
3	场景 3-读卡器正忙	无效	不相干	不相干	不相干	不相干	不相干	不相干	系统提示"业务进行中，正忙"
4	场景 4-会员卡无效（其他旅馆会员卡）	有效	无效卡	不相干	不相干	不相干	不相干	不相干	系统提示"会员卡无效"
5	场景 4-会员卡无效（银行卡）	有效	无效卡	不相干	不相干	不相干	不相干	不相干	系统提示"会员卡无效"
6	场景 4-会员卡无效（已销户卡）	有效	无效卡	不相干	不相干	不相干	不相干	不相干	系统提示"会员卡无效"
7	场景 5-会员卡属于黑名单	有效	有效卡	无效	不相干	不相干	不相干	不相干	系统进行黑名单卡警报
8	场景 6-输入密码错误，还有机会输入	有效	有效卡	有效	无效	有效	不相干	不相干	系统提示"密码错误，请重新输入"
9	场景 7-输入密码错误，无机会再输入	有效	有效卡	有效	无效	有效	不相干	不相干	系统提示"密码错误，卡已锁"
10	场景 8-会员卡中余额为 0	有效	有效卡	有效	有效	无效	不相干		结算按钮置灰显示，无法进行单击操作

用例	场景/条件	读卡器状态	卡是否有效	非黑名单卡	密码	输入次数	卡余额	输入金额	预期结果
11	场景9-输入的金额不正确(小于应支付金额)	有效	有效卡	有效	有效	有效	有效	无效	系统提示"金额输入错误"
12	场景9-输入的金额不正确(大于应支付金额)	有效	有效卡	有效	有效	有效	有效	无效	系统提示"金额输入错误"
13	场景10-会员卡中余额不足	有效	有效卡	有效	有效	有效	无效	有效	系统提示"账号余额不足,请充值"

第4步,重新审核生成的测试用例,去掉多余部分,并针对最终确定的测试用例设计测试数据,如表7.10所示。

表7.10 会员卡结算_最终测试用例(含测试数据)

用例	场景/条件	读卡器状态	卡是否有效	非黑名单卡	密码	输入次数	卡余额/元	输入金额/元	预期结果
1	场景1-成功办理结算	就绪	本旅馆正常会员卡	非黑	123456	1	800	500	系统提示"操作成功",账户余额减少
2	场景2-读卡器未连接	未连接	不相干	不相干	不相干	不相干	不相干	不相干	系统无任何提示和响应
3	场景3-读卡器正忙	正忙	不相干	不相干	不相干	不相干	不相干	不相干	系统提示"业务进行中,正忙"
4	场景4-会员卡无效(其他旅馆会员卡)	就绪	其他旅馆会员卡	不相干	不相干	不相干	不相干	不相干	系统提示"会员卡无效"
5	场景4-会员卡无效(银行卡)	就绪	银行卡	不相干	不相干	不相干	不相干	不相干	系统提示"会员卡无效"
6	场景4-会员卡无效(已销户卡)	就绪	已销户卡	不相干	不相干	不相干	不相干	不相干	系统提示"会员卡无效"
7	场景5-会员卡属于黑名单	就绪	本旅馆正常会员卡	黑名单	不相干	不相干	不相干	不相干	系统进行黑名单卡警报
8	场景6-输入密码错误,还有机会输入	就绪	本旅馆正常会员卡	非黑	123	1	不相干	不相干	系统提示"密码错误,请重新输入"

用例	场景/条件	读卡器状态	卡是否有效	非黑名单卡	密码	输入次数	卡余额/元	输入金额/元	预期结果
9	场景7-输入密码错误,无机会再输入	就绪	本旅馆正常会员卡	非黑	123	3	不相干	不相干	系统提示"密码错误,卡已锁"
10	场景8-会员卡中余额为0	就绪	本旅馆正常会员卡	非黑	123456	1	0	不相干	结算按钮置灰显示,无法进行单击操作
11	场景9-输入的金额不正确(小于应支付金额)	就绪	本旅馆正常会员卡	非黑	123456	1	800	350	系统提示"金额输入错误"
12	场景9-输入的金额不正确(大于应支付金额)	就绪	本旅馆正常会员卡	非黑	123456	1	800	600	系统提示"金额输入错误"
13	场景10-会员卡中余额不足	就绪	本旅馆正常会员卡	非黑	123456	1	300	500	系统提示"账号余额不足,请充值"

值得提醒的是,表7.10中测试数据设置的前提条件如下:

(1) 应支付的结算折扣金额假定为500元;

(2) 当前实例用户的密码为123456。

至此,可利用表7.10中的测试用例协助开展测试。此处仅为采用场景法对旅馆住宿系统会员卡结算流程进行测试用例设计的步骤,与此同时,读者可依据等价类划分法或其他方法进行测试用例的补充,限于篇幅,不再赘述。

4. 拓展练习

【练习】 采用场景法对 ATM 机的取款流程进行测试用例设计。

实验 8　用例设计综合测试

1. 实验目标

（1）能够综合运用各类黑盒测试用例设计方法。
（2）能够灵活选择合适的方法进行测试用例的设计。

2. 背景知识

黑盒测试用例设计方法应用较广，种类繁多，等价类划分法、边界值分析法、因果图法、决策表法、错误推测法、正交试验法及场景法等均较为实用，如图 8.1 所示。

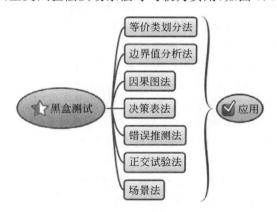

图 8.1　黑盒测试用例设计方法

黑盒测试用例设计方法种类如此丰富，如何在实际测试工作中选择合适的测试方法？客观来讲，读者需要结合不同项目及功能模块的特点灵活选择合适的用例设计方法，且更多情况下需要综合使用各种方法以有效地提高测试效率和测试覆盖度。

下面简要介绍各类黑盒测试用例设计方法的一般选用原则。

（1）对于业务流清晰的系统，场景法可贯穿整个测试过程，并可在此基础上综合应用各种测试方法。

（2）往往优先选用等价类划分法，可高效筛选测试用例，将无限测试变成有限测试。

（3）边界值分析法在任何情况下都应被考虑，它是挖掘系统缺陷的最有效手段之一。

（4）各种测试中，均可借助错误推测法扩充测试用例，进一步将测试人员的智慧和经验转变为可视化成果。

（5）因果图法和决策表法较相似，更适用于系统的各输入条件及输出结果之间存在关系的情况。

（6）参数配置类及兼容性测试用例设计中，正交试验法简单易行、优势显著。

（7）所有测试中，依据需求及业务逻辑，检查已设计出的测试用例的逻辑覆盖程度，若尚未达到覆盖标准，则需继续补充、完善测试用例。

综上所述，列举了各测试用例设计方法的一般选用原则。值得提醒的是，其一，测试用例设计非常灵活，其步骤并非一成不变，上述原则也仅供参考，读者须结合实际项目的不同情况灵活应用，以达到充分测试的目的；其二，一切测试用例的设计不可一味套用各方法，应重视系统业务，务必结合需求和业务开展实际项目测试；其三，唯有正确理解了"立足需求是基础，深入挖掘业务是关键，灵活应用方法是手段"，才能设计出实用、覆盖全面，且能够高效验证系统功能、挖掘系统缺陷的测试用例。

在读者充分理解上述理论知识的基础上，下面选择两个典型任务，从实践角度进一步讲解综合测试用例的设计。

3. 实验任务

【任务 8.1】 旅馆住宿系统添加房间测试用例设计。

需求：旅馆住宿系统中，旅馆业主可进行添加房间操作，具体操作描述如下。

（1）旅馆业主登录旅馆住宿系统后，可以请求添加房间。

（2）进入"房间管理"对话框，单击"添加"按钮可进行添加房间操作。

（3）添加房间时，可以设定房间编号、房间类型、房间描述信息。

（4）房间信息不能缺失，若某一项未填写，要给出提示信息。

（5）房间编号长度不超过 5 个字符。

（6）房间描述信息长度不超过 1000 个字符。

（7）房间信息不能重复，成功填写后，可进行保存或取消操作，之后返回"房间管理"对话框，结束添加房间操作。

问题：针对旅馆住宿系统的添加房间功能，进行测试用例综合设计。

在此，结合实际业务，依据"整体分析生成简易用例→细节分析细化用例→填充数据完善用例"的思路进行测试用例综合设计，具体步骤如下。

首先，进行整体分析，选用场景法进行测试用例设计，生成简易用例。

第 1 步，依据需求，描述基本流及各备选流，如表 8.1 所示。

表 8.1 添加房间_事件流分析

项　　目	说　　明
角色	旅馆业主
用例说明	旅馆业主添加房间
前置条件	旅馆业主已经登录旅馆住宿系统
基本事件流	第 1 步，旅馆业主请求添加房间； 第 2 步，系统弹出"房间管理"对话框； 第 3 步，旅馆业主单击"添加"按钮； 第 4 步，系统弹出"添加房间信息"对话框； 第 5 步，旅馆业主输入房间信息，包括房间编号、房间类型、房间描述信息，并单击"保存"按钮； 第 6 步，系统保存添加的房间信息，并返回"房间管理"对话框

项　　目	说　　明
其他事件流	（1）第 5 步中，旅馆业主单击"取消"按钮，系统返回"房间管理"对话框。 （2）第 5 步中，旅馆业主输入的房间信息不完整，例如，某一项没有输入，则系统提示房间信息不完整，必须重新输入。 （3）第 5 步中，旅馆业主输入的房间信息长度超过系统要求，例如，房间描述信息超过系统要求，则系统提示房间信息长度超过系统要求，必须重新输入。 （4）第 6 步中，系统保存添加的房间信息时，发现系统中已经存在房间编号、房间类型、房间描述相同的房间信息，则提示用户此房间已经存在
异常事件流	第 6 步中，系统保存添加的房间信息时出现系统故障，例如网络故障、数据库服务器故障、系统弹出系统异常对话框，提示房间信息保存失败

注意：表 8.1 中引入了基本事件流、其他事件流和异常事件流。不难理解，基本事件流即基本流；其他事件流和异常事件流两者实质统称为备选流。上述名称的引入，旨在让读者认识到一切测试用例的设计不可一味套用各方法，可灵活进行应用。

第 2 步，依据基本流和各备选流生成不同的场景，如表 8.2 所示。

表 8.2　添加房间_场景组合

场　景　名　称	场　景　组　合	
场景 1	基本流	
场景 2	基本流	其他事件流 1
场景 3	基本流	其他事件流 2
场景 4	基本流	其他事件流 3
场景 5	基本流	其他事件流 4
场景 6	基本流	异常事件流

第 3 步，针对每一个场景生成相应的测试用例，如表 8.3 所示。

表 8.3　添加房间_测试用例

用例	场景	场　景　描　述	预　期　结　果
1	场景 1	输入有效房间信息，并成功保存	房间信息被保存到数据库，并显示新添加的房间
2	场景 2	输入房间信息后单击"取消"按钮	房间信息不被保存，返回"房间信息列表"对话框
3	场景 3	输入房间信息不完整	房间信息不被保存，提示信息不完整
4	场景 4	输入房间信息超长	房间信息不被保存，提示信息超长
5	场景 5	输入房间已经存在	房间信息不被保存，提示房间已存在
6	场景 6	保存房间信息时出现系统异常	房间信息不被保存，提示系统异常

注意：依据场景法的介绍，第 4 步应审核已生成的测试用例，删除冗余并给其余测试用例确定测试输入数据，此处暂不进行此操作。

其次,细节分析细化用例。依据生成的简易测试用例,选择等价类划分法和边界值分析法进行细节分析,进行测试用例细化。在此,对表 8.3 中场景 1 的有效房间信息进一步细化。

第 4 步,采用等价类划分法,划分有效等价类和无效等价类,如表 8.4 所示。

表 8.4　添加房间_细化用例_等价类划分

输入	有效等价类	无效等价类
房间信息	房间编号、房间类型、房间描述信息是合法字符,而且长度不超过系统要求,必填	房间编号长度超过系统要求
		房间描述信息长度超过系统要求
		房间编号为空
		房间类型为空
		房间描述为空

第 5 步,采用边界值分析法,补充边界测试点,如表 8.5 所示。

表 8.5　添加房间_细化用例_边界值补充

输入	有效等价类	无效等价类
房间信息	(1) 房间编号、房间类型、房间描述信息是合法字符,而且长度不超过系统要求,必填; (2) 房间编号、房间类型、房间描述信息是合法字符,而且长度达到系统要求上限,必填	房间编号长度超过系统要求
		房间描述信息长度超过系统要求
		房间编号为空
		房间类型为空
		房间描述为空

第 6 步,依据表 8.5 中添加的测试点,将表 8.3 中的测试用例进一步细化,细化结果如表 8.6 所示。

表 8.6　添加房间_细化用例

用例	场景	场景描述	预期结果
1	场景 1	输入有效房间信息,并成功保存。有效的房间信息分为两类: (1) 房间编号、房间描述信息是合法字符,而且长度不超过系统要求,必填; (2) 房间编号、房间描述信息是合法字符,而且长度达到系统要求上限,必填	房间信息被保存到数据库,并显示新添加的房间
2	场景 2	输入房间信息后,单击"取消"按钮	房间信息不被保存,返回"房间信息列表"对话框
3	场景 3	输入房间信息不完整,不完整的房间信息分为 3 类: (1) 房间编号为空; (2) 房间类型为空; (3) 房间描述信息为空	房间信息不被保存,提示信息不完整

用例	场景	场 景 描 述	预 期 结 果
4	场景4	输入房间信息超长,超过系统要求的情况分为以下几类: (1) 房间编号长度超过限制; (2) 房间描述信息长度超过限制	房间信息不被保存,提示信息超长
5	场景5	输入的房间信息已经存在	房间信息不被保存,提示房间已存在
6	场景6	保存房间信息时出现系统异常	房间信息不被保存,提示系统异常

最后,填充数据完善用例。依据细化后的测试用例,填充测试数据以进一步完善为最终可执行的测试用例。

第7步,以表8.6中场景1为例,进行测试数据填充,生成最终可执行的测试用例,如表8.7所示。

表 8.7　添加房间_测试用例设计(最终可执行)

用例	测试目的	输入步骤	输入数据	预 期 结 果
1	验证输入正确的房间信息可成功保存	(1) 在"房间管理"对话框,单击"添加"按钮,在"添加房间信息"对话框中输入房间信息; (2) 单击"保存"按钮,保存新添加的房间信息	房间编号:101; 房间类型:单人间; 房间描述信息:可上网、海景房	新添加的101房间被保存,并在"房间管理"对话框的列表中显示
2	验证房间添加成功(正确的房间信息)	通过房间查询功能中的"房间编号"字段进行查询	房间编号:101	可以显示房间编号为101的房间信息,且房间信息显示与添加的信息相同
3	验证输入正确的房间边界值信息可成功保存	(1) 在"房间管理"对话框,单击"添加"按钮,在"添加房间信息"对话框中输入房间信息; (2) 单击"保存"按钮,保存新添加的房间信息	房间编号:88888(5个字符); 房间类型:豪华间; 房间描述信息:输入1000个字符	新添加的88888房间被保存,并在"房间管理"对话框的列表中显示
4	验证房间添加成功(正确的房间边界值信息)	通过房间查询功能中的"房间编号"字段进行查询	房间编号:88888	可以显示房间编号为88888的房间信息,且房间信息显示与添加的信息相同

注意:其他场景的测试用例设计均参考上述思路开展,在此仅以场景1为例进行讲解,限于篇幅,其他场景不再赘述。

以上对旅馆住宿系统添加房间功能的测试用例综合设计思路进行了讲解。总体参考了"由大到小"的思想,即先针对系统中的流程采用场景法进行测试用例设计,再针对单个步骤或字段进行用例细化和填充,并进一步完善为可执行的测试用例。读者可将此思想应用于庞大系统的测试过程中。

【任务8.2】 旅馆住宿系统投诉流程测试用例设计。

需求:为了规范旅馆行业的管理,杜绝欺诈现象,进一步树立个性服务化旅游品牌,旅馆住宿系统提供了顾客投诉的快捷入口。在系统的顾客投诉流程中，实现了村级投诉岗、镇级管理岗、镇级处理岗三级投诉管理，以达到公正、公平、规范化管理的目的。具体的投诉流程描述如下。

（1）村级投诉岗根据顾客投诉内容记录投诉工单，判断是否需要升级处理。

（2）若不升级，投诉工单处理完成，工单标记为"确认并关闭"，投诉流程结束。

（3）若需要升级处理，工单提交至镇级管理岗，工单标记为"升级待处理"，镇级管理岗判断升级"有效/无效"。

① 当判断升级"无效"时，镇级管理岗将工单直接退回至发起村级投诉岗，工单标记为"升级退回"；村级投诉岗将状态修改为"确认并关闭"，投诉流程结束；

② 当判断升级"有效"时，镇级管理岗填写处理方式并选择某具体镇级处理岗，则工单流转至镇级处理岗，工单标记为"同意待处理"。

（4）镇级处理岗查看工单，并判断是否可进行投诉处理。

① 若不能处理，退回至镇级管理岗，工单标记为"处理岗退回"，镇级管理岗关闭工单；

② 若能处理，镇级处理岗处理投诉后，在系统中记录处理结果，将工单反馈给镇级管理岗，工单标记为"完成待确认"。

（5）镇级管理岗将工单分派给村级投诉岗，并由其回访顾客，将工单标记为"完成待确认"。

（6）被分派到此工单的村级投诉岗在回访顾客后，记录顾客对处理结果是否满意，将工单状态修改为"确认并关闭"。

补充说明：

（1）村级投诉岗、镇级管理岗及镇级处理岗中均可有多个投诉受理工作人员，且镇级处理岗可包括多个不同的处理岗位。

（2）当村级投诉岗无权处理或不清楚如何处理当前投诉案件时，可进行升级，即提交给上一级进行处理。

旅馆住宿系统的投诉流程如图 8.2 所示。

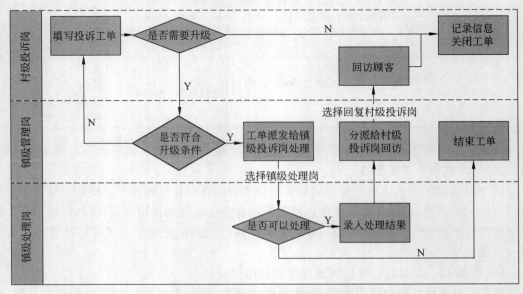

图 8.2　旅馆住宿系统的投诉流程

问题：针对旅馆住宿系统的投诉流程，进行测试用例综合设计。

本任务更多地强调了业务流程上的用例设计，结合实际业务，结合"依据需求及业务分析提取主要流程结点→提取各流程结点的子功能→提取各子功能的测试点→针对各测试点对应的页面应用等价类划分法、边界值分析法等"思路进行测试用例综合设计，具体步骤如下。

第1步，结合实际需求和业务流程，提取主要流程结点如下。

（1）村级投诉岗启动工单结点。

（2）镇级管理岗处理结点。

（3）镇级处理岗处理结点。

（4）镇级处理岗处理后镇级管理岗再次处理结点。

（5）村级投诉岗再次处理结点。

第2步，结合实际需求和业务流程，提取各流程结点的子功能，如表8.8所示。

表8.8　投诉流程结点的子功能

结　　点	子功能点
村级投诉岗启动工单结点	验证数据权限、创建投诉工单、结束投诉工单、提交投诉工单至镇级管理岗
镇级管理岗处理结点	验证数据权限、处理村级投诉岗提交的工单、退回工单至村级投诉岗、提交工单至镇级处理岗
镇级处理岗处理结点	验证数据权限、处理镇级管理岗提交的工单、退回工单至镇级管理岗、提交工单至镇级管理岗
镇级处理岗处理后镇级管理岗再次处理结点	验证数据权限、结束镇级处理岗退回的工单、分派镇级处理岗处理后的工单至村级投诉岗
村级投诉岗再次处理结点	验证数据权限、重新提交镇级管理岗退回的工单、结束镇级管理岗退回的工单、针对投诉已处理后的工单回访顾客

注意：

① 村级投诉岗再次处理结点归纳了两层处理：其一，包含了针对"村级投诉岗→镇级管理岗处理"流程之后的村级投诉岗处理，例如，重新提交镇级管理岗的退回工单、关闭退回的工单；其二，包含了"村级投诉岗→镇级管理岗处理→镇级处理岗处理→镇级管理岗处理"流程之后的村级投诉岗处理，例如回访顾客。

② 投诉工单结束结点归纳如下：村级投诉岗启动工单结点、村级投诉岗再次处理结点及镇级处理岗处理后镇级管理岗再次处理结点。

第3步，结合实际需求和业务流程，提取各子功能的测试点，并填写表8.9。

表8.9　投诉流程结点子功能的测试点

系统名称	旅馆住宿系统		系统版本号	V1.0
模块名称	投诉流程			
测试目的	验证投诉流程及流程结点功能正常			

功能点	（1）村级投诉岗启动工单结点：验证数据权限、创建投诉工单、结束投诉工单、提交投诉工单至镇级管理岗 （2）镇级管理岗处理结点：验证数据权限、处理村级投诉岗提交的工单、退回工单至村级投诉岗、提交工单至镇级处理岗 （3）镇级处理岗处理结点：验证数据权限、处理镇级管理岗提交的工单、退回工单至镇级管理岗、提交工单至镇级管理岗 （4）镇级处理岗处理后镇级管理岗再次处理结点：验证数据权限、结束镇级处理岗退回的工单、分派镇级处理岗处理后的工单至村级投诉岗 （5）村级投诉岗再次处理结点：验证数据权限、处理工单、重新提交镇级管理岗退回的工单、结束镇级管理岗退回的工单、针对投诉已处理后的工单回访顾客

序号	功能点/结点	子功能点	用例描述	预期结果	实际结果
1	村级投诉岗启动投诉工单	验证数据权限	具有村级投诉岗权限的人员	有投诉工单创建按钮，可进行投诉工单创建操作	
2			不具有村级投诉岗权限的人员	不能进行投诉工单创建操作	
3		创建投诉工单	单击投诉工单创建按钮	进入创建投诉工单页面	
4			查看页面信息显示	（1）页面字段显示准确 （2）可选择结束或升级操作	
5			正确填写页面信息	验证信息显示正确性	
6			错误填写页面信息	系统提示填写错误	
7		结束投诉工单（不升级）	在投诉工单创建页面选择结束选项，单击"提交"按钮	投诉工单处理完成，投诉工单标记为"确认并关闭"，投诉流程结束	
8			查找并查看该投诉工单	该投诉工单在已完成工单页面中可见	
9		提交投诉工单至镇级管理岗（升级投诉工单）	在投诉工单创建页面选择升级选项，单击"提交"按钮	投诉工单提交到镇级管理岗处，投诉工单标记为"升级待处理"	
10			查找并查看该投诉工单	有镇级管理岗权限的人在待处理工单页面中可见该投诉工单	
11	镇级管理岗处理投诉工单	验证数据权限	有镇级管理岗权限的人员查看待处理工单页面	在待处理工单页面中可见村级投诉岗提交的"升级待处理"的投诉工单	
12			不具有镇级管理岗权限的人员查看待处理工单页面	在待处理工单页面中不可见村级投诉岗提交的"升级待处理"的投诉工单	
13		处理村级投诉岗提交的投诉工单	镇级管理岗在待处理工单页面中选择"升级待处理"的投诉工单，单击"处理"按钮	进入升级投诉工单处理页面	

序号	功能点/结点	子功能点	用例描述	预期结果	实际结果
14	镇级管理岗处理投诉工单	处理村级投诉岗提交的投诉工单	查看页面信息显示	（1）页面的字段显示准确 （2）处理方式为必填项 （3）可选择退回操作	
15			正确填写页面信息	验证信息显示正确性	
16			错误填写页面信息	系统提示填写错误	
17			不填写处理结果	系统给出提示信息	
18		退回投诉工单至村级投诉岗（升级无效）	升级无效，在投诉工单处理页面选择退回选项，单击"提交"按钮	镇级管理岗将投诉工单直接返回至发起村级投诉岗，投诉工单标记为"升级退回"	
19			查找并查看该投诉工单	提交该投诉工单的村级投诉岗登录系统，在投诉工单待处理中可见	
20				村级投诉岗可进行重新提交或关闭投诉工单操作（参见下文）	
21		提交投诉工单至镇级处理岗（升级有效）	升级有效，在投诉工单处理页面选择某镇级处理岗	可正确显示选择的镇级处理岗	
22			单击"提交"按钮	投诉工单流转至所选择的镇级处理岗，投诉工单标记为"同意待处理"	
23			查找并查看该投诉工单	有权限的镇级处理岗登录系统，在投诉工单待处理中可见	
24	镇级处理岗处理投诉工单	验证数据权限	有权限的人员查看待处理工单页面	在待处理工单页面中可见镇级管理岗提交的"同意待处理"的投诉工单	
25			不具处理权限的人员查看待处理工单页面	在待处理工单页面中不可见镇级管理岗提交的"同意待处理"的投诉工单	
26		处理镇级管理岗提交的投诉工单	镇级处理岗在待处理工单页面中选择"同意待处理"的投诉工单，单击"处理"按钮	进入投诉工单处理页面	
27			查看页面信息显示	（1）页面的字段显示准确 （2）处理结果为必填项 （3）可选择退回操作	
28			正确填写页面信息	验证信息显示正确性	
29			错误填写页面信息	系统提示填写错误	

序号	功能点/结点	子功能点	用例描述	预期结果	实际结果
30			不填写处理结果	系统给出提示信息	
31		退回投诉工单至镇级管理岗	镇级处理岗若不能处理,填写页面内容并选择退回选项,单击"提交"按钮	投诉工单退回给镇级管理岗,投诉工单标记为"处理岗退回"	
32	镇级处理岗处理投诉工单		查找并查看该投诉工单	提交投诉工单的镇级管理岗登录系统,在待处理工单页面中可见	
33		提交投诉工单至镇级管理岗	镇级处理岗若能处理,填写处理结果,单击"提交"按钮	将投诉工单反馈给镇级管理岗,投诉工单标记为"完成待确认"	
34			查找并查看该投诉工单	提交投诉工单的镇级管理岗登录系统,在待处理工单页面中可见	
35			有镇级管理岗权限且之前提交此投诉工单至镇级管理岗的人员查看待处理工单页面	在待处理工单页面中可见镇级处理岗处理后的投诉工单	
36		验证数据权限	不具有镇级管理岗权限的人员	在待处理工单页面中不可见镇级处理岗处理后的投诉工单	
37			有镇级管理岗权限但未提交此投诉工单的同部门的人员查看待处理工单页面	在待处理工单页面中不可见镇级处理岗处理后的投诉工单	
38	镇级管理岗处理投诉工单(镇级处理岗处理后)		镇级管理岗在待处理工单页面中选择镇级处理岗退回的投诉工单,单击"处理"按钮	进入投诉工单处理页面	
39		结束镇级处理岗退回的投诉工单	查看页面信息显示	(1) 页面的字段显示准确 (2) 处理结果为必填项 (3) 可选择退回操作	
40			正确填写页面信息	验证信息显示正确性	
41			错误填写页面信息	系统提示填写错误	
42			不填写处理结果	系统给出提示信息	
43			填写页面信息并单击"关闭"按钮	镇级管理岗可关闭该投诉工单	
44		分派镇级处理岗处理后的投诉工单至村级投诉岗	镇级管理岗在待处理工单页面中选择"完成待确认"的投诉工单,单击"处理"按钮	进入投诉工单处理页面	

序号	功能点/结点	子功能点	用例描述	预期结果	实际结果
45	镇级管理岗处理投诉工单（镇级处理岗处理后）	分派镇级处理岗处理后的投诉工单至村级投诉岗	填写页面信息，单击"提交"按钮	镇级管理岗将工单分派给村级投诉岗，村级投诉岗回访顾客，并将投诉工单标记为"完成待确认"	
46		验证数据权限	有村级投诉岗权限且之前提交此投诉工单的人员查看待处理工单页面	在待处理工单页面中可见处理后的投诉工单	
47			不具有村级投诉岗权限的人员	在待处理工单页面中不可见处理后的投诉工单	
48			有村级投诉岗权限但未提交此投诉工单的人员查看待处理工单页面	在待处理中可见处理后的投诉工单	
49	村级投诉岗再次处理投诉工单	处理投诉工单	村级投诉岗在待处理工单页面中选择"升级退回"的投诉工单，单击"处理"按钮	进入投诉工单处理页面	
50			查看页面信息显示	（1）页面的字段显示准确（2）验证投诉工单处理页面信息的正确性（3）可进行重新提交和关闭操作	
51		重新提交镇级管理岗退回的投诉工单	提交该投诉工单的村级投诉岗填写页面信息，单击"重新提交"按钮	该投诉工单可重新提交至镇级管理岗	
52			查找并查看该投诉工单	有权限的镇级管理岗在待处理工单页面中可见该投诉工单	
53		结束镇级管理岗退回的投诉工单	村级投诉岗单击"关闭"按钮	投诉工单标记为"确认并关闭"，投诉流程结束	
54			查找并查看该投诉工单	投诉工单在已完成工单页面中可见	
55		针对已处理的投诉工单回访顾客	村级投诉岗在待处理工单页面中选择"完成待确认"的投诉工单，单击"处理"按钮	进入投诉工单处理页面	

序号	功能点/结点	子功能点	用例描述	预期结果	实际结果
56	村级投诉岗再次处理投诉工单	针对已处理的投诉工单回访顾客	记录回访顾客的内容,例如记录顾客对处理结果是否满意,单击"提交"按钮	将投诉工单状态修改为"确认并关闭",投诉流程结束	
57			查找并查看该投诉工单	投诉工单在已完成工单页面中可见	

第4步,结合实际需求和业务流程,针对各测试点对应的页面采用等价类划分法、边界值分析法、错误推测法等,进一步完善表8.9中的测试用例。以"村级投诉岗启动投诉工单"结点的用例"正确填写页面信息"和"错误填写页面信息"为例,可针对村级投诉岗创建投诉工单页面的各项字段,采用等价类划分法进行用例的细化,并可采用边界值分析法、错误推测法等进行测试用例的补充。

至此,上述任务更多地强调了各测试用例设计方法的综合应用,而采用等价类划分法、边界值分析法、错误推测法等进行测试用例设计的内容简单易理解,读者可结合此思路进行测试用例的完善。

4. 拓展练习

【练习】 综合采用各类测试方法对旅馆业主维护旅馆基础信息功能进行测试用例设计,具体需求如下。

(1) 游客和旅馆业主的利益。

① 游客:可以看到最新的旅馆的信息,方便游客找到更准确的旅馆。

② 旅馆业主:将自己的旅馆信息实时发布到网上,以得到更多客源。

(2) 前置条件。旅馆业主拥有旅馆住宿系统登录账号和密码,并已成功登录。

(3) 基本路径。

① 旅馆业主请求旅馆信息维护。

② 系统列出此旅馆的所有信息。

③ 旅馆业主修改相应的旅馆信息。

④ 系统验证旅馆业主修改的旅馆信息。

⑤ 系统提示旅馆信息修改成功。

(4) 扩展路径。

无。

(5) 业务规则。

① 旅馆业主的旅馆信息会实时同步到服务器端,方便游客查看最新的旅馆信息。

② 旅馆信息页面可显示旅馆名称、旅馆编号、用户名、密码、地址、业主姓名、业主身份证号、业主银行账号等字段。

③ 旅馆信息页面可维护营业时间、消费区间、房间总数、停车位、E-mail、公交线路、简介、旅馆图片(多张图片)等字段。

实验 9　控件测试与用例设计

1. 实验目标

（1）了解常见的控件类型。
（2）理解控件测试点及测试方法。
（3）能够在实际项目中灵活进行控件测试，辅助功能测试和业务测试的开展。

2. 背景知识

　　学习控件测试之前，首先要明确什么是控件。维基百科中对控件的定义如下：在计算机程序中，控件是一种图形用户界面元素，其显示的信息排列顺序可由用户改变，例如视窗或文本框。控件为给定数据的直接操作提供单独的互动点，是一种基本的可视构件块，包含在应用程序中，控制着该程序处理的所有数据以及关于这些数据的交互操作。

　　在面向对象的程序开发过程中，控件可实现各种各样的功能。通过引入控件，使一些原本要通过较复杂的编码才能实现的功能变得可轻松地直接调用，从而大大减少重复工作量，为程序开发人员的日常工作提供了很大的帮助。

　　显然，控件的引入优势显著，应用较广。究竟实际工作中有哪些控件呢？图 9.1 所示为 Visual Studio 2010 中进行 Web 开发时常用的控件，从上到下依次为指针、命令按钮、复选框、复选列表框、组合框（下拉列表框）、日期选择控件、标签、链接标签、列表框、查看列表、掩码文本框、月历、通知图标、数字 Up Down 控件、图片控件、进度条、单选按钮、富文本框、文本框、工具提示、结构树、Web 浏览器。

图 9.1　Visual Studio 2010
　　　　常用控件

　　可见，控件种类繁多。客观来讲，上述控件基本涵盖了日常测试工作中的常用控件类型。下面选择测试工作中几类典型的常见控件，就其特征及测试方法逐一进行阐述。

　　1）按钮控件测试

　　按钮控件是系统中最常用的控件之一，根据其风格、特性可划分为多种类型。其中，最基本的类型是命令按钮。所谓命令按钮，是指可响应鼠标单击事件并做出反应，触发特定事件的可操作对象，如图 9.2 所示。

　　对于命令按钮的测试，主要考虑当按钮被单击后，是否触发对应操作，以及按钮的状态、

(a) 百度首页的命令按钮

(b) OA系统界面的命令按钮

图 9.2　命令按钮

显示的文字/图片是否根据环境不同而进行变换。以图 9.2 所示的百度首页和 OA 系统界面的命令按钮为例,简要列举命令按钮控件测试用例,如表 9.1 所示。

表 9.1　命令按钮控件测试用例

序号	目　　的	操　作　步　骤	期　望　结　果
1	验证"百度一下"命令按钮的功能	(1) 打开浏览器,访问百度网站 (2) 在搜索栏中输入任意内容 (3) 单击"百度一下"按钮	显示对应搜索结果
2	验证 OA 系统登录时,若不输入用户名和密码,"登录"按钮不启用	(1) 访问 OA 系统登录界面,观察"登录""重置"按钮状态 (2) 输入用户名和密码,观察"登录""重置"按钮状态	(1) 两按钮置灰,呈不可用状态 (2) 两按钮不置灰,呈可用状态

2) 单选按钮控件测试

单选按钮是按钮控件的变体之一,如图 9.3 所示,其具备如下特征:其一,由一个空心圆和其后的文本标签组合而成;其二,当某选项被选中时,空心圆中将出现一个小实心圆点;其三,实际应用时,至少由两个或多个控件构成一组,同组选择结果必须唯一。

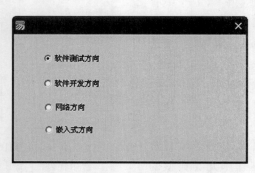
(a) 研究方向单选按钮

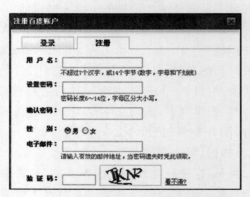
(b) 性别单选按钮

图 9.3　单选按钮

对单选按钮控件进行测试时,主要考虑如下内容。

(1) 是否有默认值。

(2) 可选值是否唯一。

（3）各单选按钮功能是否正常。

在此，以图9.3中所示的"注册百度账户"页面中的性别单选按钮为例，简要列举单选按钮控件测试用例，如表9.2所示。

表 9.2 单选按钮控件测试用例

序号	目　　的	操　作　步　骤	期　望　结　果
1	验证是否有默认值	打开"注册百度账户"页面，观察性别单选按钮	单选按钮应有默认值
2	验证可选值是否唯一	打开"注册百度账户"页面，尝试选择性别单选按钮为"男"或"女"	同时只有一个单选按钮可被选择
3	验证各单选按钮功能是否正常	（1）打开"注册百度账户"页面，将性别单选按钮分别选为"男"或"女"，进行注册 （2）注册成功后，查看数据库，观察数据库值是否正常	数据库值与所选单选按钮值一致

3）复选框控件测试

在实际应用中，很多时候我们希望用户从给定的条件中进行选择，如果预设条件集合中的各个条件是可以并存的，则可使用复选框控件。就表现形式而言，复选框与单选按钮基本类似，但复选框是由多个方框与其对应的文字标签进行组合来表示，如图9.4所示，选中后会呈现选中状态，且一般不赋默认值。

（a）我的兴趣爱好复选框

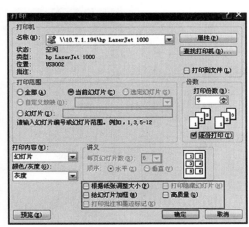

（b）打印设置复选框

图 9.4 复选框

对复选框控件进行测试时，主要考虑以下内容。

（1）多个复选框可否全选或全不选。

（2）多个复选框可否部分选中。

（3）逐一验证每个复选框的功能是否正常。

（4）验证组合执行复选框的功能是否正常。

在此，以图9.4中所示的"打印"对话框为例，简要列举复选框控件测试用例，如表9.3所示。

表 9.3 复选框控件测试用例

序号	目　　的	操 作 步 骤	期 望 结 果
1	验证复选框可否全选	打开"打印"对话框,将打印设置复选框全部选中	成功
2	验证复选框可否全不选	打开"打印"对话框,将打印设置复选框全部取消选中	成功
3	验证复选框可否部分选中	打开"打印"对话框,将打印设置复选框选中 1～2 个	成功
4	验证各复选框功能单独选中时功能是否正常	打开"打印"对话框,分别选中每个打印设置复选框	每一个复选框的功能均正常
5	验证各复选框功能组合选中时功能是否正常	打开"打印"对话框,分别选中 1～2 个打印设置复选框	组合选择时所选复选框的功能均正常

4）文本框控件测试

作为最常见的控件之一,文本框为用户提供了文本输入的功能,如图 9.5 所示。

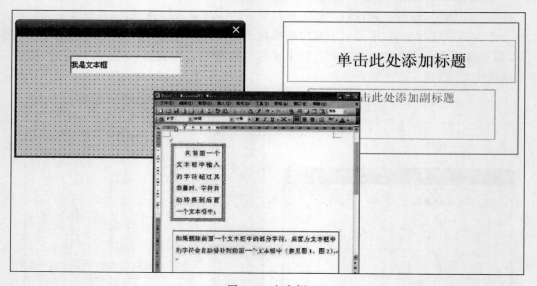

图 9.5 文本框

除了最基本的文本输入功能之外,文本框还衍生出很多功能各异的变体,如支持大量文本内容输入的文本域(TextArea)、输入内容不可见的掩码文本框(MaskedTextBox)、支持多种媒体元素的富文本框(RichTextBox)等。测试人员在对这些不同类型的文本框控件进行测试时,要根据实际情况设计测试用例。一般来讲,需考虑以下内容:数据的内容、长度、类型(大小写)、格式(行、日期)、唯一性、空、空格、复制/粘贴/手动、特殊字符、错误处理等。

以图 9.6 所示的某系统注册页面文本框控件为例,简要概括各文本框控件的需求。

（1）登录名称:仅支持 20 个字符以内的小写英文。

（2）用户昵称:最多支持 20 个字符。

（3）联系电话:支持 20 个字符内的数字及"-"符号。

（4）密码和确认密码：最低 6 位，最长不超过 50 位。

（5）密码保护问题和保护问题答案：分别不超过 100 个字符。

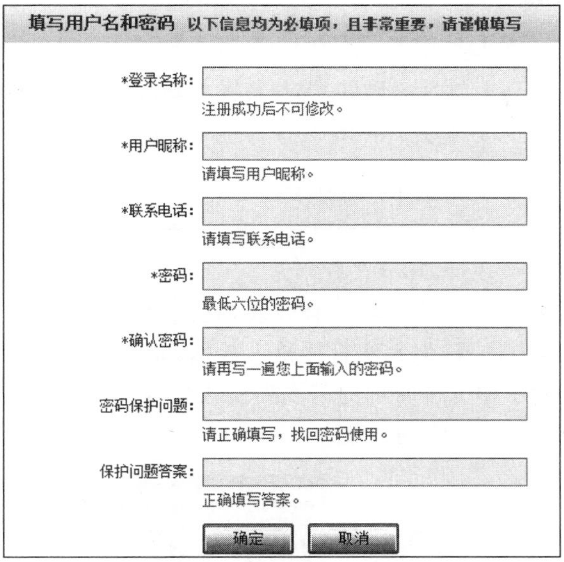

图 9.6　某系统注册页面文本框控件

依据上述需求，简要列举某系统注册页面文本框控件测试用例，如表 9.4 所示。

表 9.4　文本框控件测试用例

序号	目　　　的	操 作 步 骤	期 望 结 果
1	正常数据验证	按提示输入正确的登录名称、用户昵称、联系电话、密码及确认密码、密码保护问题和保护问题答案	各字段后均提示输入正确，且输入密码后显示为"＊"
2	异常用户名验证	依次尝试输入以下内容的登录名称：包含特殊字符、空格（或空）、中文、英文大写、长度大于 20 的字符串等	"登录名称"字段后给出相应的错误提示
3	异常昵称验证	依次尝试输入以下内容的用户昵称：包含特殊字符、空格（或留空）、长度大于 20 的字符串、敏感词等	"用户昵称"字段后给出相应的错误提示
4	异常联系电话验证	依次尝试输入以下内容的联系电话：包含特殊字符、空格（或空）、中文、英文、长度大于 20 的字符串等	"联系电话"字段后给出相应的错误提示
5	联系电话所支持格式验证	依次尝试输入以下内容的联系电话：0311-12345678-1234、0311-12345678、12345678-1234、12345678、13012345678 等	"联系电话"字段后提示输入正确
6	密码输入框显示	依次尝试输入 6 位以下的密码、大于 50 位的密码等	"密码"字段后给出相应的错误提示

序号	目　　的	操作步骤	期　望　结　果
7	密码与确认密码一致性验证	两次密码输入不一致	"确认密码"字段后给出相应的错误提示
8		验证密码是否支持复制、粘贴操作	密码应不可复制
9	密码保护问题及保护问题答案验证	输入大于 100 个字符的问题及答案	字段后给出相应的错误提示
10		输入不正确的答案	"保护问题答案"字段后给出相应的错误提示

5）列表框控件测试

列表框控件为用户提供了一个选项集合列表，其列表内容是预先设定或从数据中读取的，用户可根据需要从其中选择，但无法直接输入数据，如图 9.7 所示。

常见的列表框控件除了图 9.7 所示的基本类型之外，还有复选列表框（CheckedListBox），其特点是支持同时选择多个列表中的选项。

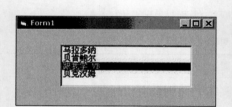
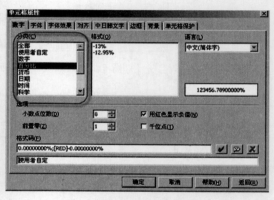

(a) 普通列表框　　　　　　　　　　　(b) 带滚动条的列表框

图 9.7　列表框

对列表框控件进行测试时，主要考虑如下内容。

（1）条目内容是否正确。

（2）逐一执行列表框中每个条目的功能，验证其是否正确。

（3）列表框中内容较多时应使用滚动条。

（4）是否支持多选的验证。

（5）支持多选的列表框的组合功能是否正确。

在此，以图 9.7 所示的带滚动条的列表框为例，简要列举列表框控件测试用例，如表 9.5 所示。

表 9.5　列表框控件测试用例

序号	目　　的	操作步骤	期　望　结　果
1	列表内容验证	观察列表	列表内容条目及顺序应与期望一致，无错字别字

序号	目　　的	操作步骤	期望结果
2	列表项验证	逐一选择列表中的每一项,观察右侧窗体中显示的内容	列表项及其显示内容应一一对应
3	列表滚动条验证	拖拽列表滚动条	列表内容应同步滚动
4	复选验证	按住 Ctrl 键或 Shift 键,尝试复选列表项	应拒绝复选

6)组合框控件测试

组合框控件是一种将文本框和列表框的功能融于一体的控件,同时具有文本框和列表框的特点,如图 9.8 所示。

(a) 简单组合框　　　　　　　　　　　　　　　　(b) 下拉组合框

图 9.8　组合框

常见的组合框控件有如下三种类型:简单组合框(Simple ComboBox)、下拉组合框(DropDown ComboBox)及下拉列表组合框(DropDownList ComboBox)。

(1)简单组合框只包括一个文本框以及一个不含下拉功能的列表。

(2)下拉组合框包括一个文本框以及一个下拉列表,用户可选择列表内容,也可手动输入。

(3)下拉列表组合框包括一个文本框以及一个下拉列表,用户只能选择列表中的选项。

对组合框控件进行测试时,主要考虑以下内容。

(1)列表中的选项内容是否与预设一致。

(2)列表各选项功能是否正常。

(3)是否支持手动输入内容,若支持,则需要按照文本框的要求对其进行测试。

在此,以图 9.7 所示的简单组合框为例,简要列举组合框控件测试用例,如表 9.6 所示。

表 9.6　组合框控件测试用例

序号	目　　的	操作步骤	期望结果
1	列表展开验证	单击右侧下拉箭头	列表展开正常
2	列表内容验证	观察列表内容条目及条目顺序	列表内容条目及顺序应与期望一致,无错别字

序号	目　的	操作步骤	期望结果
3	列表项功能验证	逐一选择列表中的每一项，验证其功能	列表中每一项的功能均应正常
4	列表滚动条验证	拖拽列表滚动条	列表内容应同步滚动
5	复选验证	按住 Ctrl 或 Shift 键，尝试复选列表项	应拒绝复选
6	手动输入验证	尝试手工输入"字体样式"内容	应拒绝手工输入

7）日期控件测试

日期控件，顾名思义是为用户提供日期选择功能的控件。日常工作中，所接触的日期控件种类繁多，但功能基本一致，通常由文本框和日历组合而成，当鼠标焦点移至文本框时，日历会自动弹出，以方便用户选择。图 9.9 所示为经典的日期控件 My97。

对日期控件进行测试时，主要考虑以下内容。

（1）是否有默认值。

（2）输入框是否可手工输入，若可手工输入，则输入日期格式是否需要进行校验。

（3）日历上的各功能按钮是否正常。

（4）日期选择完毕后，输入框中日期显示是否正确。

在此，以图 9.9 所示的日期控件 My97 为例，简要列举日期控件测试用例，如表 9.7 所示。

图 9.9　日期控件 My97

表 9.7　日期控件测试用例

序号	目　的	操作步骤	期望结果
1	日期控件弹出验证	单击包含日期控件的文本框	应弹出日期窗体
2	日期默认值验证	查看弹出的日期窗体	默认日期应与计算机（服务器）当前日期一致
3	日期功能按钮验证	尝试通过日期窗体中各功能按钮进行日期选择	各功能按钮均应正常
4	日期选择验证	选择某一日期并确认	日期窗口应关闭，文本框中应显示选择的日期
5	手工输入验证	尝试在文本框中手工输入日期	应拒绝手工输入并给出相关提示

8）结构树控件测试

结构树控件通常用来显示包含分级结构视图的信息，如菜单结构、组织机构、磁盘目录等，各结点可自由展开或折叠，如图 9.10 所示。

对结构树控件进行测试时，主要考虑以下内容。

（1）树状结构是否有默认状态（包括是否展开、展开层级、默认焦点）。

（2）各结点的展开/折叠功能是否正常。

（3）各结点的数据是否正常。

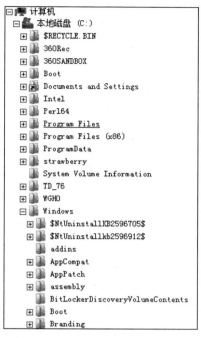

图 9.10　Windows 目录结构树控件

（4）各结点的功能链接是否正常。

在此，以图 9.10 所示的 Windows 目录结构树控件为例，简要列举结构树控件测试用例，如表 9.8 所示。

表 9.8　结构树控件测试用例

序号	目　　的	操　作　步　骤	期　望　结　果
1	结构树显示验证	单击"我的电脑"，观察左侧结构树	结构树显示正常，且目录结构关系正常
2	结点展开/折叠功能验证	尝试将各结点展开/折叠	（1）展开功能正常，展开后子结点内容显示正常 （2）折叠功能正常，折叠后子结点内容隐藏
3	结点功能验证	尝试单击各结点	应打开对应目录并在右侧窗口中显示

9）翻页控件测试

翻页控件用于处理数据量较大，需要分页显示的情况，如图 9.11 所示。

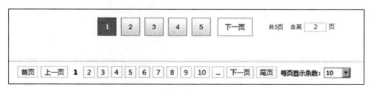

图 9.11　翻页控件

对翻页控件进行测试时,主要考虑以下内容。

(1)当前页/总页数是否正确。

(2)是否可手工输入页数,输入框是否进行错误验证,是否能正常跳转。

(3)翻页控件各功能按钮是否正常。

(4)是否支持设置页面显示数据数量,设置功能是否正常。

(5)当由于列表数据增加/减少而影响页码数量时,控件数据是否同步刷新。

在此,以图 9.11 下方所示的翻页控件为例,简要列举翻页控件测试用例,如表 9.9 所示。

表 9.9　翻页控件测试用例

序号	目　　的	操作步骤	期　望　结　果
1	页数显示验证	观察翻页控件	(1)当前页显示正常 (2)总页数显示正常 (3)各页均显示对应的按钮 (4)超过 10 页的显示"…"
2	翻页功能按钮验证	单击各功能按钮,尝试进行翻页操作	(1)对应操作功能正常 (2)翻页后数据同步刷新
3	当前页显示数量验证	单击下拉菜单,选择每页显示数据条数	(1)切换后,每页显示数据数量与设定一致; (2)切换后页面数据同步刷新
4	数据变更验证	在当前页面数据条数与设置的每页显示条数一致的情况下,添加一条数据,观察翻页控件	(1)页面数量加一 (2)增加对应功能按钮
5		在当前页面只有一条数据的情况下,删除一条数据,观察翻页控件	(1)页面数量减一 (2)隐藏对应功能按钮 (3)若总数据为零,提示暂无数据

10)滚动条控件测试

滚动条控件为用户提供多页数据、工作区域切换的功能,如图 9.12 所示。

图 9.12　滚动条控件

对滚动条控件进行测试时,主要关注以下内容。

（1）滚动条是否能拖动、是否合理,对应的页面内容的显示是否正确。

（2）滚动条拖动时,屏幕内容是否刷新。

（3）滚动条拖动时,是否给出文字提示。

（4）滚动块长度、位置是否与内容量对应。

（5）当内容超过(不足)当前屏幕最大(最小)显示内容时,滚动条是否同步显示(隐藏)。

（6）滚轮控制功能是否正常。

（7）滚动条的上下按钮功能是否正常。

滚动条控件测试较为简单,在此不再引用实例赘述。

至此,结合常见的控件类型进行了相关测试点的介绍。值得提醒的是,实际测试工作中,控件测试并不是一项独立的测试技术,而应以功能测试及业务测试为主,结合控件测试点及测试方法以辅助测试顺利开展。因此,读者应扎实地掌握控件测试点,并能够灵活应用。

3. 实验任务

【任务】 快招网添加简历模块测试。

需求:快招网提供求职者添加并维护个人简历功能。添加简历功能,即求职者使用个人账号成功登录快招网后,在"我的简历"模块下,单击"添加新简历"按钮进行个人简历的添加和维护操作。在添加简历的过程中,求职者需要分模块完善个人简历,包括个人信息、求职意向、专业技能、工作经历、教育背景、项目经验、培训经历、语言能力及照片附件等模块,且每一个模块中均包含若干具体信息。当填写完成一个步骤时,左侧相应模块的图标会由 ⊖ 变为 ⊘,填写完成大部分或者全部简历信息后自动生成一份标准格式的简历,用户单击"确定"按钮,自动保存。

在此,对图 9.13 所示的"个人信息"页面进行测试用例设计,在考虑实际业务测试的同

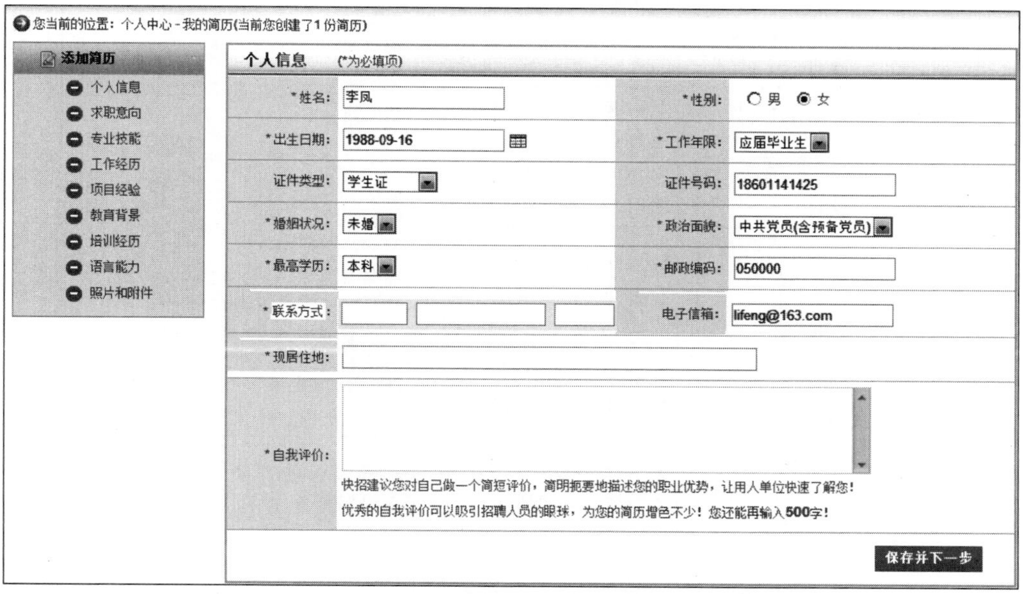

图 9.13 "个人信息"页面

时可灵活应用控件测试点以辅助测试的开展。

依据上述需求及页面,设计简易测试用例,如表 9.10 所示。

表 9.10 "个人信息"页面测试用例

系统名称	快招网				系统版本号	V1.0
模块名称	我的简历—添加简历—个人信息					
测试目的	验证个人信息能否正确添加					
前置条件	求职者能够成功登录个人系统					
序号	功能点	子功能点	用例描述	预期结果		实际结果
1	添加简历操作	单击"添加简历"按钮,进入"个人信息"页面显示验证	在简历管理页面单击"添加新简历"按钮	(1)可链接到"添加简历"页面 (2)验证页面显示与图 9.13 相同 (3)默认显示个人信息页面		
2		正确添加个人信息验证	正确输入各项信息,单击"保存并下一步"按钮	(1)可进入求职意向页面 (2)左侧"个人信息"菜单栏前的图标由 ⊖ 变为 ✔		
3		添加个人信息后再次查看"个人信息"页面显示验证	单击左侧"添加简历"菜单栏中的"个人信息"链接	(1)可返回至"个人信息"页面 (2)页面信息与上一步骤中填写的所有内容相同		
4		填写中途不保存退出当前系统验证	再次进入该系统查看已填写的个人信息	已填写内容未进行保存		
5		左侧菜单项验证	进入该页面后,查看页面左侧的添加简历步骤展示区	(1)各步骤前均显示 ⊖ 图标 (2)各步骤均有链接		
6	必填项验证	必填项说明验证	查看页面上方提示信息	有必填项提示"＊为必填项"		
7		必填项标记验证	查看页面各字段的必填项标记	与图 9.13 相同		
8		必填项功能验证	必填项字段不填写,单击"保存并下一步"按钮	系统给出明确的提示信息		
9	"姓名"字段	"姓名"字段是否支持中文类型验证	输入中文姓名,单击"保存并下一步"按钮	姓名显示正确		
10		"姓名"字段是否支持英文类型验证	输入英文姓名,单击"保存并下一步"按钮	姓名显示正确		
11		"姓名"字段是否支持特殊字符验证	输入特殊字符,单击"保存并下一步"按钮	支持输入特殊字符,但不能出现报错情况		
12		"姓名"字段长度验证(边界值)	输入 10 个字符,单击"保存并下一步"按钮	姓名显示正确		

序号	功能点	子功能点	用例描述	预期结果	实际结果
13	"姓名"字段	"姓名"字段长度验证(超出边界值)	输入11个字符	限制输入,最多仅能输入10个字符	
14	"性别"字段	"性别"控件验证	查看性别字段	(1)单选按钮 (2)支持男、女两个选项	
15		性别内容显示验证(男)	性别选择男,单击"保存并下一步"按钮	性别显示"男"	
16		性别内容显示验证(女)	性别选择女,单击"保存并下一步"按钮	性别显示"女"	
17	"出生日期"字段	"出生日期"控件验证	查看"出生日期"字段并将鼠标放置于该控件上	会出现一个日期控件,可以选择出生日期	
18		出生日期是否支持手工输入验证	在文本框中直接手工输入日期,单击"保存并下一步"按钮	若支持手工输入方式,需注意日期格式是否正确	
19		出生日期内容验证	选择某合理日期,单击"保存并下一步"按钮	日期显示与选择的日期相同	
20		"出生日期"控件功能验证	日期控件按钮功能测试	功能正常	
21	"工作年限"字段	"工作年限"控件及内容项验证	查看工作年限字段	(1)采用下拉菜单的形式 (2)数据项为"1～3年""无工作年限",默认项为"1～3年"	
22		工作年限内容显示验证	选择某工作年限,单击"保存并下一步"按钮	(1)工作年限信息显示与添加的信息相同 (2)企业通过该字段进行查找时,可搜索到该人员的简历	
23	"证件类型"与"证件号码"字段	"证件类型"与"证件号码"控件及内容项验证	查看"证件类型"字段	(1)采用下拉菜单的形式 (2)数据项为"身份证""学生证""军官证",默认项为"身份证"	
24		证件类型与证件号码内容显示验证	选择某证件类型,单击"保存并下一步"按钮	证件类型信息显示与选择的类型相同	
25		身份证格式匹配验证	(1)选择某证件类型,如身份证 (2)输入前面选择的证件类型的证件的号码,验证后面的证件类型号码格式 (3)单击"保存并下一步"按钮	格式应符合该证件类型的要求	

序号	功能点	子功能点	用例描述	预 期 结 果	实际结果
26		身份证格式长度验证	输入长度超过18位的数字,单击"保存并下一步"按钮	提示字符超出范围限制	
27		身份证类型验证	输入数字和英文之外的内容,单击"保存并下一步"按钮	提示输入格式不正确	
28	"证件类型"与"证件号码"字段	学生证格式验证	(1)选择某证件类型,如学生证 (2)输入前面选择的证件类型的证件的号码,验证后面的证件类型号码格式 (3)单击"保存并下一步"按钮	格式无特别限制,可灵活输入	
29		军官证格式验证	(1)选择某证件类型,如军官证 (2)输入前面选择的证件类型的证件的号码,验证后面的证件类型号码格式 (3)单击"保存并下一步"按钮	格式无特别限制,可灵活输入	
30	"婚姻状况"字段	"婚姻状况"控件及内容项验证	查看"婚姻状况"字段	(1)采用下拉菜单的形式 (2)数据项为"未婚""已婚""离异""丧偶",默认项为"未婚"	
31		婚姻状况内容显示验证	选择类型,单击"保存并下一步"按钮	婚姻状况信息显示与选择的类型相同	
32	"政治面貌"字段	"政治面貌"控件及内容项验证	查看"政治面貌"字段	(1)采用下拉菜单的形式 (2)数据项为"群众""党员""团员",默认项为"群众"	
33		政治面貌内容显示验证	选择类型,单击"保存并下一步"按钮	政治面貌信息显示与选择的类型相同	
34	"最高学历"字段	"最高学历"控件及内容项验证	查看"最高学历"字段	(1)采用下拉菜单的形式 (2)数据项为"大专""本科""硕士""博士",默认项为"大专"	
35		最高学历内容显示验证	选择类型,单击"保存并下一步"按钮	最高学历信息显示与选择的类型相同	
36	"邮政编码"字段	"邮政编码"控件类型验证	查看"邮政编码"字段	采用录入框的形式	
37		邮政编码内容显示验证	输入正确6位邮政编码,单击"保存并下一步"按钮	邮政编码信息显示与添加的信息相同	

序号	功能点	子功能点	用 例 描 述	预 期 结 果	实际结果
38	"邮政编码"字段	邮政编码长度验证	输入不是6位的字符，单击"保存并下一步"按钮	系统提示输入有误	
39		邮政编码类型验证	输入特殊字符，如♯等，单击"保存并下一步"按钮	系统提示输入有误	
40	"现居住地"字段	"现居住地"控件类型验证	查看"现居住地"字段	采用文本框的形式	
41		现居住地内容显示验证	输入正确现居住地，单击"保存并下一步"按钮	现居住地信息显示与添加的信息相同	
42		现居住地允许输入长字符串验证	输入超长字符，单击"保存并下一步"按钮	现居住地信息显示与添加的信息相同	
43		现居住地允许输入特殊字符验证	输入特殊字符，如河北省石家庄市桥西区♯23-6-201，单击"保存并下一步"按钮	现居住地信息显示与添加的信息相同	
44	"联系方式"(区号-电话-分机)字段	"联系方式"(区号)是否允许为空验证	"联系方式"(区号)为空，其他项正确填写，单击"保存并下一步"按钮	(1)区号允许为空 (2)联系方式显示与添加的信息相同	
45		"联系方式"(电话)是否允许为空验证	"联系方式"(电话)为空，其他项正确填写，单击"保存并下一步"按钮	提示"请填写联系方式"	
46		"联系方式"(分机)是否允许为空验证	"联系方式"(分机)为空，其他项正确填写，单击"保存并下一步"按钮	(1)分机允许为空 (2)联系方式显示与添加的信息相同	
47		"联系方式"(区号)内容格式验证	"联系方式"(区号)输入非数字字符，其他项正确填写，单击"保存并下一步"按钮	提示只可输入数字字符	
48		"联系方式"(电话)内容格式验证	"联系方式"(电话)输入非数字字符，其他项正确填写，单击"保存并下一步"按钮	提示只可输入数字字符	
49		"联系方式"(分机)内容格式验证	"联系方式"(分机)输入非数字字符，其他项正确填写，单击"保存并下一步"按钮	提示只可输入数字字符	
50		"联系方式"(区号)内容长度验证	"联系方式"(区号)字符长度大于4,其他项正确填写，单击"保存并下一步"按钮	提示字符超出范围限制	

序号	功能点	子功能点	用例描述	预期结果	实际结果
51	"联系方式"(区号-电话-分机)字段	"联系方式"(电话)内容长度验证	"联系方式"(电话)字符长度大于11,其他项正确填写,单击"保存并下一步"按钮	提示字符超出范围限制	
52		"联系方式"(分机)内容长度验证	"联系方式"(分机)字符长度大于6,其他项正确填写,单击"保存并下一步"按钮	提示字符超出范围限制	
53	"电子邮箱"字段	电子邮箱正确格式验证	输入多种不同的符合电子邮箱格式要求的内容,单击"保存并下一步"按钮	电子邮箱显示与添加的信息相同	
54		电子邮箱错误格式验证	输入多种不同的不符合电子邮箱格式要求的内容,单击"保存并下一步"按钮	提示格式输入有误	
55		电子邮箱默认值验证	查看"电子邮箱"字段内容	(1)默认显示当前用户注册时的邮箱 (2)默认显示的邮箱允许修改	
56	"自我评价"字段	"自我评价"控件验证	查看"自我评价"字段	(1)采用多行文本输入域的形式 (2)字段前显示温馨提示	
57		"自我评价"控件验证(输入信息后)	输入多行信息后,查看滚动条显示	(1)滚动条显示正常 (2)滚动条功能正常	
58		"自我评价"字段提示信息验证	查看温馨提示内容显示	(1)"快招建议您对自己做一个简短评价,简明扼要地描述您的职业优势,让用人单位快速了解您!优秀的自我评价可以吸引招聘人员的眼球,为您的简历增色不少!" (2)同时友好地提示对字数的限制,如"您还能再输入500字!"	
59		"自我评价"字段提示信息验证(输入内容后)	输入一定数量的字符(如200)并查看温馨提示	(1)自我评价信息显示与添加的信息相同 (2)温馨提示显示"您还能再输入300字!",字数提醒正确	
60		"自我评价"字段内容显示验证	输入500字的自我评价信息,单击"保存并下一步"按钮	(1)自我评价信息显示与添加的信息相同 (2)温馨提示显示"您还能再输入0字!"	

序号	功能点	子功能点	用例描述	预 期 结 果	实际结果
61	"自我评价"字段	"自我评价"字段长度验证	输入501字的自我评价信息并保存成功后（最终简历提交后），单击"保存并下一步"按钮	限制输入	
62		"自我评价"字段类型验证	输入特殊字符，如♯等，单击"保存并下一步"按钮	自我评价信息显示与添加的信息相同	

　　至此，简要列举了快招网添加简历模块"个人信息"页面的测试用例，值得提醒的是，由于快招网面向广大用户推广使用，作为测试人员应从实际业务和客户群角度出发，并辅以控件测试相关测试点进行测试用例设计，旨在满足大多数用户的实际需要。

4. 拓展练习

　　【练习】　图9.14所示为快招网的"企业会员注册"页面。针对该页面进行测试用例设计，在考虑实际业务测试的同时，可灵活应用控件测试点以辅助测试的开展。

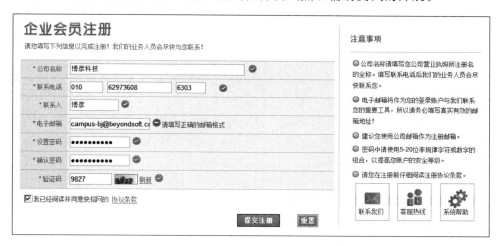

图9.14　"企业会员注册"页面

实验 10　界面测试与用例设计

1. 实验目标

（1）了解界面测试的内容。
（2）掌握界面测试的关注点。
（3）掌握界面测试方法。
（4）能够针对系统灵活开展界面测试。

2. 背景知识

笔者在企业项目的测试中有过这样一段经历，由于待测系统界面色彩暗淡、低沉，难以引发用户兴趣，而遭到测试组成员一致反对，最终推翻原有整体设计，由界面设计师重新设计、配色形成了一套全新风格的系统。可见，用户、测试工程师、界面设计师，乃至整个企业都非常重视系统的用户界面。

用户界面 UI（User Interface）是软件与用户交互的最直接的接口，界面决定用户对软件的第一印象，优秀的界面可引导用户进一步访问深层次页面和完成其他操作，并带给用户轻松、愉悦的感受。

界面测试又称为 UI 测试，即针对用户界面的检测。界面测试看似不如逻辑功能测试重要，但在激烈的市场竞争环境下，经历了严格界面测试的软件无疑提高了竞争力，可在众多的同类软件中更顺利地脱颖而出。

基于上述介绍，读者肯定理解了界面测试的重要性，那么界面测试应关注哪些方面呢？下面对此进行简要介绍。

1）整体界面的风格

图 10.1 所示为某市政府网站，经观察可知：

① 网站主体背景颜色为深红色；

② 多采用长方形等图形来进行区域的划分；

③ 整体布局排列整齐。

此类网站往往给人以规范、稳重及严谨的感受。

图 10.2 所示为某儿童娱乐网站，经观察可知：

① 网站色彩丰富；

② 展现形式生动、活泼；

③ 整体布局无特定规则。

此类网站充满童趣，符合儿童的性格特点。

图 10.1　某市政府网站

图 10.2　儿童娱乐网站

　　假想两类网站互换风格,换风格后的政府网站过于活泼,容易让人不放心;而儿童娱乐网站又显得沉闷,缺乏灵气。可见,风格测试在界面测试中尤为重要。

　　2) 不同界面的风格

　　界面测试中,除了需要关注整体界面的风格,不同界面也应保证风格的统一,举例如下。

　　(1) 反面实例。

　　① 模块 A 和模块 B 中均有"添加"链接,则两者应统一名称,而不能在模块 A 中称作"添加",在模块 B 中称作"新增"等其他名称;

② 模块 A 和模块 B 中均有删除图标链接,则两者应统一图标样式。

（2）正面实例：BugFree 管理系统中,Bug 模块(如图 10.3 所示)、Test Case 模块(如图 10.4 所示)及 Test Result 模块(如图 10.5 所示)风格统一,唯有色彩上有所差异。此方式既保证了风格统一、协调美观,又易于用户快速区分不同的模块。

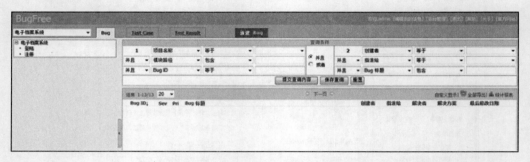

图 10.3　Bug 模块

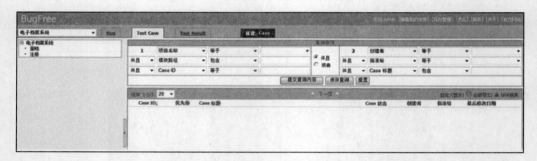

图 10.4　Test Case 模块

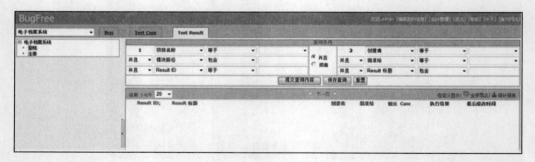

图 10.5　Test Result 模块

因此,界面测试中,不同界面的风格也应引起重视,要保持同一网站中不同界面风格的一致性。

3）界面的内容显示

图 10.6 所示为某学生开发的"百度"页面,依据个人对"百度"官方网页的印象,针对当前页面进行界面测试。

经观察,可发现图 10.6 中存在众多界面问题,简要描述如下。

（1）页面内容布局欠合理,上下均未留出空间,给人感觉憋闷;

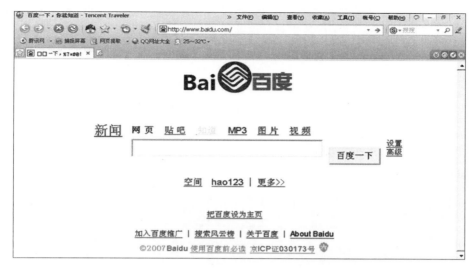

图 10.6 某学生开发的"百度"页面

（2）标签页名称显示乱码，如 ；

（3）"Bai"为黑色，色彩暗淡，且同"百度"色彩不统一，如 ；

（4）百度 Logo 有误，如 ；

（5）字体大小不统一，如 ；

（6）字体色彩过于刺眼，不容易阅读，如 ；

（7）控件位置摆放有误，如 ；

（8）内容显示有误，如 。

以上均为界面问题，换言之，以上内容均须在界面测试中加以关注。

4）界面的动态过程

图 10.7 所示为某企业网站，经观察得知，页面右侧被框起的区域中出现部分界面重叠

图 10.7 部分界面重叠

的现象,读者可能认为该问题确属界面问题,但极其容易发现,无须特别讲解,但值得提醒的是,该界面问题并非显而易见的,需要通过拖动滚动条,上下移动至页面最底部,且多次进行该操作才会出现该现象。因此,界面测试同样需要关注进行某些操作后或进行某些操作过程中界面的显示情况。

5) 窗体界面

图 10.8 和图 10.9 所示分别为某窗体的默认界面和最大化后的界面,经观察可得知,较窗体默认界面而言,窗体最大化后窗体控件仍保持原状,导致整体布局不协调。因此,界面测试中,若窗体支持最小化和最大化功能,当进行窗体缩放时,窗体上的控件也应随着窗体变化而缩放。

图 10.8 窗体的默认界面

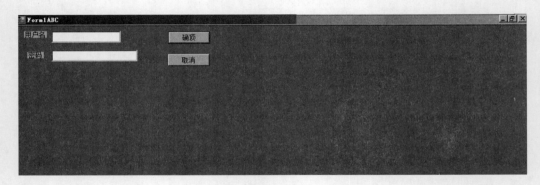

图 10.9 窗体最大化后的界面

由此可见,窗体界面测试也属于界面测试的一种。当然,窗体界面测试还包括多方面,具体测试用例如表 10.1 所示。

表 10.1 窗体界面测试用例

测试类型	界面测试	测试项	窗体测试
用例编号	测 试 内 容		期望结果
1	观察窗体大小是否适中,控件布局是否合理、协调		是
2	观察窗体长宽比例,长度和宽度是否接近黄金比例		是
3	观察窗体标题,是否准确无误、无错别字		是
4	进行窗体缩放,观察窗体中的控件是否随之缩放		是
5	移动窗体,观察移动过程中窗体界面是否显示正确、刷新正常		是
6	观察窗体界面显示是否无错别字		是
7	观察弹出的提示信息、警告信息等,文字描述是否准确无误		是

用例编号	测试内容	期望结果
8	观察父窗体或主窗体的中心位置,是否在屏幕对角线焦点附近	是
9	观察子窗体位置,是否在父窗体的左上角或正中	是
10	观察多个子窗体弹出时,是否依次向右下方偏移,以能够显示窗体标题为宜	是
11	观察多个子窗体弹出时,活动窗体是否被反显加亮	是

表10.1所示为窗体界面测试的部分用例,读者可结合实际项目情况灵活套用,开展测试。

6) 控件界面

图10.10所示为某窗体及窗体中的控件显示,经观察可得知:

(1) 窗体中存在文字错误;

(2) 控件摆放错位,未对齐排列;

(3) 按钮名称中出现了中英文共存情况,不满足一致性要求等。

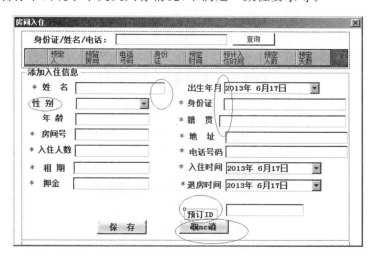

图 10.10　窗体及窗体控件

由此可见,窗体的控件中也存在很多界面测试的关注点。表10.2汇总了控件界面测试用例,供读者参考。

表 10.2　控件界面测试用例

测试类型	界面测试	测试项	控件测试
用例编号	测试内容		期望结果
1	观察控件摆放是否整齐,且间隔保持一致		是
2	观察控件显示是否完整,且无重叠区域		是
3	观察控件显示是否无错别字		是
4	观察控件中文、英文显示是否统一,无中英文混用的情况		是

用例编号	测 试 内 容	期望结果
5	观察控件文字全角、半角显示是否统一,无全角、半角混用的情况	是
6	观察控件的字体类型是否保持一致	是
7	观察控件的字体大小是否保持一致	是

表 10.2 所示为控件界面测试的部分用例,读者可结合实际项目情况灵活套用,开展测试。

7) 菜单界面

图 10.11 所示为某菜单界面,经观察可得知:

(1) 菜单中存在全角、半角混用的情况;

(2) 菜单中快捷键显示的位置不统一,既有显示在菜单中文名称之前的,也有显示在菜单中文名称之后的;

(3) 菜单的层次较多,建议控制在三层之内;

(4) 菜单中中文、英文显示不统一,出现中英文混用的情况等;

(5) 菜单中设置的快捷键不符合日常习惯,通常"复制"的快捷键为"C","粘贴"的快捷键为"V"等。

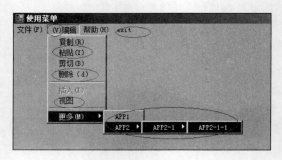

图 10.11　菜单界面

由此可见,界面测试中菜单界面的检测也不容忽视。当然,菜单界面测试中的测试点种类繁多,表 10.3 进行了菜单界面测试用例的汇总。

表 10.3　菜单界面测试用例

测试类型	界面测试		测试项	菜单测试
用例编号	测 试 内 容			期望结果
1	选择菜单,观察菜单名称显示是否正确,是否与实际执行的操作保持一致			是
2	执行快捷键,观察快捷键名称显示是否正确,是否与实际执行的操作保持一致			是
3	观察菜单显示是否无错别字			是
4	观察快捷键是否无重复情况			是
5	观察菜单的字体类型是否保持一致			是

用例编号	测 试 内 容	期望结果
6	观察菜单的字体、字号是否保持一致	是
7	观察菜单中中文、英文显示是否统一,无中英文混用的情况	是
8	观察菜单中全角、半角显示是否统一,无全角、半角混用的情况	是
9	观察菜单的位置排序,是否依据流行的 Windows 风格,通常采用常用、主要、次要、工具、帮助的顺序排列	是
10	观察下拉菜单的位置显示,是否依据菜单含义分组,并按照一定规则排列显示,且应以横线进行分隔	是
11	观察菜单的层次,是否控制在三层之内	是
12	观察主菜单的个数,是否为单排分布	是
13	观察与当前操作无关的菜单,是否以灰色显示	是

上述各项均为界面测试的范畴,值得提醒的是,上述测试用例仅为部分界面测试点,旨在抛砖引玉,读者可自行总结更加详细的界面测试通用用例。

综上所述,简要汇总界面测试的范围如下。

(1)界面风格测试,如界面主色调、界面背景等。

(2)界面一致性测试,如单界面中字体类型、字号一致,以及多个不同界面中的相同按钮、链接等应统一名称,以达到一致性要求。

(3)界面正确性测试,如界面的标志、文字、图片、弹出的提示信息等内容均应显示正确。

(4)界面合理性测试,如界面布局、界面缩放中的控件布局、工具栏中的图标等,均应合情合理地显示。

(5)界面美观协调性测试,如界面色彩搭配等。

值得提醒的是,界面测试中,尤其对于界面美观协调性等视觉效果的测试,往往主观性非常强,考虑用户的意见则显得至关重要。换言之,软件产品的研发应以用户的需求和喜好为基础,基于此产生的软件才是有价值的,否则将被推翻或束之高阁。因此,界面测试中用户的喜好尤为关键。既然提到"用户",则不得不谈一谈项目软件和产品软件中,用户及用户界面的区别。

项目软件,例如专门为某学院教务部门研发的教务系统,一般有明确且固定的客户群体。为了使项目软件的界面满足用户的要求,可设置用户体验过程或定期进行用户测试,从而避免最终研发出的软件界面受到用户的质疑。

产品软件,例如 QQ、博客等,一般没有明确且固定的客户群体,将面向广大用户进行产品的推广与销售。为了使产品软件的界面满足不同用户的要求,可制作多种不同的界面风格供不同用户灵活选择(如图 10.12 所示),也可提供界面内容定制化显示功能(如图 10.13 所示),便于广大用户结合个人的喜好进行灵活的选择与设置。

以上从不同角度阐述了界面测试的相关基础知识。下面以旅馆住宿系统的预订管理界面的测试为例,从实践角度进一步介绍界面测试。

图 10.12　选择界面风格

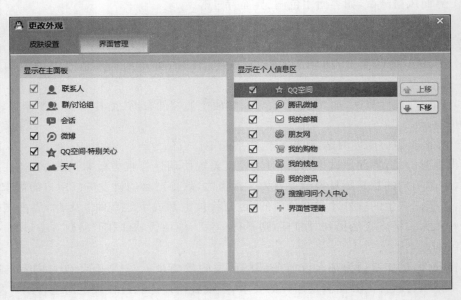

图 10.13　定制界面内容

3. 实验任务

【任务】　旅馆住宿系统预订管理界面测试。

需求：图 10.14 所示为旅馆住宿系统的预订管理界面,依据窗体测试用例和控件测试用例针对该界面进行测试,并记录测试执行结果。

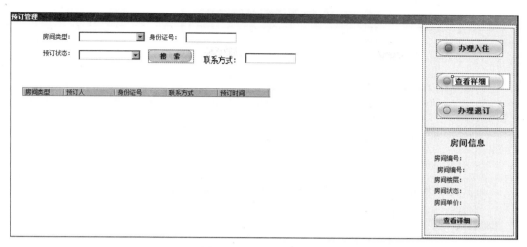

图 10.14　预订管理界面

第 1 步,针对图 10.14 所示界面,依据表 10.4 和表 10.5 所示用例逐条开展测试,逐一进行观察及操作。

第 2 步,将操作及观察得出的实际结果填写至表 10.4 和表 10.5 的"实际结果"一栏。

第 3 步,实际结果为"否"的记录,表示测试失败,应提交缺陷报告,如表 10.6 所示;实际结果为"是"的记录,表示测试通过。

注意:测试过程中,产生的实际结果与测试内容描述相同的为"是",表示测试通过;反之则为"否",表示测试失败,即产生了缺陷。

表 10.4　预订管理界面窗体测试

测试类型	界面测试	测试项	窗体测试	
用例编号	测 试 内 容		期望结果	实际结果
1	观察窗体大小是否适中,控件布局是否合理、协调		是	否
2	观察窗体长宽比例,长度和宽度是否接近黄金比例		是	否
3	观察窗体标题,是否准确无误、无错别字		是	是
4	进行窗体缩放,观察窗体中的控件是否随之缩放		是	不支持
5	移动窗体,观察移动过程中窗体界面显示是否正确、刷新正常		是	是
6	观察窗体界面显示是否无错别字		是	否
7	观察弹出的提示信息、警告信息等,文字描述是否准确无误		是	是
8	观察父窗体或主窗体的中心位置,是否在屏幕对角线焦点附近		是	是
9	观察子窗体位置,是否在父窗体的左上角或正中		是	是
10	观察多个子窗体弹出时,是否依次向右下方偏移,以能够显示窗体标题为宜		是	是
11	观察多个子窗体弹出时,活动窗体是否被反显加亮		是	是
测试执行人员:测试员 A		测试时间:2019-06-06		

表 10.5　预订管理界面控件测试

测试类型	界面测试	测试项		控件测试	
用例编号	测 试 内 容			期望结果	实际结果
1	观察控件摆放是否整齐,且间隔保持一致			是	否
2	观察控件显示是否完整,且无重叠区域			是	否
3	观察控件显示是否无错别字			是	否
4	观察控件中文、英文显示是否统一,无中英文混用的情况			是	是
5	观察控件文字全角、半角显示是否统一,无全角、半角混用的情况			是	是
6	观察控件的字体类型是否保持一致			是	是
7	观察控件的字体大小是否保持一致			是	否
测试执行人员:测试员 A			测试时间:2019-06-06		

表 10.6　缺陷报告实例

缺陷报告		编号:001	
软件名称:旅馆住宿系统	所属模块:预订管理	版本号:V1.0	
提交日期:2019-06-06	修改日期:××-××-××	指定处理人:开发者 B	
硬件平台:P4 2.4GHz,512MB	操作系统:Windows 7	测试人员:测试员 A	
缺陷类型:界面问题	严重程度:不严重	优先级:中级	
缺陷概述:预订管理界面中,"搜索"按钮位置摆放不合理			

详细描述:
1. 使用账号 admin,密码 123456,登录旅馆住宿系统;
2. 进入预订管理模块,观察预订管理界面控件的摆放。
实际结果:"搜索"按钮位置摆放不合理,放置在了各查询字段之间,如图 10.14 所示。
期望结果:将"搜索"按钮放置在各查询字段的右侧或居中显示于各查询字段的下方。
备　　注:依据表 10.4 的窗体测试用例 1 得出

注意:

①"一份缺陷报告中仅记录一个缺陷"为缺陷报告编写原则之一,故表 10.6 所示的缺陷报告中仅记录了一个缺陷。

② 基于表 10.4 的窗体测试用例 1,预订管理界面还存在其他缺陷,例如界面左侧查询字段整体布局欠美观,查询结果列表表头摆放不居中等。若有兴趣,读者可继续仔细查找其他问题。

以上针对图 10.14 所示界面进行窗体测试和控件测试,并以执行表 10.4 的窗体测试用例 1 产生的缺陷为例,提交缺陷报告。读者可结合实际项目情况,针对产生的所有缺陷提交缺陷报告,限于篇幅,不再赘述。

4. 拓展练习

【练习】 图10.15所示为某系统的注册界面。针对该界面开展全面的界面测试,并提交缺陷报告,缺陷报告参见表10.6。

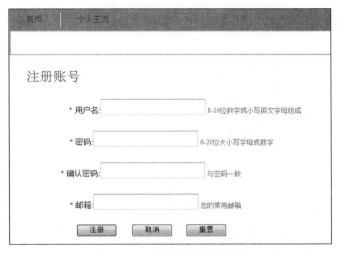

图 10.15　某系统的注册界面

实验 11   易用性测试与用例设计

1. 实验目标

（1）了解易用性测试的内容。
（2）掌握易用性测试的关注点。
（3）掌握常见易用性测试用例。
（4）能够针对系统灵活开展易用性测试。

2. 背景知识

随着经济和软件技术的飞速发展,同类软件产品数量骤增,用户在选择软件产品时已不仅仅局限于产品对于用户是否有用(即功能需求),而是在满足产品有用的前提下,逐渐转向关注产品易用(即易用性需求)。可见,用户的需求及对产品的质量要求都提升了。

当今社会,很多商家都非常关注产品的易用性,例如落地的巨大玻璃门,支持推拉双向开的门比仅支持单向开的门要更受欢迎,避免了用户不小心撞上去的危险;饮水机的冷热水控制开关也分别标注了不同的色彩(蓝色代表冷水,红色代表热水),使用户可快速、准确地找到所需的水源;公交卡的产生省去了乘客随身携带零钱的不便。总之,产品的易用性得到越来越多的关注,衣食住行方方面面都因其而更加便利、快捷。

易用性是一门学问,在软件领域也越来越占据重要的地位。在 2003 年颁布的《软件工程产品质量》(GB/T 16260—2003)中提出,易用性包含易理解性、易学习性和易操作性。也就是说,易用性是指在指定条件下使用时,软件产品被理解、学习、使用和吸引用户的能力。最终用户能否感受到软件容易使用,直接决定了软件能否取得市场的成功,它已发展为软件能否被广泛推广和使用的决定性因素之一。

下面从不同角度介绍软件的易用性,带领读者体会软件易用性在多方面的体现。

1) BugFree 登录界面

图 11.1 所示 BugFree 登录界面的易用性体现在以下 3 个方面:其一,访问 BugFree 登录界面,光标自动定位于"用户名"文本框中,减少了一次鼠标的移动和单击操作;其二,"记住密码"字段的设置,为频繁访问该软件的用户提供了免输入密码的便利;其三,"登录"按钮配有快捷键支持,在一定程度上节省了操作时间。

2) IE 中的百度网站

图 11.2 所示 IE 中的百度网站界面的易用性体

图 11.1　BugFree 登录界面

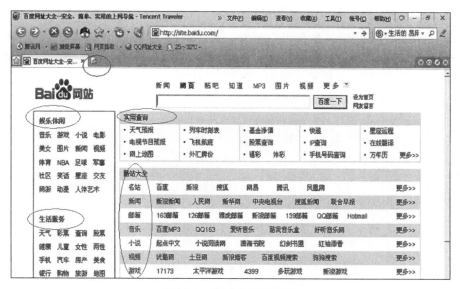

图 11.2　IE 中的百度网站

现在以下 3 个方面：其一，IE 新版本浏览器支持多个选项卡并存，为用户浏览多个网页提供了快捷的切换途径；其二，百度网站按类型相似度对内容进行模块划分，便于用户快速查找所需资源；其三，百度网站汇总了同类型的各大知名网站，进一步为用户查找资源提供便利。

3）QQ 软件主界面

图 11.3 所示 QQ 软件主界面的易用性体现在两方面：一方面，QQ 搜索栏的设置，为快速定位好友提供有效途径；另一方面，QQ 的分组设置可以将诸多好友归类显示，进一步便于用户对好友的管理及定位。

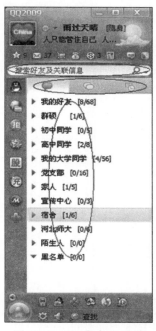

图 11.3　QQ 软件主界面

4）QQ 软件的界面管理

QQ 软件界面的易用性体现在用户界面可灵活定制,旨在满足不同用户的各种需求及适应用户需求的不断变化。QQ 软件界面管理功能能够进行灵活定制,满足了不同用户的使用习惯和喜好,如图 11.4 所示。同理,很多软件中的业务流程也支持定制功能,显然大大增强了软件的易用性和适应性。

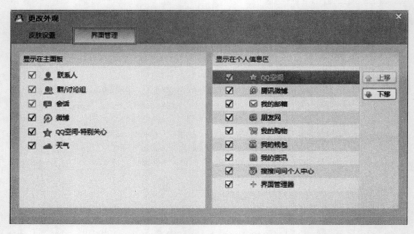

图 11.4　QQ 软件的界面管理

5）LoadRunner 的导航

图 11.5 所示 LoadRunner 的导航界面的易用性体现在两方面:一方面,LoadRunner 任

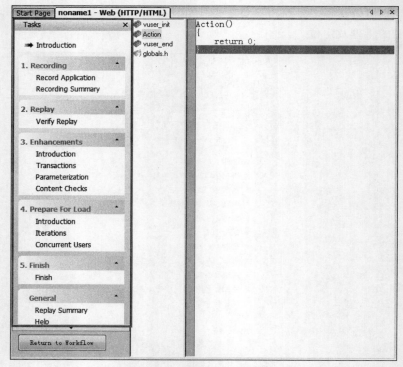

图 11.5　LoadRunner 的导航界面

务导航的设置为使用该工具生疏的测试者提供了简单的步骤引导；另一方面，LoadRunner任务导航中各名称均链接了不同的操作页面，便于用户快速进行页面跳转。

6）LoadRunner 的模块集成

LoadRunner 模块的易用性体现在 LoadRunner 的业务模块集成度很高，在 LoadRunner 的 Virtual User Generator 模块中，选择 Tools|Create Controller Scenario 菜单命令，可直接进入下一关联操作模块，即 Controller 模块，如图 11.6 所示。显然，LoadRunner 业务模块集成度很高，避免用户再次通过选中"开始"|"程序"|LoadRunner|Applications|Controller 菜单命令启动进入 Controller 模块的烦琐步骤。

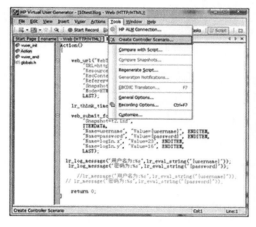 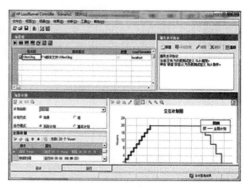

(a) Virtual User Generator 对话框　　　　　(b) Controller 模块

图 11.6　LoadRunner 的模块集成

7）淘宝网的交互性

淘宝网的易用性体现在友好交互方面，该软件对于用户操作能够及时反馈，每一步操作都有相应的图标或文字提示，旨在让用户清晰地看到系统的运行状态，如图 11.7 所示。例如，会员名输入正确，登录密码输入错误，登录密码的安全性较弱，以及用户当前操作正处于流程的"1.填写账户信息"阶段等。显然，淘宝网的交互性非常优秀。

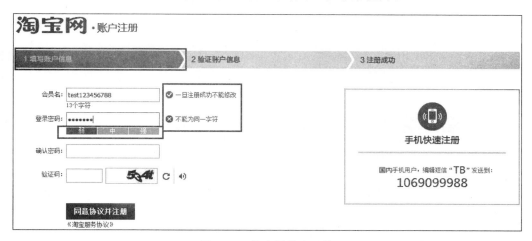

图 11.7　淘宝网的交互性

8) 快招网的数据共享

快招网的易用性体现在软件的数据共享能力很强,即对于某些信息仅输入一次,便可在相关模块中被重复使用,避免用户多次输入重复的信息。例如,在图 11.8 所示的"个人基本信息"模块中填写了部分个人信息后,访问图 11.9 所示的"添加简历"模块,可见"个人基本信息"模块中已添加的信息在该模块中也正常显示。显然,快招网强大的数据共享能力减少了多次进行重复信息输入的冗余环节。

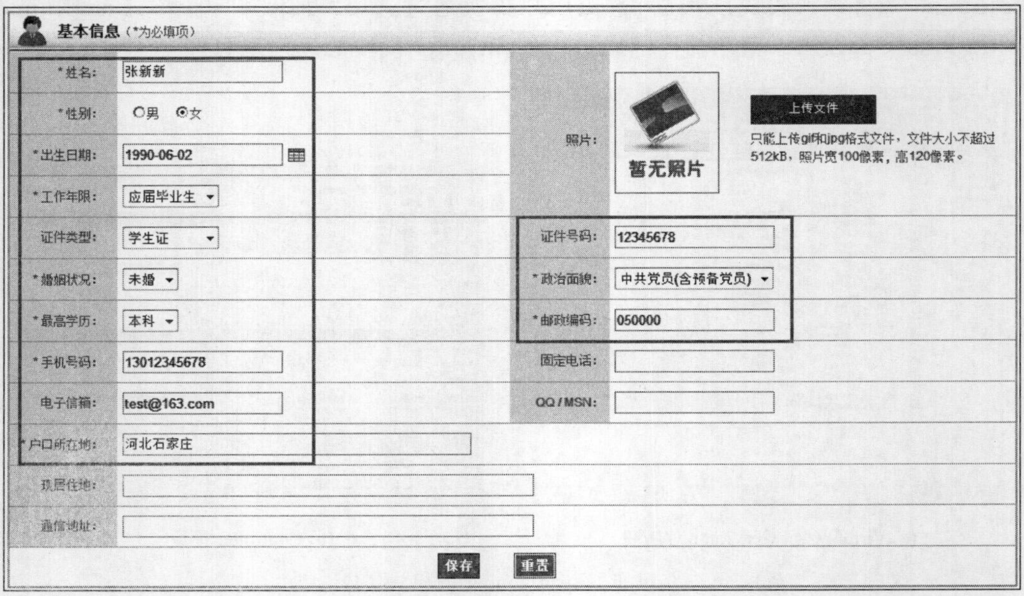

图 11.8　快招网的数据共享——个人基本信息

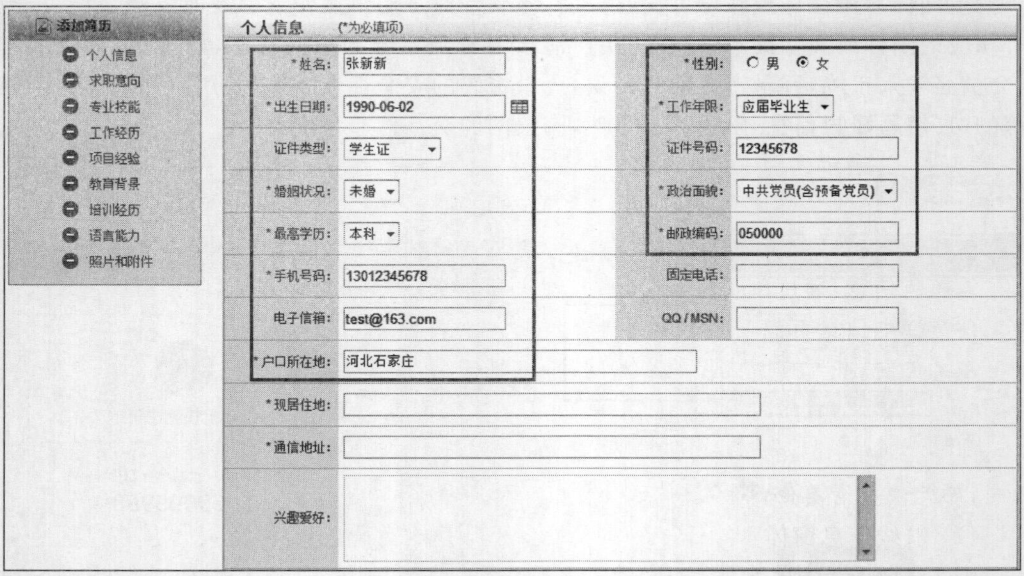

图 11.9　快招网的数据共享——添加简历

以上实例均从软件易用的角度带领读者体会软件的易用性,下面通过一些实例从不易用的角度带领读者进一步认识软件的易用性。

9）图书网的注册页面

图 11.10 所示为易用性的反面实例。经观察得知,图 11.10 中"确认密码"与"密码"输入一致时,"确认密码"字段后提示"两次输入的密码一致"信息前提示⬤。基于经验,往往对于字段输入正确的情况采用✓图标进行提示,而在输入有误的情况下才使用⬤图标进行警示。

此实例中密码输入正确无误,但使用了⬤图标以提醒读者操作正确。显然,易用性较差,在用户不仔细查看文字提示的情况下,容易误导用户以为输入有误。

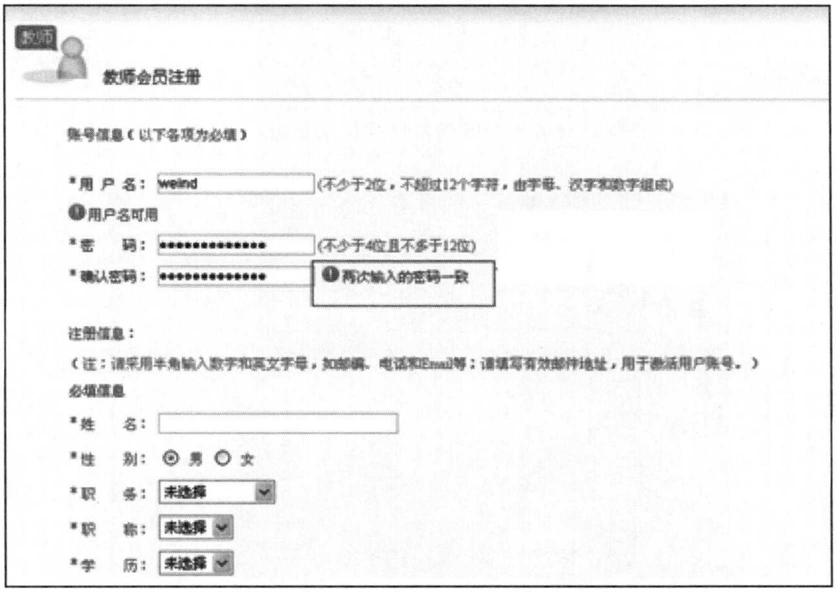

图 11.10　图书网的注册页面

10）信息网的查看入口

图 11.11 所示为易用性的又一个反面实例。经观察得知,图 11.11 中未提供单独的角色"查看"入口,即新添加的角色信息(包含"角色名称""角色权限""角色功能"等字段),无法通过单独的"查看"链接进行查看。除了角色列表中列出的"角色名称"字段内容外,若想查看其他角色信息,通过单击"删除"链接,进入角色详细信息页面,方可查看角色信息。当然,进入角色详细信息页面中也可进行删除操作。

不难理解,此实现方式不合乎常理,一般情况下单击"删除"链接会弹出带有"您是否确定删除该记录?"的确认删除提示窗口,而并非进入角色详细信息页面。因此,易用性较差。

注意：单击"修改角色名称"一栏中的"修改"链接,仅可查看并修改已添加的角色名称信息,而无法查看其他角色信息。

11）航线信息窗体

图 11.12 所示为"航线信息"窗体,不难看出该窗体中包含了多种不易用,具体介绍如下。

维护角色

选定	角色名称	修改角色名称	操作账户
	学生	修改	
☐	任课老师	修改	添加 删除
☐	教学秘书	修改	添加 删除
☐	系统管理员	修改	添加 删除
☐	财务	修改	添加 删除
☐	测试	修改	添加 删除
☐	1	修改	添加 删除
☐	123	修改	添加 删除
☐	1234	修改	添加 删除
☐	wei角色1	修改	添加 删除
☐		修改	添加 删除
☐	1	修改	添加 删除
☐	wode	修改	添加 删除

添加新建账户

图 11.11　信息网的角色详细信息查看入口

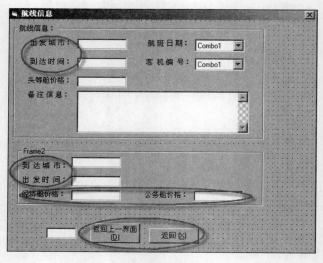

图 11.12　"航线信息"窗体

（1）"出发城市"与"到达时间"放在了同一区域中，而与"出发时间"相距较远，增加了用户操作过程中的鼠标移动距离。若将相同或相近功能的控件摆放一起，则会更加易用。

（2）"出发城市""到达城市"等字段以文本框控件的形式呈现，不仅操作耗时，而且也容易造成输入错误。若更改为组合框控件的形式，则既提供了下拉菜单的选项选取，又可以支持手动灵活输入，显然，易用性增强了。

（3）"到达时间""出发时间"等字段以文本框控件的形式呈现，若更改为日期控件的方式，则可以避免手动输入日期格式有误的状况发生。

（4）"头等舱价格""经济舱价格"及"公务舱价格"字段的分离摆放，以及这些字段以文本框控件的形式呈现，均使用户难以理解其用意。

（5）窗体下方的"返回上一界面（D）"与"返回（X）"按钮同时出现，容易使读者造成误解。

注意：组合框控件是将文本框和列表框的功能融合在一起的一种控件，具有文本框和列表框的特点。

在读者充分理解了软件的易用性后,下面将进一步探讨软件易用性测试。软件易用性测试是指从软件的易理解、易学习及易操作等角度对软件系统进行检测,以发现软件不方便用户使用的地方。从本质上来说,针对实例进行易用及不易用评价的过程,即为易用性测试的过程。不难理解,针对软件进行严格的易用性测试,无疑为其增加了几分竞争力,可以使其在同类产品的激烈竞争中更顺利地脱颖而出。

值得提醒的是,易用性测试的主观性比较强,不同的用户可能对易用性的理解有所差异,应当重点关注用户的喜好和习惯。例如,用惯了 Windows 操作系统的用户去体验 Mac操作系统,极可能首先就无法适应只有一个键的鼠标;反之,Mac 操作系统的用户同样也需要不懈的努力才能适应 Windows 操作系统。因此,易用性往往与用户的使用习惯及个人喜好密切相关,故需谨记,务必重视用户的作用。

有的读者已意识到,易用性测试与界面测试在主观性上极其类似,都与用户密不可分。因此,易用性测试也应针对项目软件和产品软件两种软件类型,根据不同的用户来灵活开展测试,尽量使研发的软件受到用户的欢迎。

注意:项目软件和产品软件的相关介绍参见实验 10 中的阐述,限于篇幅,不再赘述。

至此,通过多种实例让读者初步体会了易用性测试的侧重点和关注点。下面介绍易用性测试通用规范,使读者进一步认识和理解易用性测试。

3. 实验任务

【**任务**】 制定易用性测试通用规范。

本任务并未针对某具体实例开展易用性测试,原因在于易用性的主观性极强,不同用户可能对易用性的理解有所不同。而且,易用性与用户的使用习惯及个人喜好密切相关,每个人认为易用的方式未必其他人也认为易用。基于此,本任务对易用性测试通用规范加以汇总,以加深读者对易用性的理解,如表 11.1 所示。

表 11.1 易用性测试通用规范

角度	测 试 内 容	期望结果
界面	观察控件名称是否准确、易理解	是
	观察控件名称是否较明显地区别于同界面的其他控件名称	是
	观察不同界面的相同按钮是否保持名称一致	是
	观察界面中的图标是否能直观显示所要完成的操作	是
	观察常用功能或数据是否设有默认值,且默认值合理	是
	观察默认按钮是否支持回车键及鼠标选择操作,即快速自动执行默认按钮对应的操作	是
	观察当选项数较多时,是否使用下拉菜单的形式呈现	是
	观察单选按钮是否设置默认选项	是
	观察并操作,验证常用按钮是否支持快捷方式,且功能正确	是

角度	测 试 内 容	期望结果
界面	观察并操作,验证同一软件的不同版本间是否保持快捷键统一	是
	操作验证默认按钮是否支持回车操作	是
	操作验证 Tab 键是否支持按照从上到下,从左到右的顺序跳转	是
	观察控件是否按照使用频率和操作习惯摆放	是
	观察完成相同或相近功能的控件应使用图 11.13 所示的 GroupBox 框进行摆放,且应有功能说明或标题	是
	观察完成同一功能或任务的控件应集中摆放,以减少鼠标移动距离	是
功能	操作验证完成业务功能和流程步骤是否较简单	是
	观察验证是否设有导航引导操作	是
	操作验证不可恢复性操作及可能给用户带来损失的操作,是否给出确认操作的提示信息	是
	操作验证不可恢复性操作及可能给用户带来损失的操作是否支持可逆性处理	是
	观察并操作,验证需用户较长时间等待的操作是否支持取消操作	是
	观察需用户较长时间等待的操作是否显示操作的状态	是
	观察并操作,当可输入控件中输入非法内容,是否给出提示信息并自动获得焦点	是
菜单	操作菜单,验证菜单的快捷键是否符合 Windows 菜单标准,例如,编辑操作快捷键 Ctrl＋A(全选)、Ctrl＋C(复制)、Ctrl＋V(粘贴)等;文件操作快捷键 Ctrl＋P(打印)、Ctrl＋W(关闭)、Ctrl＋N(新建)等;主菜单操作快捷键 Alt＋F(文件)、Alt＋E(编辑)、Alt＋T(工具)等	是
帮助	操作验证是否提供 F1 及时帮助功能	是
	操作验证针对某功能采用及时帮助是否能准确定位到帮助中的位置	是
	阅读帮助内容描述是否清晰、准确,以及是否可协助问题的解决	是
	观察帮助中是否提供软件技术支持的方式	是

图 11.13　GroupBox 框

　　表 11.1 简要汇总了部分常用的易用性测试用例规范,旨在抛砖引玉,读者可结合企业与项目的实际情况灵活制定适用的易用性测试规范。

4. 拓展练习

　　【练习】　选取任意一款软件产品为测试对象,拟订一份易用性测试用例文档。

实验 12 安装测试与用例设计

1. 实验目标

（1）了解安装测试的内容。
（2）掌握安装测试的关注点。
（3）能够针对系统灵活开展安装测试。

2. 背景知识

众所周知,在日常学习、工作过程中用到的各种软件,除了少部分绿色软件外,大多需要进行安装操作才能正常使用。对于一款软件来说,安装过程是用户与产品的第一次接触,对用户体验有着巨大的影响。因此,安装测试也是软件测试中必不可少的一环。

下面介绍安装测试的相关知识,旨在让读者掌握软件安装的相关常识以及安装测试中常见的测试要点。

安装测试是指将被测软件置于各种情况下,测试该软件是否能按照预设过程正常安装、升级、更新,以及安装后是否能够正常运行等。在进行安装测试时,还要考虑各种异常情况,如文件损坏、空间不足、权限不足等。通常来讲,软件安装配置文档测试也应作为安装测试的一部分。

进行安装测试之前,首先要考虑当前软件的运行平台,是 PC 还是移动设备? 针对各平台还要考虑具体的操作系统等。就目前而言,常见 PC 操作系统包括 Windows XP/7/8/Server、Linux、UNIX、Mac 等;常见移动设备操作系统包括 Android、iOS、Windows Mobile 等。

依据软件运行平台及操作系统的不同,在进行安装测试时要关注的测试点也有所差异。确认被测软件运行平台及操作系统后,接下来要重点分析安装测试的三大过程,即软件安装、软件卸载及软件更新。

1）软件安装
在实际工作中,由于软件运行平台及操作系统的不同,所使用的安装文件也有所不同。较为常见的安装文件有以下几种。
（1）Windows 操作系统:exe 文件和 msi 文件。
（2）Linux 操作系统:rpm 文件、deb 文件和 bin 文件。
（3）Android 操作系统:apk 文件等。
安装文件的类型不同,安装方法也不尽相同。下面结合常见的安装文件类型汇总了安装过程的测试点,如表 12.1~表 12.3 所示。

表 12.1　安装过程的测试点

测试类型	安装测试	测试项	安装过程
用例编号	测 试 内 容		期望结果
1	软件安装程序是否能够正常运行。大多数软件为用户提供的都是封装好的安装包,安装包能否正常运行是进行安装测试的第一步		是
2	软件安装程序是否有友好的向导或提示,向导提示内容是否正确、简洁、无歧义。按照通用标准,软件安装程序应包含欢迎页、版权页、配置页、安装进度页、结束页等,各功能页之间应设置友好的向导提示来提示用户进一步的操作		是
3	软件安装过程中,需手工输入部分是否进行有效性校验		是
4	软件安装各步骤是否可回退至上一步,如可回退,上一步中用户录入数据是否正常		是
5	软件安装过程是否可以取消,取消后是否对临时文件进行了处理		是
6	软件安装成功后,相关文件是否写入对应目录		是
7	软件安装若涉及第三方程序的安装或配置,需验证是否正常,如数据库、Web容器等		是
8	软件安装成功后,是否能够正常运行		是
9	软件安装过程中,是否对异常情况进行了处理,如空间不足、断电等		是
10	软件安装过程中,各类功能键、快捷键是否正常		是
11	软件安装是否需要认证或加密措施。软件安装加密测试涉及专业技术领域,可参见表 12.2 和表 12.3 所示测试点进行相关测试		是/否

表 12.2　软件加密测试点

测试类型	安装测试	测试项	安装过程——软件加密
用例编号	测 试 内 容		期望结果
1	在安装或运行时输入正确的序列号,程序是否可以正常安装或运行		是
2	在安装或运行时输入错误的序列号,程序是否不可以安装或运行		是
3	按要求执行解密操作,检验程序是否可以正常运行		是
4	不执行解密操作,程序是否不可以运行		是

表 12.3　硬件加密测试点

测试类型	安装测试	测试项	安装过程——硬件加密
用例编号	测 试 内 容		期望结果
1	安装加密狗后,检查程序是否可以正常安装或运行		是
2	不安装加密狗,程序是否给出提示不能安装或运行		是
3	在安装或运行的过程中,拔掉加密狗,程序是否给出提示并退出安装或运行过程		是

用例编号	测 试 内 容	期望结果
4	插入同一软件不同版本的一组加密狗,检查程序是否仍然可以正常安装或运行	是
5	插入一组加密狗,包括被测软件的加密狗和其他软件的加密狗,检查程序是否仍然可以正常安装或运行	是

2）软件卸载

大多数成熟的软件产品不仅要有简单、易用的安装过程,在程序卸载时同样应做到方便、快捷、无残留。

注意：某些软件产品因提供监控、安全等特殊功能,因此,对卸载功能有相应限制,读者应结合实际项目和业务情况进行软件卸载的测试。

基于 Windows 操作系统的软件大致支持以下两种卸载方式：其一,通过软件自带的卸载程序（如图 12.1 所示）进行卸载,通常借助程序安装目录下或"开始"菜单中的快捷方式进行卸载;其二,通过图 12.2 所示的 Windows 添加删除程序功能进行卸载。

图 12.1　卸载程序

图 12.2　Windows 的添加删除程序功能

针对不同的卸载方式,汇总卸载过程的测试点,如表 12.4 所示。

表 12.4　卸载过程的测试点

测试类型	安装测试		测试项	卸载过程
用例编号	测 试 内 容			期望结果
1	软件自身是否自带卸载功能,若自带,卸载功能是否能正常使用。对于移动设备的软件来说,软件本身一般不提供卸载功能,因此在进行移动设备的软件卸载测试时,不考虑本条			是
2	使用操作系统自身的添加删除程序功能是否能正常卸载软件			是
3	软件卸载过程中,是否有友好的向导或提示,向导提示内容是否正确、简洁、无歧义			是
4	软件卸载后是否对临时文件、残留文件、注册表信息进行了清理			是
5	卸载过程是否可以取消,取消后是否对临时文件进行了处理			是
6	卸载过程中,是否对异常情况进行了处理,如死机、断电、文件缺失等			是
7	卸载过程中,各类功能键、快捷键是否正常			是

3) 软件更新

基于不断优化产品质量、提升用户服务水平,以及提高用户黏着度等目的,一款成熟的产品通常会提供软件更新功能。就目前而言,软件更新通常分为部分更新和整体更新两种方式。部分更新时,更新程序一般仅获取需要更新的文件并替换;而整体更新时,更新程序下载的更新包为安装包,需要重新执行安装过程。例如,使用 QQ 时,有时会看到任务栏中提示"有可用的更新,是否下载",确认后即可进行下载操作,待下载完毕后会在下次登录 QQ 时自动执行更新操作,此类更新多为部分更新。如果从较旧的 QQ 版本升级时,下载完毕后需要重新执行安装操作,此类更新多为整体更新。

下面简要汇总更新过程的测试点,如表 12.5 所示。

表 12.5　更新过程的测试点

测试类型	安装测试		测试项	更新过程
用例编号	测 试 内 容			期望结果
1	软件是否为自动更新,若为自动更新,检测更新功能是否正常			是
2	更新时是否有友好的向导或提示,向导提示内容是否正确、简洁、无歧义			是
3	更新方式是替换差异文件还是整个安装包重新安装,是否符合常规情况。一般来说,软件小版本更新大多采用替换差异文件的形式,只有涉及大量功能修改的大版本更新时才采用重新安装的形式			是
4	更新过程是否可以取消,取消后是否对临时文件进行了处理			是
5	测试更新后软件功能是否正常。不仅包括更新部分的功能,还包括所有与之相关的功能			是
6	更新过程中是否对异常情况进行了处理,如空间不足、死机、断网等			是
7	更新过程中,各类功能键、快捷键是否正常			是

至此，从理论层面上汇总了常见的安装测试要点，下面基于 Windows 操作系统中常用的 exe 安装文件，以旅馆住宿系统的安装测试为例，从实践角度对安装测试各环节中的测试点进行介绍，进一步介绍安装测试的应用。

3. 实验任务

【任务】 旅馆住宿系统 PC 端安装测试。

需求：某旅馆住宿系统包括 Web 端旅馆信息展示网站和 PC 端旅馆业务管理应用程序两部分。本任务主要针对 PC 端旅馆住宿系统安装文件（如图 12.3 所示）进行全面安装测试，包括安装过程测试、卸载过程测试及更新过程测试，并简要记录结果。

HomeHotel.exe

图 12.3　旅馆住宿系统
安装文件

首先，对安装过程进行测试。

第 1 步，针对图 12.3 所示的 exe 安装文件，验证程序是否能正常运行，双击安装文件，程序可正常运行，弹出如图 12.4 所示的欢迎对话框。

此步骤中，需要检查欢迎对话框中是否有友好的提示及向导，文字描述是否清晰、明确、无歧义。通过观察，可以得出以下结果。

图 12.4　欢迎对话框

（1）本安装程序具有较友好的用户提示，但在文字描述方面，页面左上角、左下角、程序标题栏，以及提示信息中涉及产品名称处均显示"您的产品"，并未准确地描述产品名称、网址等信息，属于软件缺陷。

（2）安装程序的背景图片与产品信息基本无关，建议修改。

（3）当安装程序窗口为当前窗口时，程序自动将焦点定位至"下一步"按钮，在易用性方面表现良好。

第 2 步，依据图 12.4 所示的提示，单击"下一步"按钮，打开图 12.5 所示的许可协议对话框。

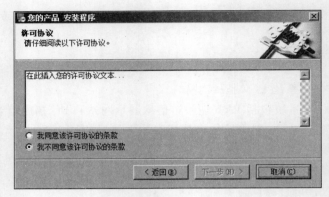

图 12.5　许可协议对话框

尽管日常使用中，大多数的用户通常略过查看许可协议详细内容的步骤，但对于成熟的软件产品而言，安装过程中的许可协议是不可忽略的，其中的内容作为用户接受产品的前提，具有一定的法律效力。一旦发生纠纷，许可协议的存在可有效避免软件所有者蒙受不必要的损失。因此，进行安装测试时，许可协议同样需要进行测试，主要测试点如下：

（1）许可内容是否与预设内容一致；

（2）确认默认选项是否为不接受或不同意；

（3）用户是否只有选择接受协议或同意协议后，才能继续安装；

（4）若存在多页文本，是否只有全部阅读完成后，才允许进行确认选项的选择。

此处，经观察和操作不难发现，软件的许可协议处没有正式的许可协议内容，属于软件缺陷，应予以添加。

第 3 步，在图 12.5 中选择"我同意许可协议的条款"一项，"下一步"按钮变为可用状态，单击"下一步"按钮，打开图 12.6 所示用户信息对话框。

此步骤中，需要对"名称"及"公司"等文本框进行输入内容及格式的验证，例如输入内容的有效性，允许输入的字符类型、字符长度等。均确认无误后，进行后续操作。本步骤中未见缺陷。

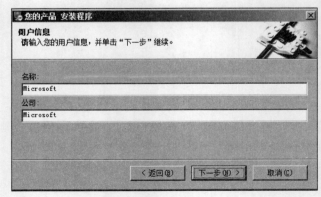

图 12.6　用户信息对话框

第 4 步,在图 12.6 中单击"下一步"按钮,打开图 12.7 所示的选择安装路径对话框。
此步骤中,存在以下多项测试点:
(1) 路径选择功能是否正常;
(2) 是否支持除 C 盘之外的其他盘符的选择;
(3) 路径文本框中的内容是否进行校验;
(4) 所需空间及可用空间显示是否正常。
均确认无误后,进行后续操作。本步骤中未见缺陷。

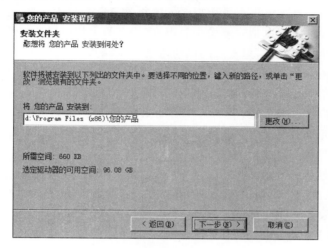

图 12.7　选择安装路径对话框

第 5 步,在图 12.7 中单击"下一步"按钮,打开图 12.8 所示快捷方式设置对话框。
此步骤中,需要对下拉列表框、单选框等控件进行相关测试,具体测试点可参见实验 9。
均确认无误后,进行后续操作。本步骤中未见缺陷。

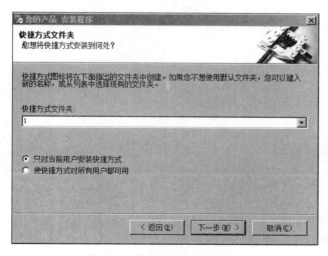

图 12.8　快捷方式设置对话框

第 6 步,在图 12.8 中单击"下一步"按钮,进入安装信息确认对话框。此步骤中,需验证安装信息是否与上述步骤中的设置相符,确认无误后,进行后续操作。本步骤中未见缺陷。

第 7 步,继续单击"下一步"按钮,正式开始程序安装,安装过程中显示安装进度条。

此步骤中,需测试是否进行安装环境检测,关联程序是否正常安装,安装进度条是否正常等。安装完毕后,程序将自动跳转至完成界面,单击"完成"按钮即可。本步骤中未见缺陷。

基于上述各步骤,在安装程序运行过程中不难看出,程序的大多数阶段均支持返回上一级操作,且返回的对话框中已保存了用户录入的相关信息。与此同时,验证了各快捷键功能均正常,且于安装中途进行取消安装操作时,程序均会给出相应提示信息。

至此,程序安装虽已完成,但安装测试的过程尚未结束。接下来,除了验证程序是否可以正常运行之外,还需验证相关信息是否依据安装过程中的设置写入了对应目录,并重点检查安装目录、开始菜单、桌面快捷方式、快速启动栏等。此程序中,安装成功后显示的桌面快捷方式图标有误,应将旅馆 Logo 作为程序启动图标。

此外,在条件允许的情况下,应补充进行一些极端情况的测试,如安装异常中断、断电、死机、磁盘空间满等状况下的检测。

其次,对卸载过程进行测试。

针对已安装完成的旅馆住宿系统,通过程序安装目录下或"开始"菜单中的快捷方式进行卸载,具体卸载及测试步骤如下。

第 8 步,在"开始"菜单中找到程序文件夹,执行图 12.9 所示的"卸载您的产品"菜单命令以启动卸载功能,打开图 12.10 所示的卸载对话框。

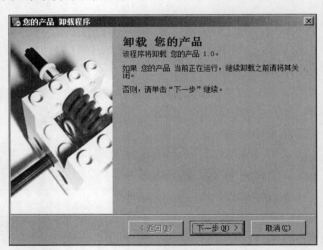

图 12.9　旅馆住宿系统卸载入口　　　　　图 12.10　旅馆住宿系统卸载对话框

此步骤中,观察图 12.10 所示的卸载对话框,检查程序是否有友好的提示及向导,文字描述是否清晰、明确、无歧义。经观察得知,本卸载程序具有较友好的用户提示,但在文字描述方面涉及产品名称的部分均显示"您的产品",未准确描述产品名称、版本等信息,属于软件缺陷。此外,图 12.11 所示的程序标题栏与任务栏显示的标题描述不一致,也

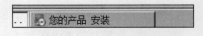

图 12.11　任务栏显示的标题

属于软件缺陷。

第 9 步,在图 12.10 中单击"下一步"按钮,正式开始程序卸载,卸载过程中显示卸载进度条。

此步骤中,需检验卸载进度条是否显示,显示是否正常,与卸载进度是否匹配,提示信息显示是否正常等。待卸载完毕后,程序自动跳转至卸载完成对话框,单击"完成"按钮,卸载成功。本步骤中未见缺陷。

基于上述各步骤,程序的大多数阶段均支持返回上一级操作。此外,还验证了各快捷键功能均正常以及在卸载中途进行取消卸载操作时,程序会给出相应提示信息。

程序卸载完成后,需检查程序安装文件夹、快捷方式、"开始"菜单、注册表信息等相关内容是否被一并删除,且删除是否干净。若同时安装了其他关联程序,也应验证是否被同时删除。此外,条件允许的情况下,应补充进行极端情况的测试,如卸载异常中断、断电等状况下的检测。

注意:本次采用的旅馆住宿系统软件较为简单,在对较为复杂的软件进行测试时,还可能涉及是否保留用户文件、是否需要验证才能执行删除等内容,需要根据软件的实际情况进行决定。

最后,对更新过程进行测试。

针对已安装完成的旅馆住宿系统,采用部分更新的方式进行自动更新,即软件连接更新服务器获取版本列表,若本地版本低于服务器版本,则获取更新文件 XML 列表进行下载并替换。具体更新及测试步骤如下。

第 10 步,为进行更新测试,手动将配置文件中的 localVersion(本地版本)值改成低于目前服务器版本的值,如图 12.12 所示。

第 11 步,保存配置文件后,重新启动旅馆住宿系统,可自动检测软件最新版本。此步骤中,需验证程序是否能自动检测新版本。可以看到当前系统提示有新版本更新,检测成功,如图 12.13 所示。

图 12.12　手动修改本地版本值

图 12.13　程序自动更新版本

第 12 步,单击"确定"按钮后,程序应显示更新文件列表。此步骤中,需验证待更新文件是否与预设一致。本系统中,显示的版本更新文件列表如图 12.14 所示。对比图 12.13 所示更新文件列表的对话框,可以发现,图 12.14 中的"升级"按钮丢失快捷键 U,导致前后界面不一致,属于软件缺陷。

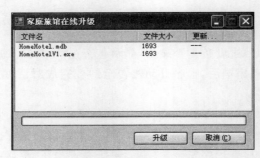

图 12.14 版本更新文件列表

第 13 步,单击"升级"按钮,程序将自动下载更新文件进行更新。此步骤中,需验证各文件是否能正常下载,更新进度是否正常。在网络正常连通的情况下,本系统升级正确无误。

第 14 步,更新完毕后,程序自动重新运行。此步骤中,需验证更新后的软件版本是否正确,更新后软件功能是否正常等。经验证,软件自动更新后,版本及功能与预期相符,正确无误。

综上所述,以旅馆住宿系统为例,介绍了安装过程测试、卸载过程测试和更新过程测试。值得提醒的是,更新过程测试仅介绍了部分更新,从某个角度来讲,整体更新基本可视为部分更新与安装的组合过程,整体更新过程的测试应首先验证是否能够检测到新版本并下载,其次验证安装是否正常,最后验证软件功能等,此处不再赘述。

本任务以旅馆住宿系统为例,介绍了基于 Windows 操作系统的安装测试过程,仅为抛砖引玉,供读者参考。对于其他类型、其他操作系统以及其他平台的软件,虽然安装过程不尽相同,但基本原则大同小异,读者需根据实际情况灵活设计测试用例并执行测试,才能达到最好的效果。

4. 拓展练习

【练习】 以任意一款安装程序为测试对象,依据本实验介绍的安装过程测试点、卸载过程测试点及更新过程测试点开展全面安装测试,并记录测试执行结果。

实验 13   兼容性测试与用例设计

1. 实验目标

（1）了解兼容性测试的内容。
（2）掌握兼容性测试的关注点。
（3）了解兼容性测试的常用工具。
（4）能够针对系统灵活开展兼容性测试。

2. 背景知识

实际工作中经常遇到此类情况：客户反映系统存在某些问题，而测试人员在本地测试环境下参照客户给出的步骤和数据反复测试却无法复现。就此类情况而言，往往需要考虑软件是否存在兼容性问题？从此角度出发，或许能找到答案。

软件兼容性是指软件在不同平台、操作系统、软硬件环境等多种情况下，能否正常、稳定地运行，若运行正常，则认为该软件在此环境下与此环境中的相关软件兼容。在读者充分理解了软件兼容性之后，则不难理解软件兼容性测试，即通过技术手段对软件在上述不同环境下进行的测试验证。

对于一些个人或小团体开发的仅用于学习、研究的小型软件来讲，兼容性测试可能无关紧要。但对于一款成熟的软件产品而言，随着用户基数的不断增大，产品运行环境也多种多样，良好的兼容性可有效提升用户满意度，为产品推广打下坚实基础。显然，兼容性测试特别重要，不容忽视。

读者已知晓兼容性测试的重要性，那么如何进行兼容性测试呢？下面介绍进行兼容性测试时需考虑的测试方面。

1）不同平台、操作系统的兼容性

在介绍安装测试时已提到，目前市场上主流操作系统种类繁多，包括 Windows XP/Vista/7/Server、Mac、Linux/UNIX、Android、Windows Mobile、iOS 等。一款软件于研发之初，首先需考虑该软件的运行环境，当然，这是由软件的开发语言所决定的。由于各操作系统底层架构不同，而开发语言的适应性也有所差异，此情况就有可能导致同一款软件在 A 操作系统下运行正常，却在 B 操作系统下出现无法运行等不兼容的问题。尤其对于 CS 架构的软件，若不进行针对特定系统的二次开发，则很难做到仅一个软件版本就兼容所有平台、操作系统。例如，Windows Mobile 下的 CAB 包在 Windows 操作系统下无法安装，Android 操作系统下的 apk 文件在 iOS 操作系统下无法运行等。

因此，针对软件进行操作系统兼容性测试时，首先明确被测软件的目标操作系统和平台，此内容往往都应在软件需求规格说明中有明确描述。随后才能有针对性地结合测试范围中的目标操作系统开展测试。而对于尚未明确声明目标操作系统的软件,则应在目前主流操作系统下对其进行测试。

2）不同浏览器的兼容性（BS 架构软件）

BS 架构软件,由于其方便易用而受到广大开发人员和用户的欢迎,而浏览器作为 BS 架构软件与用户交互的基础,在测试时也需要被测试团队重点关注。

若进行浏览器兼容测试,首先要了解市面上主流的浏览器类型。以 PC 为例,IE 作为 Windows 操作系统自带的浏览器,始终占据着主流之位。就目前来讲,IE 6 与 IE 7 基本已被淘汰,IE 8 和 IE 9 为目前流行版本,IE 10 由于被嵌入 Windows 8 操作系统而占有一定的市场比例;Firefox 由于其开源免费、拥有多种功能强大的插件等特点而拥有相当多的使用者;谷歌推出的 Chrome 以稳定、安全著称,同时具有多平台版本,广受信息技术从业者的好评。与此同时,国内的 360、搜狗、金山等软件公司推出的浏览器也借助各自的产品占有了一定的市场份额。

目前市面上主流的浏览器种类繁多,不同种类的浏览器对网页脚本、控件、样式等元素的支持也不尽相同。在进行兼容性测试时,若需求规格说明中未明确提及所推荐的浏览器,则读者应根据实际情况,选择市面上主流的各类浏览器开展浏览器兼容性测试。

值得一提的是,浏览器兼容性测试过程中,可选择第三方工具来协助进行测试,如 MultiIE、MultiBrowser、IETester、SuperPreview 等。上述工具能够模拟多浏览器环境,协助测试人员检测待测网站在不同浏览器下的运行情况。但是,客观来讲,此类工具虽功能强大,但毕竟与真实浏览器存在差异。因此,在条件允许的情况下,仍建议采用真实浏览器进行测试以达到最佳测试效果。

3）与其他软硬件的兼容性

一般来说,计算机上除了被测软件外,还会运行各种其他的软件（图 13.1 所示为常见的软件类型）,连接各类不同的设备（如打印机、扫描仪等）。因此,在进行兼容性测试时,还要考虑软件与此计算机上其他软硬件的兼容性,旨在保证被测软件能够与其他软硬件协同共存。值得提醒的是,具体其他软硬件同样依据主流与否进行各类型的综合选取。

图 13.1　常见的软件类型

综上所述,从不同操作系统、平台的兼容性,不同浏览器的兼容性（BS 架构软件）及与其他软硬件的兼容性三方面进行了兼容性测试关注点的阐述。基于上述三方面,若已确定市场主流的多种操作系统、多种浏览器及多种不同类型的软硬件,下一步该如何进行三方面的组合呢？显然,逐一组合的类型太多、数量太大,针对逐一组合逐一开展测试不切实际。正交试验法恰恰适用于平台参数配置或兼容性测试过程,详见实验 6。

至此,读者已从理论层面上认识了兼容性测试,下面以旅馆住宿系统的兼容性测试为例,从实践角度进一步介绍兼容性测试技术的应用。

3. 实验任务

某旅馆住宿系统包括 Web 端旅馆信息展示网站和 PC 端旅馆业务管理应用程序两部分。

【任务 13.1】 旅馆住宿系统 Web 端兼容性测试。

需求：对于 Web 端网站,可采用"IETester＋FireFox＋360"的浏览器组合进行兼容性测试,并记录测试执行结果。

旅馆住宿系统 Web 端待测网址：http://www.lvguanzhusu.com/。

第 1 步,为了进行 Web 端兼容性测试,首先需要下载 IETester。用户可访问 http://www.my-deBugbar.com/wiki/IETester/HomePage 下载最新版本的 IETester,也可自行搜索进行下载。

第 2 步,下载完毕后,运行安装包,参照提示选择安装路径即可完成安装,过程简单易行,不再赘述。

第 3 步,安装完毕后,可通过"开始"菜单或桌面快捷方式启动 IETester,运行界面如图 13.2 所示。

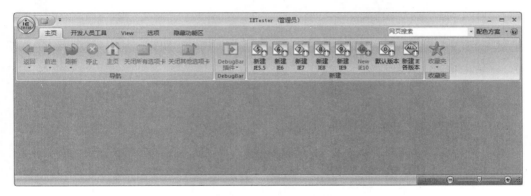

图 13.2　IETester 界面

IETester 的界面十分简洁,用户只需单击对应版本的图标即可新建各版本的 IE 窗口。值得提醒的是,目前此软件尚不能较好地模拟 IE 10。在此,主要测试网站在 IE 7/8/9 下的兼容性。

第 4 步,单击相应版本的图标,并在对应版本 IE 窗口的地址栏中输入待测网站地址即可,例如 http://www.lvguanzhusu.com/,运行后程序效果如图 13.3 所示。

与此同时,可启动 FireFox 和 360 浏览器,针对不同浏览器进行综合测试。

第 5 步,通过测试,简要记录测试结果如下。

(1) 在 IE 7 下,侧边栏位置错误,如图 13.4 所示。

(2) 在 IE 9 下,侧边栏无法展开,首页浮动窗口无法飘动,且内页导航按钮样式存在问题,如图 13.5 所示。

(3) 在 Firefox 下,首页侧边栏无透明效果,如图 13.6 所示。

图 13.3　程序效果展示

图 13.4　IE 7 下效果展示

图 13.5　IE 9 下效果展示

图 13.6　Firefox 下效果展示

（4）而在 360 浏览器和 IE 8 下，显示效果较好。

（5）网站在显示器分辨率小于 1024×768 的情况下，样式会发生异常。

依据上述测试结果，得出结论如下：推荐用户在 1024×768 分辨率下，使用 IE 8 浏览器访问网站,以达到最佳效果。

【任务 13.2】 旅馆住宿系统 PC 端兼容性测试。

需求:对于 PC 端程序,可选择 Windows XP 和 Windows 7 两款主流操作系统进行兼容性测试,并记录测试执行结果。

旅馆住宿系统 PC 端待测程序:HomeHotel.exe。

第 1 步,选择测试机。对 PC 端程序进行兼容性测试时,由于专门采购不同操作系统的 PC 成本较高,因此,采用虚拟机来进行测试。目前流行的虚拟机软件有很多,在此选择 Vmware Workstation。用户可访问 http://www.vmware.com/cn 下载试用版。

第 2 步,安装 Vmware。其安装过程简易,下载安装包后按提示进行安装即可。关于虚拟机操作系统的安装配置,用户可参照软件帮助或在网上搜索教程,在此不再赘述。

第 3 步,将旅馆住宿系统安装程序复制到虚拟机中,如图 13.7 所示。

图 13.7　将安装程序复制到虚拟机中

第 4 步,执行启动文件 HomeHotel.exe,进行程序兼容性测试,如图 13.8 所示。

第 5 步,通过测试,简要记录测试结果如下。

(1) 在 Windows XP 和 Windows 7 32 位操作系统下,程序运行正常。

(2) 在 Windows 7 64 位操作系统下,程序可进入登录界面,但单击"登录"按钮后报错,如图 13.9 所示。经验证,报错原因为程序不支持 64 位操作系统。

(3) 软件在显示器分辨率小于 1024×768 的情况下,会出现界面无法正常显示的问题等。

依据上述测试结果,得出结论如下:推荐用户基于 Windows XP 和 Windows 7 32 位操作系统,在 1024×768 分辨率下使用 PC 端程序,以达到最佳效果。

至此,相信读者已初步了解了软件兼容性测试的相关知识。值得提醒的是,随着计算机

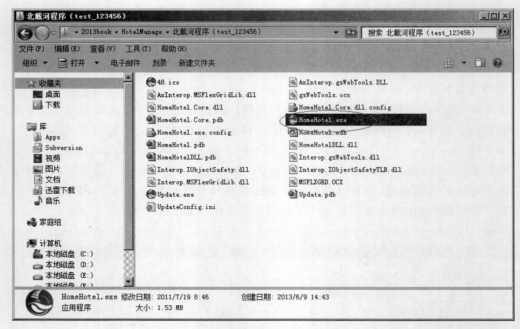

图 13.8　执行启动文件

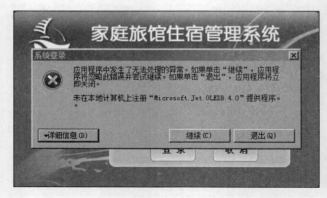

图 13.9　Windows 7 64 位操作系统下效果展示

技术的不断发展,软件的运行环境也日益多样化、复杂化。因此,在进行兼容性测试时,测试人员应不断研究新环境下软件的兼容性问题,才能保证测试质量。

4. 拓展练习

【**练习**】　选取任意一个网站为测试对象,采用 IETester 进行兼容性测试,并记录测试执行结果。

实验 14　文档测试与用例设计

1. 实验目标

（1）了解文档测试的内容。
（2）理解文档测试的不同类型。
（3）掌握开发文档测试的相关知识。
（4）掌握管理文档测试的相关知识。
（5）掌握用户文档测试的相关知识。
（6）能够对各种文档灵活地开展测试。

2. 背景知识

随着软件产业的飞速发展，用户对软件质量的要求越来越高，软件测试行业受到越来越多的关注和重视，对软件测试的认识也由原来的功能测试、性能测试、界面测试、易用性测试、安全性测试等扩展到了文档测试等领域。

早期的应用软件仅有一个名为 Readme 的文本文件，仅对一个文本文件开展文档测试未免显得小题大做。如今软件相关文档内容丰富、种类繁多，已成为软件产品不可或缺的一部分，而且由经验得知，测试过程中发现的大量缺陷均与对需求规格说明书、概要设计文档、详细设计文档等软件文档理解不准确或文档变更等原因有密切关系。联机帮助、用户手册等面向用户的软件文档的质量直接影响用户轻松、顺利、高效地使用软件产品，优秀的用户文档在某种程度上既降低了技术支持的费用，又使用户体验达到较好的效果等。基于上述理由，针对文档开展测试成为必不可少的环节，测试过程中也应引起足够重视。

不难理解，文档测试即对软件相关文档的质量进行检测，包括文档的正确性、完备性、一致性、易理解性等方面。简要介绍如下。

（1）正确性：验证文档中对软件功能和操作等的相关介绍，应准确无误，不可出现前后矛盾的情况。

（2）完备性：验证文档中对软件功能和操作等的相关介绍，应完整、翔实、前后统一，避免出现虎头蛇尾甚至丢失功能模块的情况。

（3）一致性：验证文档描述应与软件实际情况保持一致、符合实情，避免由于缺陷的修复或软件版本的更新而导致内容与实际不符。

（4）易理解性：验证文档编写采用的语言、介绍的方式等应通俗易用。例如，专业术语、缩写语等应给以注解；关键、重要的操作应图文并茂，且易于理解。

在读者充分理解了文档测试内容的基础上，则不难理解文档测试的应用对象种类繁多。

通常,文档测试面向开发文档、管理文档及用户文档三大类开展,各类文档中又分为多种不同类型,详细介绍如下。

(1) 开发文档:可行性研究报告、软件需求规格说明书、概要设计说明书、详细设计说明书、数据库设计说明书等。

(2) 管理文档:项目开发计划、测试计划、测试分析报告、开发进度月报、项目开发总结报告等。

(3) 用户文档:用户手册、用户指南、使用向导、操作手册、联机帮助、Readme 文件、软件包装文字和图形、市场宣传材料、授权文件、注册登记表、用户许可协议等。

就目前而言,上述文档测试的开展方式存在一定差异,但测试核心及根本目的保持一致。其中,开发文档和管理文档主要通过评审的方式进行测试,项目相关人员结合实际项目情况共同参与到评审的过程中,通过评审预防缺陷的产生;而用户文档则由测试人员在文档完成后专门开展文档专项测试,在文档最终提供给用户之前做好最后一道检验。

下文以软件测试计划评审和联机帮助文档测试为例,分别对开发文档和管理文档测试,以及用户文档测试进行阐述。

1) 软件测试计划评审

软件测试计划是管理文档中的典型代表,是计划阶段的文档产物,是指导测试过程的纲领性文件。借助软件测试计划,测试与开发等人员可明确测试任务、安排及进度等信息,对资源、时间、风险、测试范围和预算等进行综合分析与规划,旨在达到高效执行测试实施,有效跟踪、控制测试过程,应对测试过程中的相关变更等目的。

在此,选择软件测试计划作为开发文档和管理文档的代表,进行评审的讲解。

通常,软件测试计划评审可采用邮件评审或会议评审两种不同的方式进行,由软件测试计划编写者组织,需求人员、开发人员、测试人员等其他项目相关人员参与。下面分别对邮件评审和会议评审两种不同的方式进行介绍。

(1) 邮件评审,属于异步评审方式,一般由测试计划编写者事先发送一封测试计划评审通知邮件,以启动评审。值得提醒的是,邮件中需注意以下几点要求。

① 需发送《待评审的测试计划文档》《测试计划评审报告》及《评审问题反馈表》等相关资料,以供参与评审的人员进行评审及问题反馈。

② 合理添加邮件的发送人员及抄送人员,通常由需求人员、设计人员、开发人员、测试人员等相关项目人员组成评审小组,评审小组所有成员均应及时收到评审邮件。

③ 邮件中务必注明评审时间限制,旨在提醒参与评审的人员及时进行评审及问题反馈。

(2) 较邮件评审而言,会议评审则更为正式。会议评审采用评审会的方式组织相关评审人员共同进行软件测试计划评审,时效性更强,沟通也更为充分。会议评审需要注意如下几点。

① 评审会议中,往往由软件测试计划编写者带领评审人员阅读待评审的内容,并组织进行讨论。

② 各评审人员针对《测试计划评审报告》中的内容进行讨论和交流,可提出相关问题,给出相应修改建议和意见等。

③ 由记录员进行讨论、沟通过程的记录及《评审问题反馈表》的填写。

④ 最终由评审小组组长给出评审结论，其他与会人员进行签字确认。

显然，《待评审的测试计划文档》《测试计划评审报告》及《评审问题反馈表》等文档在会议评审中同样重要。以下，以《电子商业街道系统测试计划》的评审为例，给出相应的《测试计划评审报告》（见表 14.1）及《评审问题反馈表》（见表 14.2），以供参考。不同的公司或项目中，相关文档模板存在差异，测试人员可根据实际情况做出调整。

注意：《电子商业街道系统测试计划》文档内容繁多，限于篇幅，未在本实验中展示。

表 14.1 测试计划评审报告

项目名称	电子商业街道系统		所属部门	商业项目 1 组		
评审组织人	刘××		评审组长	李××		
评审方式	√邮件　□会议		评审日期	2019 年 6 月 10—13 日		
评审类别	□产品评审		√项目评审		□其他评审	
评审人	李××、魏××、王××、张××、杨××					
评审对象	序号	工作产品		版本	编写人	备注
	1	《电子商业街道系统测试计划》		V1.0	刘××	
	2					
评审内容	（1）进度计划是否符合合同约定（尤其是验收测试时间、交付时间） （2）项目里程碑点是否明确 （3）计划是否符合项目实际情况 （4）项目工作量估计是否合理 （5）项目工作目标、验收标准是否明确 （6）项目工作范围（工作边界）是否明确 （7）项目通过准则是否合理 （8）任务分配是否合理 （9）项目风险是否考虑充分，是否制定了应对措施 （10）其他存在问题的地方					
评审概述	本次电子商业街道系统测试计划评审采用邮件评审的方式，由刘××事先发布评审启动邮件，评审时间为 2019 年 6 月 10—13 日，由所有评审人员对待评审的测试计划文档进行评审，并在截止日期前反馈《评审问题反馈表》					
评审结论	1. 通过，不必做修改　　　　　　　　　　　　（　　） 2. 通过，需做修改　　　　　　　　　　　　　（　　） 3. 不通过，需修改后再次评审　　　　　　　　（√） 　　　　　　　　　　　　　　　　　　评审组组长：李××					
评审确认	确认意见					确认人
	同意，修改后再次评审					李××
	同意，修改后再次评审					魏××
	同意，修改后再次评审					王××
	同意，修改后再次评审					张××
	同意，修改后再次评审					杨××

表 14.2 评审问题反馈表

序号	问题位置	问题描述	修 改 建 议	原 因
1	1.3 范围	测试范围太广	(1) 先整体描述,然后进行功能点细化 (2) 建议采用表格形式,如表头为主模块、子模块、功能点、子功能点、功能描述等	直接影响对系统的深入理解和后续用例设计的详尽程度
2	3 测试进度	阶段划分太粗且不合理	(1) 细化进度,建议结合各个阶段的工作内容细化进度,如体现冒烟测试阶段、自动化测试阶段、回归测试阶段等 (2) 产品评估阶段时间过长 (3) 测试顺序不合理,如功能测试、性能测试、系统测试 (4)“结束日期”与“实际开始日期”调换位置,并添加“实际结束日期” (5) 应与开发人员详细沟通后制定测试进度并划分阶段,务必结合实际情况	(1) 进度是测试计划中尤为重要的部分,影响开发与测试的顺利合作 (2) 测试顺序不正确影响测试的充分性和准确性
3	4.3 测试工具	工具选择重复	TD 与 Bugzilla 两者选择其一即可,TD 中包含了缺陷管理功能	重复性提交缺陷影响测试目标和进度
4	5 风险分析	风险分析不全面	结合实际情况分析项目风险,如时间问题、沟通问题、技术难度问题、风险模块(可能理解不深入等)	风险分析的目的是给项目成员以警示,尽早地预测问题和风险,以更好地预防和解决
5	6.1 功能测试	测试策略制定不合理	(1) 开始标准:不应在编码结束后进行开发测试,应并行进行 (2) 完成标准:描述清晰,明确用户需求,参照描述可判定测试是否达标 (3) 测试重点和优先级:明确什么是显性需求和隐性需求 (4) 特殊事项:真正进行深入思考,如权限设定、搜索关键字等问题	(1) 不合理的策略影响测试工作进度和测试的充分性 (2) 描述模糊,无法顺利结束测试 (3) 仔细思考特殊事项能更好地指导后续用例设计工作开展
6	6.3 性能测试	测试策略制定不合理	(1) 给定性能需求,目前描述无法进行测试 (2) 测试范围不准确,“搜索”“购物”均为性能测试点 (3) 开始标准:应在基本功能测试后,且影响性能测试的缺陷修复完毕后才可进行性能测试 (4) 测试重点:业务成功率、CPU、内存均为应重点关注的指标	(1) 测试范围不准确直接影响测试结果的正确性 (2) 测试开始标准不正确,直接影响测试能否顺利开展,很可能中途会受到缺陷的影响 (3) 测试指标关注不正确,会使测试结果的准确性受影响
7	6.3~6.7	和实际情况结合不是太紧密	(1) 将这些测试策略与实际测试项目结合起来进行分析,目前有直接套用模板的嫌疑 (2) 仔细思考 6.3~6.6 应如何开展测试,是否需要进行合并测试	和实际情况结合不紧密,会使测试计划的指导性不强

序号	问题位置	问题描述	修 改 建 议	原　　因
8		缺少重点、难点测试模块或功能	仔细思考并将重点、难点测试模块添加至文档,对于重点、难点部分深入分析测试策略并进行进度安排	直接影响进度安排和测试深度
9		缺少兼容性测试	添加兼容性测试策略	兼容性测试是很重要的一个测试方面,不可丢失
10		缺少功能自动化测试策略	添加功能自动化测试策略,如 QTP 工具介入的开始标准、测试范围等均需要详细设计	自动化测试工具的引入需要进行合理且周密的计划,否则自动化不仅不能给项目带来高效益,反而会影响测试进度和质量
11	内容缺少	缺少版本发布策略	(1) 添加版本发布策略,如何时发布新版本、缺陷达到什么情况可要求发布新版本、何种情况可拒绝测试(如不能通过冒烟测试时)等 (2) 与开发人员详细沟通后完善文档	开发人员与测试人员若不沟通好版本发布策略会导致测试版本发布延迟或修改缺陷不及时,影响双方工作的开展
12		缺少缺陷管理策略	(1) 添加开发人员如何进行缺陷库的访问,双方如何针对缺陷进行交互 (2) 若双方均访问缺陷管理工具,测试人员应提供缺陷管理工具网址和访问账号	开发人员与测试人员应针对缺陷的交互工作进行详细沟通,否则影响缺陷修改和测试的及时性
13		缺少进度反馈策略	(1) 添加何时向开发指导老师、测试指导老师反馈进度 (2) 添加与开发人员进行详细沟通的频率	主要反映领导层与同事间沟通的及时性和有效性
14		缺少测试准备数据	列举需要开发人员提供的数据,如测试账号、基础数据等	防止影响测试进度
15		缺少测试通过标准	(1) 添加明确的测试通过标准,如 A 类缺陷解决率、B 类缺陷解决率等 (2) 结合实际测试情况及时与导师沟通	缺少明确标准易影响测试的充分性
16	其他细节	文字描述不准确	(1) 1.1 中,"知道系统测试工作的进展"描述不准确 (2) 4.1 中,"具体职责"描述不全面,且工作内容顺序需调整 (3) 其他文字描述	不注重细节易影响文档的易读性

2)联机帮助文档测试

联机帮助文档是用户文档中的典型代表,是产品的功能、使用方法、注意事项等相关内容的说明书,是使用户快速学会使用软件的帮助文档之一,一般还支持索引和搜索等功能,用户可以方便、快捷地查找所需信息。联机帮助文档是提供给用户进行阅读的用户文档,测试人员应站在最终用户的角度进行全方位检测。

在此,以旅馆住宿系统的联机帮助为例进行文档测试的介绍。图 14.1 和图 14.2 所示均为旅馆住宿系统的联机帮助界面,就其测试而言,需注意如下几点。

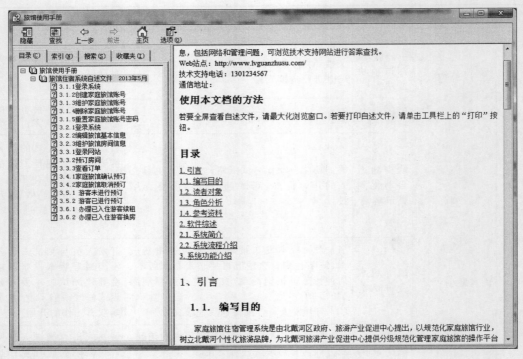

图 14.1　旅馆住宿系统的联机帮助界面 1

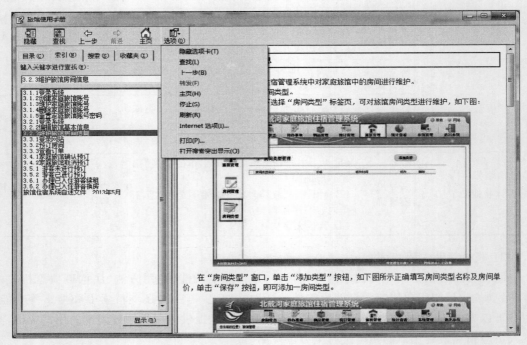

图 14.2　旅馆住宿系统的联机帮助界面 2

（1）观察文档标题显示是否正确，如"旅馆使用手册"中的"旅馆"不完整，应为"旅馆住宿系统"。

（2）观察并操作验证文档中显示的站点，如 http：//www.lvguanzhusu.com/，应保证站点能够打开，且链接的网址正确。

（3）观察目录、内容等显示是否完整，确保无遗漏。

（4）观察目录是否与左侧标题级别、标题名称保持一致。

（5）观察并操作验证文档中的链接是否正确，如"1.引言"应可正确链接到相应的内容。

（6）针对左侧标题链接，逐项单击并验证帮助内容是否显示正确、标题和目录一致。例如，单击"3.1.1 登录系统"，右侧窗口应正确跳转到相关内容窗口。

（7）依据文档中的描述逐步进行操作，验证对应功能是否能实现，以及实现是否正确。例如，最大化浏览窗口验证是否能全屏查看当前文件；单击工具栏上的"打印"按钮验证是否能打印当前文件。不难发现，此页面中并未设置"打印"按钮，此为文档测试发现的缺陷。

（8）观察并操作验证文档给出的示例是否正确，尤其需要注意的是，文档中的所有操作都需要实际执行一次，方可判断文档给出的示例是否正确。例如，图 14.2 中描述："在'房间类型'窗口，单击'添加类型'按钮，如下图所示正确填写房间类型名称及房间单价，单击'保存'按钮，即可添加一房间类型。"根据此描述进行操作，验证是否能正确添加房间类型。

（9）观察文档内容描述是否正确，功能说明是否与系统的实际功能一致。例如，生成新的软件版本时，帮助文档的内容应同步进行更新。

（10）观察并操作验证文档中的截图与软件实际界面是否一致，确认文档中的截图并非来源于之前的某个版本。

（11）观察验证所有信息是否真实、正确，开发者、联系电话及公司地址等服务信息应及时更新。例如，技术支持电话号码应正确；通信地址不能为空。

（12）观察文档界面显示是否美观，应无错别字及标点使用错误的情况出现。

（13）观察文档格式、排版是否正确。

（14）观察并操作验证帮助窗口中的所有图标和菜单是否正确。例如，单击"隐藏"图标，左侧窗口被隐藏；单击"上一步"图标，退回上一页查询内容；单击"前进"图标，进入下一页查询内容。当然，还需注意图标何时置灰显示。

（15）操作验证索引、搜索等功能是否能正确实现。

（16）操作验证回车键、Tab 键及快捷键是否能正确使用。

总之，测试人员应遵循仔细阅读内容、操作每个步骤、检测每个图表、尝试每个示例四个原则灵活地开展软件测试。

综上所述，通过软件测试计划评审和联机帮助文档测试两个典型实例介绍了开发文档和管理文档测试、用户文档测试。以下任务中，对开发文档和管理文档测试的通用规范、用户文档测试的通用规范进行了汇总，进一步加深读者对文档测试的理解和认识。

3. 实验任务

【任务 14.1】 制定开发文档和管理文档测试的通用规范。

本任务对开发文档和管理文档测试的通用规范进行了汇总,以加深读者对开发文档和管理文档评审的理解。在此,选择需求评审、设计评审及测试用例评审进行汇总,如表 14.3～表 14.5 所示。

表 14.3 需求评审项

测试类型	开发文档和管理文档测试	测试项	需求评审
编号	评 审 内 容		结果
1	是否包括了所有已知的客户和系统需求		是[ ] 否[ ] N/A[ ]
2	是否每个需求都在项目的范围之内		是[ ] 否[ ] N/A[ ]
3	是否每个需求都以清楚、简洁、没有二义性的语言描述,尽量避免也许、可能、大概等关键字		是[ ] 否[ ] N/A[ ]
4	是否所有的需求都可以在已知的约束条件内实现		是[ ] 否[ ] N/A[ ]
5	是否所有的性能目标都进行了适当的描述		是[ ] 否[ ] N/A[ ]
6	是否每个软件功能需求都可追踪到一个更高层次的需求,如合同附件需求框架		是[ ] 否[ ] N/A[ ]
7	是否每个需求都有可测试性		是[ ] 否[ ] N/A[ ]
8	需求优先级的划分是否合理		是[ ] 否[ ] N/A[ ]
9	是否描述了软件的目标环境,是否指明并简短概述了目标环境中其他相关软件、子系统及模块等		是[ ] 否[ ] N/A[ ]
10	需求前后是否保持一致,彼此不冲突		是[ ] 否[ ] N/A[ ]
11	其他存在问题的地方		是[ ] 否[ ] N/A[ ]

表 14.4 设计评审项

测试类型	开发文档和管理文档测试	测试项	设计评审
编号	评 审 内 容		结果
1	从技术、成本、时间的角度来看,设计是否可行		是[ ] 否[ ] N/A[ ]
2	已知的设计风险是否被标识、分析并做了减轻风险的计划		是[ ] 否[ ] N/A[ ]
3	设计能否在技术和环境的约束下被实现		是[ ] 否[ ] N/A[ ]
4	设计是否可以追溯到需求		是[ ] 否[ ] N/A[ ]
5	全部需求是否都有对应的设计		是[ ] 否[ ] N/A[ ]
6	设计是否考虑性能需求		是[ ] 否[ ] N/A[ ]
7	是否包含内、外部接口设计		是[ ] 否[ ] N/A[ ]
8	数据库设计是否合理		是[ ] 否[ ] N/A[ ]
9	设计是否具备可扩展性		是[ ] 否[ ] N/A[ ]
10	设计是否考虑了可测试性		是[ ] 否[ ] N/A[ ]
11	设计是否考虑了容错性		是[ ] 否[ ] N/A[ ]
12	其他存在问题的地方		是[ ] 否[ ] N/A[ ]

表 14.5 测试用例评审项

测试类型	开发文档和管理文档测试		测试项	测试用例评审
编号	评审内容			结果
1	用例设计的结构安排是否清晰、合理,以利于高效地对需求进行覆盖			是[ ] 否[ ] N/A[ ]
2	用例是否覆盖测试需求上的所有功能点			是[ ] 否[ ] N/A[ ]
3	用例的优先级安排是否合理			是[ ] 否[ ] N/A[ ]
4	用例是否具有很好的可执行性,例如用例的前提条件、执行步骤、输入数据及期望结果等是否清晰、正确,且期望结果是否有明显的验证方法			是[ ] 否[ ] N/A[ ]
5	是否包含充分的正面及负面测试用例,应结合业务充分设计			是[ ] 否[ ] N/A[ ]
6	是否包含从用户层面来设计用户使用场景和使用流程的测试用例			是[ ] 否[ ] N/A[ ]
7	用例描述是否简洁、清晰、复用性强			是[ ] 否[ ] N/A[ ]
8	是否存在冗余的用例			是[ ] 否[ ] N/A[ ]
9	其他存在问题的地方			是[ ] 否[ ] N/A[ ]

【任务 14.2】 制定用户文档测试的通用规范。

本任务对用户文档测试的通用规范进行了汇总,以加深读者对用户文档测试的理解,如表 14.6 所示。

表 14.6 用户文档测试通用规范

角度	测试内容	期望结果
术语	观察术语是否正确、规范	是
	观察术语是否容易理解,对不易理解的应进行定义或注释	是
	观察术语使用是否保持一致,例如,"查询"按钮是否统一称为"查询",应避免某些地方称为"查询",另一些地方称为"查找"	是
标题	观察文档整体标题是否存在,且显示正确	是
	观察文档各级标题是否存在,且显示正确	是
	观察并操作,验证标题是否与软件实际情况保持一致,避免由于功能的增、删、改导致与标题不匹配	是
内容	观察并操作,验证功能描述是否正确、合理、清晰	是
	观察并操作,验证菜单、控件的名称是否与软件中的名称保持一致	是
	仔细阅读内容并同步执行所有操作步骤,验证文档描述是否与实际执行结果一致	是
	观察并操作,验证目录、索引等跳转是否正确	是
	观察并操作,验证所包含的网站地址等是否正确链接	是
	观察并操作,验证搜索功能是否正确	是

角度	测 试 内 容	期望结果
图表	观察是否图文并茂	是
	观察并操作,验证图的显示是否正确、清晰,是否与软件界面保持一致,确认图并非来源于已修改过的某个版本	是
	观察并操作,验证表的显示是否正确、清晰	是
	观察图题和表题是否正确显示,且序号正确、名称正确	是
示例	观察并操作,验证文档中的示例是否正确、合理、可行	是
界面	观察文档界面是否美观、风格一致	是
	观察文档显示是否无错别字,且标点符号使用正确	是
	观察文档排版是否正确、合理	是

以上简要汇总了部分常见的文档测试规范,仅为抛砖引玉,读者可结合企业与项目的实际情况灵活制定文档测试规范。

4. 拓展练习

【练习】 以任意一款软件产品的用户使用手册为测试对象,依据任务 14.2 中给出的用户文档测试通用规范进行文档测试。

第二篇　Web 测试技术

第一篇中已介绍了黑盒测试的基础知识及用例设计方法。在实际测试工作中,测试对象往往是一套套各具特色的完整系统软件,如 Web 站点、PC 桌面程序、嵌入式软件、移动平台应用等。在开展测试工作时,读者除了要灵活运用黑盒测试技术外,对于不同类型的软件系统,还应针对其特性运用其他测试技术进行用例设计及测试。

在众多的软件系统中,Web 站点作为日常工作最常见的系统之一,因其轻量、方便、快捷、易扩展等特性而被广大开发者和用户所青睐。第二篇中,将从链接测试、Cookies 测试、安全性测试三个方面介绍 Web 相关测试技术,旨在对软件测试技术做进一步拓展和扩充。

值得提醒的是,Web 站点的测试仍不可脱离黑盒测试技术,功能测试、界面测试、易用性测试、兼容性测试、文档测试等均适用于 Web 站点的测试。换言之,完整的 Web 测试技术中包含上述各种测试类型,乃至未提及的性能测试也属于其范畴。但由于性能测试领域十分广阔,并非只言片语就能入门,故本篇未花大篇幅进行阐述,有兴趣的读者可重点学习本书第三篇,并可参阅《软件性能测试——基于 LoadRunner 应用》一书进一步学习。

实验 15　Web 站点链接测试

1. 实验目标

（1）了解链接测试的内容。

（2）能够使用 Xenu Link Sleuth 工具针对 Web 站点进行链接测试。

（3）能够使用 Xenu Link Sleuth 工具生成 Web 站点链接测试结果报告。

（4）体会 Web 站点测试与客户端测试的异同。

2. 背景知识

在 Web 网站中，如何实现各网页之间的切换呢？通常情况下，需借助超链接来实现各网页之间的切换。

超链接即超级链接的简称。它是 Web 应用系统的一个主要特征，是在网页之间切换和指导用户去往其他网页的主要手段。从本质上讲，超链接属于网页的一部分，是一种允许当前网页与其他网页或站点进行连接的元素。因此，只有将各个网页链接在一起后，才可构成一个真正意义上的网站。

换言之，超链接是指从一个网页指向一个目标的连接关系。该定义包含了三层内容：其一，网页中用来超链接的对象可以是一段文本或一个图片；其二，所指向的目标可以是另一个网页，也可以是当前网页上的不同位置，还可以是一个图片、一个电子邮件地址、一个文件，甚至一个应用程序等；其三，当浏览者单击已经链接的文字或图片后，链接目标将显示在浏览器上，并且根据目标的类型进行下一步操作，如打开或运行。

不难理解，网站尤其是大型网站涉及成百甚至上千个页面，如图 15.1 和图 15.2 所示，网页中包含了大量的文本超链接和图像超链接。整个网站的链接犹如一张庞大的蜘蛛网，相互关联。其中，链接的正确性直接影响用户对该网站的印象，一个网站若常常出现链接上的错误，则无论其页面多么精致，用户对其的信任度都会大打折扣。因此，为了提高网站的整体质量，务必重视对网页链接的检测，即链接测试。

在读者充分理解了链接及链接测试之后，则不难理解链接测试的开展需重点关注以下方面。

（1）超链接本身应简洁，尤其是文字链接，应言简意赅，具有可读性。

（2）应定期检查链接的有效性，可进一步拆分为检查链接页面是否存在、检查链接页面是否正确、检查是否存在孤立页面等。此项检查在链接测试中至关重要。

（3）当链接所指向的目标页面不存在时，应给出友好提示信息。

基于上述测试关注的角度，简要介绍几个典型缺陷，旨在加深读者对链接测试的理解。

（1）单击链接，页面无跳转，系统无响应。

图 15.1　学院网站首页

（2）单击链接，链接页面不存在，如图 15.3 所示。

（3）存在孤立页面，即无法通过任何页面跳转到的页面，如图 15.4 所示。

（4）文字链接名称描述不简洁，如图 15.5 所示，无须带有"链接"二字。

基于上述介绍，读者应认识到链接测试的重要性。接下来，进一步介绍实际项目中链接测试的具体实施。

链接测试通常应在集成测试阶段之后进行，要求事先开发完成并集成了该 Web 网站的所有页面。链接测试既可采用手工单击链接的方式进行，也可采用自动化测试工具协助完成。客观来讲，手工单击链接的测试方式简单易行，但无疑工作量相对较大，而借助自动化测试工具开展测试则方便灵活，优势显著。Xenu Link Sleuth、HTML Link Validator、Web Link Validat 等均为链接测试工具。

以下，以 Xenu Link Sleuth 为链接测试工具代表，简要阐述链接测试工具的用途。

Xenu Link Sleuth 是一款深受业界好评并被广泛使用的死链接检测工具，该工具虽简便小巧，但功能强大。首先，测试人员可灵活地进行检测项的设置，该工具可依据测试人员自定义的检测设置，进行目标网站中各类链接的搜索和检查；其次，待检查完毕后，该工具会

图 15.2 淘宝网首页

图 15.3 链接页面不存在

用显著的颜色标注出检查到的死链接,以便测试人员浏览;最后,该工具还可以生成一份完整的测试报告,以供测试人员进行详细的站点分析。值得提醒的是,Xenu Link Sleuth 不能测试所链接页面的正确性,因此,使用 Xenu Link Sleuth 进行链接测试仍需要人为干预,以判断链接页面的正确性。

图 15.4　孤立页面

图 15.5　文字链接名称描述不简洁

注意：死链接也称作无效链接，即那些不可到达的链接。

至此，读者已从理论层面上了解了链接测试及 Xenu Link Sleuth 链接测试工具，下面以旅馆住宿系统网站为例，从实践角度进一步介绍如何使用 Xenu Link Sleuth 进行链接测试。

3. 实验任务

【任务】　旅馆住宿系统 Web 端链接测试。

需求：某旅馆住宿系统包括 Web 端旅馆信息展示网站和 PC 端旅馆业务管理应用程序两部分。其中，Web 端旅馆信息展示网站如图 15.6 所示，该网站用于展示各旅馆的旅馆信息及房间信息等，其中包含了丰富的链接类型及大量的资源链接。现使用 Xenu Link Sleuth 工具对该网站进行链接测试，并生成测试结果报告。

待测内网网址：http：//10.7.1.46/。

第 1 步，首先下载 Xenu Link Sleuth 工具安装文件，如 Xenu. exe，读者可自行下载，不再赘述。

图 15.6　旅馆信息展示网站

第 2 步,双击安装文件 Xenu.exe,打开 Xenu Link Sleuth 链接测试工具主界面,如图 15.7 所示。

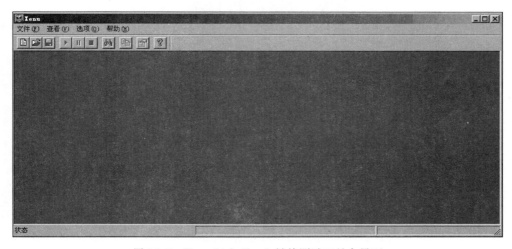

图 15.7　Xenu Link Sleuth 链接测试工具主界面

第 3 步,选择"文件"|"检测网址"菜单命令,弹出如图 15.8 所示的网址设置对话框。

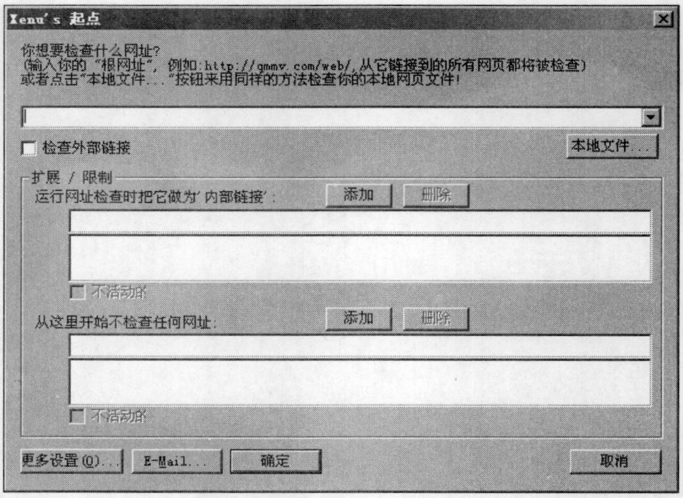

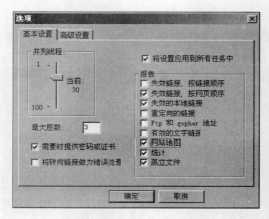

图 15.8　网址设置对话框

第 4 步，填写待测网址，如 http：//10.7.1.46/。

注意：图 15.8 所示对话框中显示"检查外部链接"一项，据此解释相关名词如下。

① 外部链接：外部链接又称反向链接或导入链接，是指由网站 A 链接到网站 B 的链接。

② 内部链接：内部链接与外部链接相反，是指同一网站域名下的内容页面之间的互相链接。例如，频道、栏目、内容页之间的链接，以及站内关键词之间的 Tag 链接都可以归类为内部链接。因此，内部链接也被称为站内链接。

第 5 步，单击"更多设置"按钮，打开"选项"对话框，并依据图 15.9 所示在"基本设置"选项卡中进行相关设置，单击"确定"按钮。

图 15.9　"选项"对话框

第 6 步，返回网址设置对话框，单击"确定"按钮，开始依据设置进行链接测试，如图 15.10 所示。

第 7 步，测试完毕，Xenu Link Sleuth 询问是否生成测试报告，在提示信息中单击"是"

图 15.10　进行链接测试

按钮,则可生成 HTML 格式的测试结果报告并自动在浏览器中打开,如图 15.11 所示。

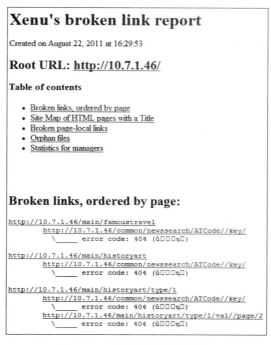

图 15.11　链接测试结果报告

至此,开发人员可根据链接测试结果报告给出的死链接及其所在页面,进行链接缺陷修复。此外,提醒读者注意以下两点。

(1) 读者可依据实际项目需要,灵活使用 Xenu Link Sleuth 开展链接测试,例如,可设置检查外部链接或进行其他高级设置等。相关操作简单、易理解，不再赘述。

（2）上述介绍仅为使用 Xenu Link Sleuth 进行链接测试的过程，若进行网站的全面链接测试，读者仍需在此基础上补充进行链接页面正确性及链接名称友好性的测试。

4. 拓展练习

【练习】 以任意一个网站为测试对象，使用 Xenu Link Sleuth 进行链接测试，并生成测试结果报告。

实验 16　Web 站点 Cookies 测试

1. 实验目标

（1）了解 Cookies 测试的内容。
（2）能够使用 IECookiesView 对 CSDN 网站进行 Cookies 测试。
（3）体会 Web 站点测试与客户端测试的异同。

2. 背景知识

　　用户或许有过此类经历，当访问某些 Web 站点时，Web 站点能够依据用户的选择，在某个时间段内甚至永久地保存用户的个人信息，如图 16.1 和图 16.2 所示。

图 16.1　CSDN 网站登录

图 16.2　可设置有效期的网站登录

Web 站点究竟是如何保存用户信息的？这些用户信息又该如何测试呢？
实际上，Web 站点是依靠 Cookies 来保存用户信息的。下面通过问答的形式介绍什么是 Cookies 以及与 Cookies 相关的基础知识。

1）什么是 Cookies？

Cookies 是 Web 服务器保存在用户计算机硬盘上的一段文本。它允许某 Web 站点在用户的计算机上保存该站点访问的相关信息，并且当再次访问该站点时可再次使用该相关信息。例如，Cookies 可以记录用户访问站点时输入的用户 ID、密码，以及浏览过的网页等信息。

（1）Cookies 是 Web 服务器端与客户端（如浏览器）交互时彼此传递的一部分内容，在允许的长度范围之内，其内容是任意的。

（2）客户端将 Cookies 保存在本地计算机上（例如，IE 会将 Cookies 保存于本地计算机的一个文本文件中），并由客户端程序对其进行管理（例如，当 Cookies 过期会自动删除）。

（3）每当客户端访问某个站点的网页时，便会将保存在本地并且属于该站点的有效 Cookies 信息附在网页请求的头部信息中，一并发送给服务器端。

2）Cookies 存放于用户计算机的什么位置？

对于不同的客户端类型，Cookies 在用户计算机上的存放位置有所差异，以 Windows XP 及 Windows 7 操作系统中 IE 的 Cookies 文件保存位置为例，介绍如下。

（1）Windows XP 操作系统：Cookies 存放于 C：\Documents and Settings\Administrator\Cookies 路径下。

（2）Windows 7 操作系统：Cookies 存放于 C：\Users\Administrator\AppData\Roaming\Microsoft\Windows\Cookies 路径下。

读者可结合个人的客户端类型，去对应的路径下查看 Cookies 文件。

保存于上述存放路径下的每个 Cookies 文件都是一个简单而又普通的文本文件，如图 16.3 所示。根据文件名及文件的内容，读者可以分析得出是哪个 Web 站点在该计算机上放置了 Cookies。

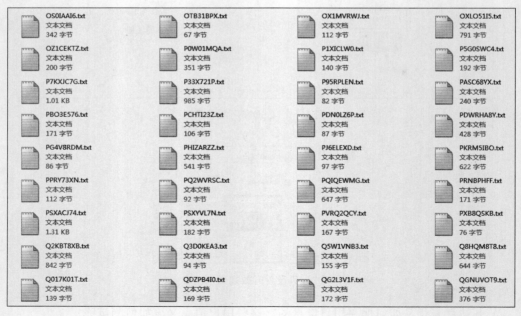

图 16.3　Cookies 文件

3）为什么要使用 Cookies？

用户访问 Web 网站时，Cookies 可记忆用户的身份。基于 Cookies 的"记忆"功能，当用户再次访问该网站时，既可免去某些烦琐的操作，又可节省用户的宝贵时间。

以下，通过 CSDN 网站的 Cookies 数据的流动过程，进一步介绍 Cookies 的优势。

（1）用户在浏览器的地址栏中输入某 Web 站点的 URL（例如 http：//www.csdn.net），浏览器则向该 Web 站点的服务器请求读取其网页。

（2）同时，浏览器将从当前用户计算机上寻找 CSDN 网站设置的 Cookies 文件。若找到了 CSDN 网站的 Cookies 文件，浏览器会把 Cookies 文件中记录的当前用户上次访问该站点的个人信息与已输入的 URL，一同发给 CSDN 服务器；若没有找到该 Cookies 文件，则不向 CSDN 服务器发送 Cookies 数据。

（3）CSDN 服务器接收 Cookies 数据以及用户对网页的请求。如果存在当前用户上次访问该站点的个人信息，CSDN 服务器将使用这些信息来识别用户身份，则用户无须再次进行登录或录入其他个人信息，达到节省网站访问时间的目的；若 CSDN 服务器未收到当前用户上次访问该站点的个人信息，这意味着 CSDN 服务器知道当前用户在此之前未访问过它的站点，则服务器会创建一个新的 ID 保存到 CSDN 的数据库中，然后把当前用户此次访问该站点的个人信息放在将传回的网页的头信息里，传给用户。

（4）当前用户的浏览器将在本地计算机的硬盘上保存当前用户此次访问该站点的个人信息，以备再次访问 CSDN 站点时使用，从而节省用户访问网站的时间。

4）如何进行 Cookies 测试呢？

通常情况下，Cookies 测试的开展应重点关注以下方面。

（1）验证 Cookies 是否起作用。

（2）验证 Cookies 是否按预订的时间（如 2 周内有效）进行保存。

（3）验证刷新、删除等操作对 Cookies 的影响。

（4）验证 Cookies 是否加密。

Cookies 测试的实施可采用手工方式进行，但实际测试工作常常会借助测试工具协助完成，常用的 Cookies 测试工具包括 IECookiesView、Cookies Manager 等，均可用于 Cookies 的查看和管理，可协助测试人员快速开展 Cookies 方面的测试。

至此，相信读者在理论层面上已对 Cookies 及 Cookies 测试有所了解。下面将使用 IECookiesView 工具，从实践层面进一步介绍 Cookies 测试。

3. 实验任务

【任务】 CSDN 网站的 Cookies 测试。

需求：已知 CSDN 网站登录页面中应用了 Cookies 技术，现使用 IECookiesView 工具对其进行 Cookies 测试，并体会 Cookies 测试中的各测试点。

待测网站地址：http：//passport.csdn.net/account/login。

第 1 步，首先下载 IECookiesView 工具安装文件，如 IECookiesView1.74.exe，读者可自行下载，不再赘述。

第 2 步，单击 IECookiesView1.74.exe 安装文件进行默认安装，直至安装成功。

第 3 步,双击桌面上的快捷方式启动 IECookiesView,打开 IECookiesView 主界面,如图 16.4 所示。

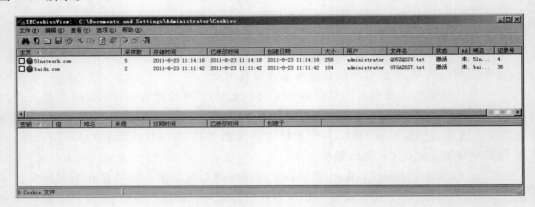

图 16.4　IECookiesView 主界面

注意: IECookiesView 是一款查看并管理 Cookies 的工具,使用 IECookiesView 可对 C:\Documents and Settings\Administrator\Cookies 路径下的文件进行轻松查看和管理。

第 4 步,按 Ctrl＋A 组合键,并单击 ✖ 按钮,清空 IECookiesView 中的所有记录,如图 16.5 所示。

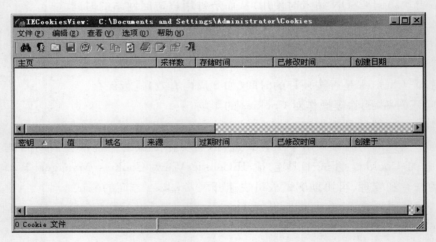

图 16.5　IECookiesView 主界面_清空记录

第 5 步,使用 IE 浏览器访问 http://passport.csdn.net/account/login,如图 16.6 所示。

注意: 图 16.6 中的 IE 浏览器首页默认为 http://www.baidu.com/,特此说明。

第 6 步,输入已经注册过的用户名和密码,选中"两周内自动登录"复选框后单击"登录"按钮,成功进入网站主页,如图 16.7 所示。

第 7 步,切换到 IECookiesView 窗口,并按 F5 进行页面刷新,刷新后的 IECookiesView 窗口如图 16.8 所示。

第 8 步,如图 16.9 所示,选择"csdn.net"并查看窗口下方显示的详细信息。

图 16.6　使用 IE 浏览器访问待测地址

图 16.7　CSDN 网站主页

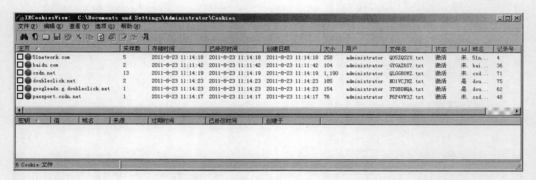

图 16.8　刷新后的 IECookiesView 窗口

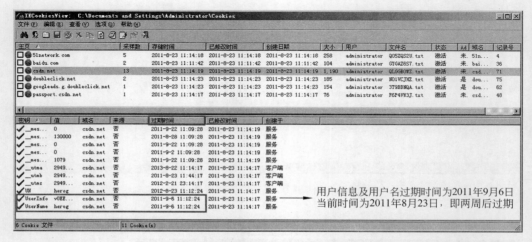

用户信息及用户名过期时间为2011年9月6日
当前时间为2011年8月23日,即两周后过期

图 16.9　CSDN 网站的 Cookies 信息

观察图 16.9 可知,用户信息及用户名过期时间为两周后,这意味着只要该 Cookies 文件不丢失且不过期,则用户访问 http://passport.csdn.net/account/login 站点时均可跳过登录步骤,直接进入图 16.7 所示的网站主页。

至此,通过上述操作可验证 Cookies 按预订的两周内有效进行保存。

第 9 步,修改当前系统时间为 2011 年 9 月 5 日,即尚未过期时,通过 IE 浏览器访问 http://passport.csdn.net/account/login,可直接进入图 16.7 所示的网站主页。

至此,通过上述操作可验证 Cookies 已起作用,并可看出用户信息已进行了加密显示。

第 10 步,修改当前系统时间为 2011 年 9 月 7 日,即用户信息及用户名已过期,再次查看 IECookiesView 界面,显示已过期标识,如图 16.10 所示。

此时,通过 IE 浏览器访问 http://passport.csdn.net/account/login,进入如图 16.11 所示的系统登录页面,需重新输入用户个人信息。

至此,通过上述操作可验证 Cookies 过期时间控制正常,过期后,网站对当前用户的"记忆"消失。

第 11 步,修改当前系统时间为 2011 年 8 月 23 日,即用户信息及用户名未过期。按 Ctrl＋A 组合键,并单击 图标,清空 IECookiesView 工具下的所有记录,清空操作后的

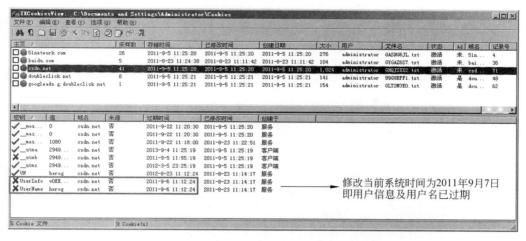

图 16.10　CSDN 网站的 Cookies 信息_已过期

图 16.11　CSDN 登录页面_Cookies 已过期

IECookiesView 窗口如图 16.5 所示。

此时,通过 IE 浏览器访问 http://passport.csdn.net/account/login,进入图 16.11 所示系统登录页面,需重新输入用户个人信息。

至此,通过上述操作可验证删除 Cookies 后,网站对当前用户的"记忆"消失。

以上介绍了使用 IECookiesView 对 CSDN 网站进行 Cookies 测试的过程,读者可仔细体会 Cookies 的用途及其测试关注点。

4. 拓展练习

【练习】　使用 IECookiesView 对快招网的用户登录功能或其他网站的登录功能进行 Cookies 测试。快招网用户登录页面如图 16.12 所示。

图 16.12　快招网登录页面

实验 17　Web 站点安全性测试

1. 实验目标

（1）了解安全性测试的内容。

（2）掌握安全性测试的基础知识。

（3）能够使用 AppScan 对 Web 站点进行安全性测试。

2. 背景知识

在现实生活中，安全已成为人们最关心的问题之一，如人身安全、财产安全、食品安全、交通安全、工作安全等。同样，安全问题对于每一款优秀的计算机应用产品而言，也是不容忽视的。因此，安全性测试应运而生。

在介绍安全性测试之前，首先要弄清楚什么是安全性。安全性的实质是通过各种技术手段来控制用户对系统资源的访问及操作，从而保证计算机应用程序不被破坏，数据信息不被窃取或泄露。这里所述的系统资源不仅包括应用软件本身，还包括系统硬件、数据信息等一系列相关的资源。

读者了解了安全性的定义之后，为了更好地进行安全性测试，还需了解常见的入侵手段类型。入侵手段的种类繁多，包括欺骗、伪装、篡改、注入、监听、信息泄露、拒绝服务、密码破解、跨站脚本、系统漏洞等。目前最大的安全风险 XSS（跨站脚本攻击）、最经典的 SQL 注入"and 1＝1"，以及星号密码查看器等，均属于入侵手段范畴。

下面以 XSS 为例，简要进行介绍。

XSS 又可称作 CSS（cross-site scripting），是指恶意攻击者向 Web 页面里插入恶意 html 代码，当用户浏览此网页时，嵌入 Web 页面中的 HTML 代码会被同步执行，从而达到恶意攻击的目的。就 Web 网站发展现状而言，XSS 可被称为目前最大的安全风险。以下，通过两个实例进一步说明 XSS。

【例 17.1】　在某 Web 网站的"教育背景"页面中填写如图 17.1 所示内容，值得提醒的是，"专业描述"字段中的内容为具有实际意义的 HTML 代码。之后单击"添加"按钮，期望结果为在当前页面的下方显示一条已添加的教育背景信息，且信息内容与当前的各项输入内容相同，但实际结果如图 17.2 所示。图 17.2 所示页面中，"专业描述"字段中的 HTML 代码并未显示为"＜iframe src＝"http：//www.baidu.com"＞＜iframe＞"，而是以 HTML 代码的实际意义进行了显示。因此，上述过程即可称为一次 XSS。

读者或许并未体会出如何通过此方式达到攻击的目的，试想假定在百度网站中挂马，则当用户访问此 Web 网站的"教育背景"页面时，嵌入此 Web 页面中的 HTML 代码会被同步执行，即同步访问百度网站，从而达到恶意攻击的目的。

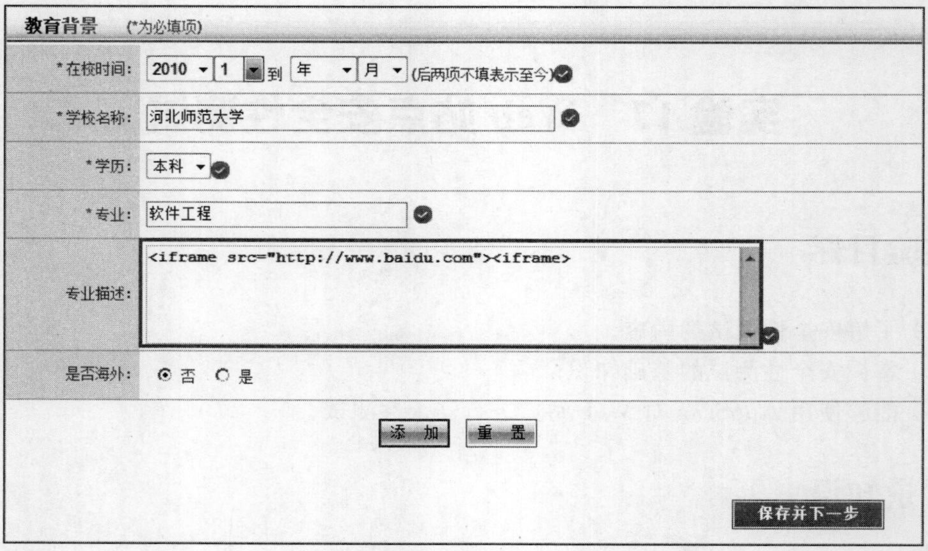

图 17.1　某 Web 网站的"教育背景"页面

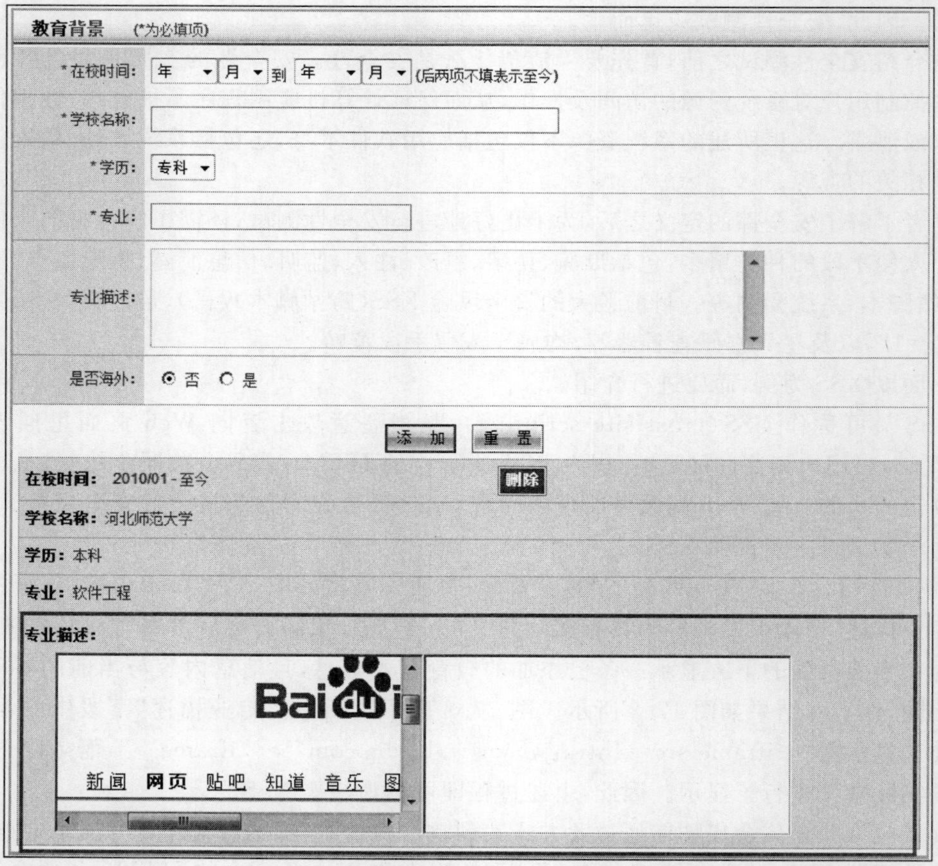

图 17.2　"教育背景"页面_进行 XSS 后

【例 17.2】 在某 Web 网站的"培训经历"页面中填写如图 17.3 所示内容,值得提醒的是,"详细描述"字段中的内容为具有实际意义的 HTML 代码。之后单击"添加"按钮,期望结果为在当前页面的下方显示一条已添加的教育背景信息,且信息内容与当前的各项输入内容相同,但实际结果如图 17.4 所示,且之后再次单击左侧"培训经历"菜单时,均会弹出 hello 消息提示框,限制了"培训经历"页面的访问。

图 17.4 所示页面中,"详细描述"字段中的 HTML 代码并未显示为"＜script＞alert("hello");＜/script＞",而是以 html 代码的实际意义进行了显示。显然,上述过程也可称为一次 XSS。

图 17.3　某 Web 网站的"培训经历"页面

图 17.4　"培训经历"页面_进行 XSS 后

以上,以某 Web 网站的"教育背景"及"培训经历"页面为例,体验了众多入侵手段的典型代表之———XSS。基于上述介绍,尽管读者对于繁多的入侵技术仍不尽理解,但是读者肯定认识到了安全性测试的重要性。接下来,为读者介绍安全性测试的相关知识。

安全性测试是指通过技术手段来验证系统应用是否具有相应的安全服务和识别潜在安全隐患的能力。

进行安全性测试之前,首先要明确一点:从客观上来说,系统漏洞是始终存在的。对于入侵者来说,入侵的手段是多种多样的,没有固定的方法。测试人员在进行安全性测试时,也没有标准的测试方法。一般情况下,首先通过对系统实际情况进行分析找出可能存在的风险,并设计相应的安全性对策,进而根据实际情况开展测试。

如同软件测试无法发现系统中所有的缺陷一样,安全性测试也不能证明应用程序是100%安全的,仅能验证我们根据风险分析所制定的对策是否有效。

安全性测试通常可分为两部分:一是手工测试,在进行功能测试时进行的长度验证、有效性验证、特殊字符验证、操作权限验证、密码错误输入次数是否限制、忘记密码的处理方式等均属于此类范畴;二是使用专业工具进行安全性测试,如 AppScan、pangolin 等。值得提醒的是,目前几乎尚未有一款"全能"的工具可以测试到被测系统所有安全方面的问题。因此,在选择安全性测试专业工具时,应注意灵活掌握工具的适用性范围,选择最合适的策略开展测试。

综上,读者应从理论层面对安全性知识及安全性测试有了相关认识,下面使用 AppScan 这款强大的 Web 安全性测试工具,从实践层面进一步介绍安全性测试的具体步骤。

3. 实验任务

【任务】 使用 AppScan 进行网站安全性测试。

需求:引用 IBM developerworks 网站上对 IBM Security AppScan 的介绍:AppScan 是一款领先的 Web 应用安全测试工具,曾以 Watchfire AppScan 的名称享誉业界。AppScan 可自动化 Web 应用的安全漏洞评估工作,能扫描和检测所有常见的 Web 应用安全漏洞,例如 SQL 注入、跨站点脚本攻击、缓冲区溢出、最新的 Flash/Flex 应用及 Web 2.0 应用暴露等方面安全漏洞的扫描。现以 AppScan 自带的 demo 站点为测试对象,使用 AppScan 对其开展安全性测试,并生成测试结果报告。

待测网站地址:http://demo.testfire.net。

第 1 步,首先下载 AppScan 工具安装文件 AppScan_Setup.exe。需要说明的是,AppScan 是一款收费软件,读者可访问 IBM developerworks 官网下载程序试用版,也可通过搜索引擎自行搜索下载,限于篇幅,不再赘述。

第 2 步,安装 AppScan。软件安装过程比较简单,运行安装文件后,依据提示进行操作即可完成整个安装过程。值得提醒的是,安装完毕后,程序提示是否安装 WebService 扫描工具,若选择"是",将进入下载页面;若选择"否",则结束安装。

第 3 步,AppScan 安装完毕后,选择"开始"|"所有程序"|IBM Rational AppScan|IBM Rational AppScan 8.0 命令即可启动程序,打开图 17.5 所示的"欢迎"对话框。

第 4 步,在图 17.5 所示的"欢迎"对话框中,单击"创建新的扫描"命令,打开"新建扫描"对话框,选择扫描模板。在此选择 AppScan 自带的 demo.testfire.net 模板,此模板中已针对被测站点制定了若干常用的扫描规则,如图 17.6 所示。

第 5 步,打开"扫描配置向导"对话框,将扫描类型设置为默认的"Web 应用程序扫描",如图 17.7 所示。

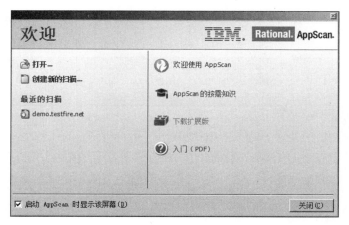

图 17.5 "欢迎"对话框

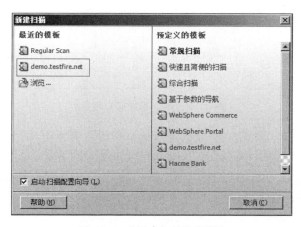

图 17.6 "新建扫描"对话框

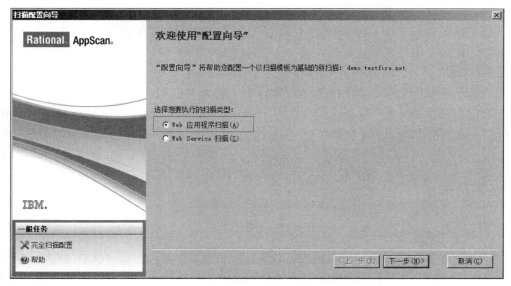

图 17.7 "扫描配置向导"对话框

第 6 步，单击"下一步"按钮，在 URL 和服务器对话框中输入被测站点地址 http：//demo. testfire. net，如图 17.8 所示。

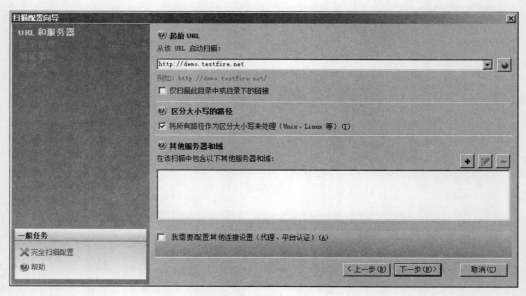

图 17.8　输入被测站点地址

第 7 步，单击"下一步"按钮，在登录管理对话框中设置登录方法，此处选择"记录（推荐）"方式，并选择登录序列"http://demo. testfire. net/"，如图 17.9 所示，单击"下一步"按钮。

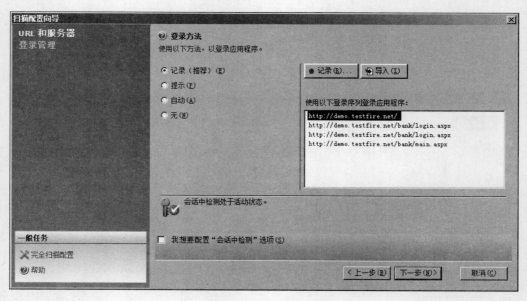

图 17.9　设置登录方法

此步骤中提醒以下几点：其一，只有记录了登录信息，AppScan 才能进一步更好地开展测试；其二，AppScan 自带的 demo. testfire. net 模板中已记录了 4 组页面的登录序列信息，故直接选择使用即可；其三，对于一般的其他 Web 应用程序而言，不存在已事先准备好的登录序列,故用户必须单击"记录"按钮,AppScan 将自动弹出浏览器窗口供用户进行登录操作并记录相关登录信息,以生成登录序列;其四,对于某些较复杂的程序,也可以选择"提示"方式,则在需要登录时,AppScan 将弹出提示信息,引导用户进行相关登录操作。

第 8 步,单击"下一步"按钮,在测试策略对话框中选择默认的 Default 策略,如图 17.10 所示。值得提醒的是,读者进行其他站点的测试时,可根据实际情况选择不同的策略。关于每一个策略的具体说明,用户可阅读系统帮助文档,限于篇幅,不再赘述。

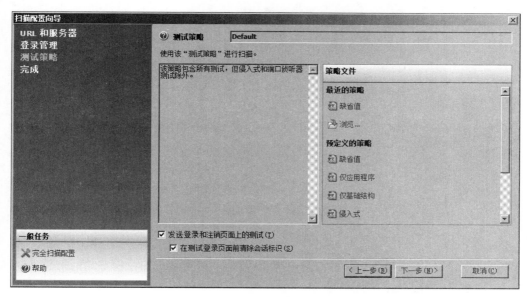

图 17.10　选择测试策略

第 9 步,单击"下一步"按钮,在完成对话框中选择"启动全面自动扫描"方式,如图 17.11 所示,单击"完成"按钮即可启动网站安全性扫描。

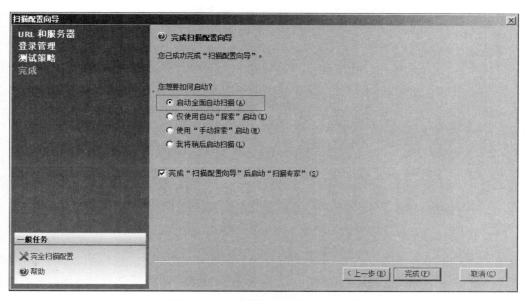

图 17.11　选择"启动全面自动扫描"

第 10 步，正式扫描启动后，AppScan 将首先对被测站点进行初步扫描，并提示用户是否要保存扫描信息，在此建议选择"是"。此后，程序会启动扫描专家对扫描配置进行检测，如图 17.12 所示。

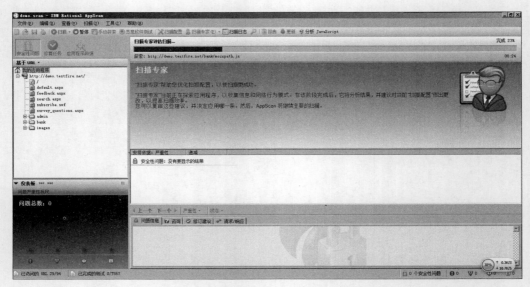

图 17.12　扫描专家对扫描配置进行检测

第 11 步，扫描专家完成扫描后将给出优化建议，一般选择应用扫描专家给出的建议，即单击"应用建议"按钮，如图 17.13 所示。

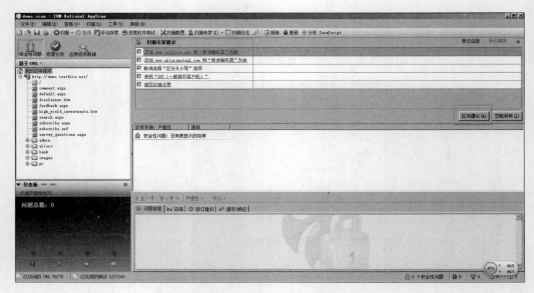

图 17.13　扫描专家给出优化建议

第 12 步，应用建议后，AppScan 将对站点进行正式扫描，相关信息将在界面上显示，如图 17.14 所示。值得提醒的是，此时只能显示问题的分类，具体问题内容需要待结束扫描并完成分析后才可查看。

图 17.14　AppScan 对站点进行扫描

第 13 步，扫描完成后，AppScan 启用结果专家对扫描结果进行分析，如图 17.15 所示。

图 17.15　结果专家分析扫描结果

第 14 步，分析完成后，可查看安全性测试结果，如图 17.16 所示，包括每个问题的请求/响应、修订建议等详细内容。

第 15 步，为了便于分析、解决问题，可将得出的测试结果生成为测试结果报告。单击工具栏中的"报告"命令，弹出"创建报告"对话框，如图 17.17 所示。选择所要生成的报告类型，单击"保存报告"按钮即可生成一份安全性测试结果报告。

至此，以 AppScan 自带的 demo 站点为测试对象，使用 AppScan 开展了一次简易的安全性测试。

图 17.16　安全性测试结果

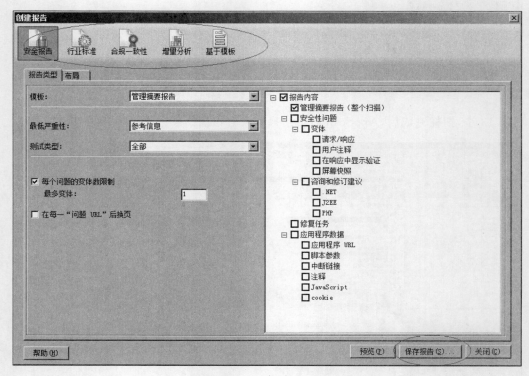

图 17.17　"创建报告"对话框

综上所述,安全性测试是一门非常专业的技术,并且由于行业的特殊性,决定了入侵者永远比防御者要领先一筹。因此,测试人员需要不断学习先进技术来充实自己、提升自己,才能保证高质量地完成安全性测试等工作。

4. 拓展练习

【练习】　以任意一个网站为测试对象,使用 AppScan 对其开展安全性测试,并生成测试结果报告。

第三篇　性能测试技术

随着软件产业的发展,软件产品的质量控制和质量管理正逐渐成为软件企业生存与发展的核心,企业对软件测试的重视程度也在不断提高。近年来,软件测试行业呈现新的特点:其一,测试领域不断扩展,从 Windows 应用扩展到 Web 应用,从 PC 上的应用扩展到嵌入式应用;其二,仅对软件进行功能级别的验证已远远不能满足用户的需求,人们还需要了解软件在未来实际运行情况下的性能。例如,人们往往需要了解大量用户同时访问一个页面、系统连续运行一个月甚至更久或系统中存放着近三年的客户操作数据等实际运行情景下,所开发的软件是否能顺利运行。性能测试已成为测试工作中不容忽视的一个领域,已成为发现软件性能问题的最有效手段之一。

性能测试和功能测试是软件测试工作中两个不同的方面,两者只是在关注的内容上有所差异,前者侧重性能而后者侧重功能。但是,性能测试和功能测试的最终目的都是提高软件质量,以更好地满足用户需求。

功能是指在一般条件下,软件系统能够为用户做什么以及能够满足用户什么样的需求。例如一个论坛网站,用户期望这个网站能够提供浏览帖子、发布帖子、回复帖子等功能,只有这些功能都正确实现了,用户才认为满足了他们的功能需求。但是,一个论坛除了满足用户的功能需求之外,还必须满足性能需求。例如,服务器需要能够及时处理大量用户同时访问的请求;服务器程序不能出现死机情况;不能让用户等待过长的时间才打开想要的页面;数据库必须能够支持大量数据的存储以实现对大量的发帖和回帖数据的保存;论坛一天 24 小时都可能有用户访问,夜间也不能停止休息,服务器必须能够长时间连续运转;等等。

从上面的描述来看,软件系统能不能工作仅仅是一个基本的要求,而能够又好又快地工作才是用户追求的目标。"好"体现为降低用户硬件资源成本,减少用户硬件方面的支出;"快"体现为用户在进行了某项操作后能很快得到系统的响应,避免了用户时间的浪费。这些"好"和"快"的改进都体现在软件性能上。换言之,性能就是在空间和时间资源有限的条件下,系统的工作情况。

综上所述,功能考虑的是软件能做什么;而性能关注的是软件所完成的工作做得如何。显然,软件性能的实现是建立在功能实现的基础之上的,只有"能做"才能考虑"做得如何"。在了解功能和性能的区别之后,再理解功能测试和性能测试就很容易了。功能测试主要针对软件功能,依据需求规格说明书开展测试;性能测试主要针对系统性能,依据性能方面的指标或需求进行测试。性能测试的目的是验证软件系统是否能够达到用户提出的性能指标,发现软件系统中存在的性能瓶颈以优化软件和系统。

性能测试追求完备性和有效性,它是一门很高深的学问,需要测试人员具备多方面的知识储备。本篇将为读者讲解性能测试相关的基础知识,包括前期性能需求分析、性能测试场景设计方法等,以便让读者从宏观上认识软件性能测试并掌握开展性能测试的基础知识,为掌握 LoadRunner、JMeter 等性能测试工具以及性能测试方法奠定基础。但由于性能测试涉及的领域十分广阔,并非只言片语就能入门,故未花大篇幅阐述,有兴趣的读者可参阅《软件性能测试——基于 LoadRunner 应用》一书深入学习。

实验 18　性能测试用例设计

1. 实验目标

（1）了解性能测试的内容。

（2）理解性能需求分析的思路。

（3）灵活掌握性能测试用例与场景设计的原则。

2. 背景知识

软件需求对于软件研发和测试工作来说极端重要。美国 Standish Group 公司的报告显示，接受调查的失败及延期项目中，超过 60% 是由需求相关的问题所导致，这里的需求包含多方面的内容，其中性能需求不容忽视。性能测试需求的质量直接影响性能测试的效果。如果对性能需求的分析不够准确，即便后续各项工作进展顺利，也很难达到用户对性能的期望结果。

究竟什么是性能需求呢？性能需求可以分为隐性性能需求和显性性能需求。隐性性能需求通常由普通客户提出，这类客户往往不了解性能指标，不能明确提出具体的性能需求，因此需要开发人员采用合理的方式协助客户明确需求指标，甚至需要开发人员提供需求指标，然后再由客户进行确认。因此，隐性性能需求需要经过仔细分析，才能最终得出显性性能需求。显性性能需求一般由专业客户提出，这类客户往往具备自己的开发部门和测试团队，他们非常清楚系统处理业务量的分布，能够明确指出系统应该达到的目标。显然，显性性能需求更加明确。值得一提的是，客观来讲，大多数客户为普通客户。

下面结合实例进行讲解，以便让大家对隐性性能需求和显性性能需求有更清楚的认识。

（1）隐性性能需求举例。"学院礼堂的出入口楼梯宽度应该适宜，避免发生拥挤"这一需求看似是对功能的限制，实质上对于性能也有制约。具体而言，若学院礼堂的出入口楼梯修建过窄，可能会导致入场或离场的人群发生拥挤甚至引发事故，而修建过宽又势必会造成资源浪费。用户所要求的"楼梯宽度应该适宜"实质就是性能测试中衡量处理能力的吞吐量指标，即上述需求中存在"吞吐量"这一隐性性能需求。

再举一个例子，用户提出"Discuz 论坛处理发帖速度将与×××论坛一样快，能够在大量用户同时发帖的情况下不出现故障"，也属于隐性性能需求。

（2）显性性能需求举例。以下仍以 Discuz 论坛为例，来介绍显性性能需求。

① Discuz 论坛处理发帖的速度比前一版本提高 10%。

② Discuz 论坛能处理 10 000 个发帖事务/天。

③ Discuz 论坛的登录操作响应时间小于 3s。

④ Discuz 论坛可容纳 100 000 个用户账号。

⑤ Discuz 论坛可支持 1000 个用户同时在线操作。

⑥ Discuz 论坛在晚上 8:00—11:00,至少可支持 10 000 个用户同时发帖。

⑦ Discuz 论坛的处理速度为 5000 笔/s,峰值处理能力达到 10 000 笔/s。

⑧ 服务器 CPU 的使用率不能超过 70%。

⑨ 服务器的磁盘队列长度不能超过 2。

以上需求均有很明确的指标或数字,可参照这些指标直接开展相应测试,故上述需求为显性性能需求。

经过性能需求分析,可以明确性能需求,有了性能需求之后,是不是就能使用工具开展性能测试了呢? 答案是否定的! 在性能测试之前,必须完成一个设计环节,即性能测试用例与场景设计。

性能需求分析和性能测试用例与场景设计有密切的关系。一方面,如果性能需求分析做得好、做得细,性能测试用例与场景设计就会非常容易;另一方面,在实际性能测试过程中,这两个步骤可结合起来进行,而不用严格地将两者进行剥离或划分为两个阶段。此处为了让读者深入了解性能测试前的两项重要工作,而将性能需求分析以及性能测试用例与场景设计拆分开来进行讲解。

(1) 性能测试用例与场景设计原则。

原则 1:性能测试用例通常从功能测试用例中衍生而来。

原则 2:性能测试用例只针对能够对系统造成压力,对系统性能有影响的功能。

原则 3:性能测试用例一般只考虑正常操作流程而忽略异常流程,因为通常大压力状况都是由于多用户并发执行某正常流程导致的。

原则 4:性能测试用例中需结合实际项目情况考虑相关的约束条件,例如对一个投票系统来说,就应该对相同 IP 地址的访问进行限制。

(2) 性能测试用例与场景设计思路。在性能测试用例与场景设计中,通常会针对以下几个方面进行重点分析。

① 确定系统中主要产生压力的功能模块或用户角色。

② 确定系统中主要产生压力的功能。

③ 针对产生压力的功能,确定详细操作步骤及步骤需要重复的次数。

④ 针对并发的用户操作进行设计。

⑤ 确定并发用户数量、用户增加/减少方式(如每 2s 增加 5 个用户)等。

至此,读者已从理论层面上了解了性能测试的基础知识,结合上面讲到的性能测试用例与场景设计原则及思路,下面以教学管理 SCIS 系统为例,阐述性能测试用例及场景设计的过程。

3. 实验任务

【任务】 教学管理 SCIS 系统性能测试用例与场景设计。

项目背景介绍:教学管理 SCIS 系统是某高校自行研发的教学管理信息系统,其主界面如图 18.1 所示。该系统的功能包括查看学生基本信息、课表管理、教室管理、学生成绩管理、提交周报、学生考评等,能够帮助学院更好地开展教学及管理相关工作。系统中涉及多种角色,具体有管理员、任课教师、教学秘书、班主任(助教老师)及学生等,不同角色的人员访问同一网址会进入不同的系统页面,可进行不同的操作。

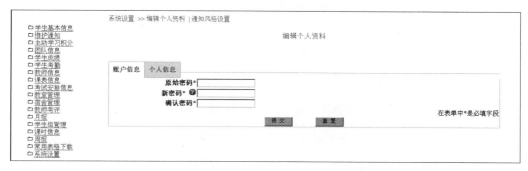

图 18.1　教学管理 SCIS 系统主界面

系统中涉及的角色具体介绍如下。

(1) 管理员:主要负责网站角色、账户、权限的管理,以及系统的维护等。

(2) 任课教师:负责每学期的授课任务,可以查看学生信息、考勤维护、评定学生成绩等。

(3) 教学秘书:负责所有教职工信息的维护、课程的安排、考试的安排、任课教师的课时统计,以及所有教师的考评信息统计等。

(4) 班主任(助教老师):负责学生基本信息的维护及班级的管理(团队、个人的积分维护)等。

(5) 学生:可以查看自己的成绩、积分、课程的安排、考试的安排等基本信息,还可对教师进行评价。

首先进行用例与场景设计。针对教学管理 SCIS 系统的实际运行情况,并结合性能测试用例与场景设计思路,逐步分析如下。

第 1 步,分析主要产生压力的角色,包括学生及任课教师(管理员、教学秘书、班主任数量均很少)。

第 2 步,分析主要产生压力的功能,包括登录、查询、教师录入成绩、学生查看成绩、学生查看积分、页面切换等。

(1) 每学期正式开课前 3 天,学生登录系统查看课程安排。

(2) 考试结束后第 5 天,任课教师登录系统录入学生成绩。

(3) 考试结束后第 2 周,学生登录系统查看个人成绩、积分。

(4) 高峰期内,将有大量用户同时登录,访问相应模块(登录、查询、录入成绩、查看成绩、查看积分、页面切换等)。

(5) 结合本校人员数量,预计特定时段登录、活动人数为 50～400 人。

第 3 步,针对产生压力的功能,确定详细操作步骤。图 18.2 以学生登录系统查看个人成绩这一功能为例,介绍详细测试步骤。

第 4 步,针对并发的用户操作进行设计,即对脚本进行详细设计,如图 18.3 所示。

前置条件：	具备学生角色的用户账号：student1，密码：123456
	(1) 打开SCIS系统首页。
	(2) 输入学生角色的账户的正确用户名:student1
	(3) 输入学生角色的账户的正确密码:123456
	(4) 单击"登录"按钮，进入SCIS系统首页
	(5) 在页面左侧单击"查看个人成绩"链接，进入成绩显示页面
	(6) 在查询框中分别输入"学年""学期""科目"，单击"查询"按钮，页面显示相应结果（查询1~5次）
	(7) 单击"安全退出"链接，返回SCIS系统首页

图 18.2　SCIS 系统操作步骤（部分）

脚本设置			
参数设置	参数需求	参数类型	取值方式
	用户名参数化	每次迭代中更新用户名	唯一
事务设置	事务名称	起始位置	结束位置
	登录	单击"登录"按钮前	成功登录进入SCIS系统首页后
	查看成绩	单击"查看个人成绩"链接前	成功显示"个人所有成绩显示页面"后
	查询	单击"查询"链接前	成功显示查询结果页面后
	退出	单击"退出"链接前	成功退出返回到SCIS系统首页
集合点设置	集合点名称	集合点位置	
	rend_weinadi	单击"查看个人成绩"链接前	
检查点设置	检查点名称	检查点方式	
	check_weinadi	web_find	

图 18.3　教学管理 SCIS 系统操作脚本设置（部分）

第 5 步，确定并发用户数量、用户增加/减少方式（如每 2s 增加 5 个用户）等，如图 18.4 所示。

场景设置	
场景类型	(1) 50个用户，所有用户都同时并发操作
	(2) 50个用户，每秒增加1个用户
	(3) 200个用户，所有用户都同时并发操作
	(4) 200个用户，每秒增加20个用户
	(5) 400个用户，所有用户都同时并发操作
	(6) 400个用户，每秒增加50个用户
	(7) 450个用户，所有用户都同时并发操作
	(8) 450个用户，每秒增加80个用户

图 18.4　SCIS 系统操作场景设计（部分）

第 6 步，根据上面的分析，可得出图 18.5 所示的性能测试用例与场景设计结果（注：不同的公司采用的模板会有所差异，但是核心内容不变）。

注意：以上只是对 SCIS 系统的单一功能点"查看个人成绩"进行了性能测试用例与场景设计。在对其他功能如"教师录入成绩""学生查看积分"等也进行了性能测试用例与场景设计后，还需要综合多个功能点模拟用户实际使用中常见的组合业务场景，并针对组合业务场景进行性能测试。组合业务场景测试更接近用户系统的实际使用情况，有助于发现系统性能瓶颈。

在此提醒读者，对于具体工具中参数的设置，也应该在性能测试用例与场景设计环节中完成，如何时进行参数化、参数取值方式、脚本迭代次数等。考虑到目前读者对于 LoadRunner 工具及工具中的相关名词还不了解，因此该部分内容放在后面的实验中进行讲解。

用例ID	1					
业务名称	学生登录SCIS系统后查看个人成绩					
权重	高					
前置条件	具备学生角色的用户账号：student1，密码：123456					
	(1) 打开SCIS系统首页 (2) 输入学生角色的账户的正确用户名：student1 (3) 输入学生角色的账户的正确密码：123456 (4) 单击"登录"按钮，进入SCIS系统首页 (5) 在页面左侧单击"查看个人成绩"链接，进入成绩显示页面 (6) 在查询框中分别输入"学年""学期""科目"，单击"查询"按钮，页面显示相应结果（查询1~5次） (7) 单击"安全退出"链接，返回SCIS系统首页					

脚本设置						
参数设置	参数需求	参数类型		取值方式		
	用户名参数化	每次迭代中更新用户名		唯一		
事务设置	事务名称	起始位置		结束位置		
	登录	单击"登录"按钮前		成功登录进入SCIS系统首页后		
	查看成绩	单击"查看个人成绩"链接前		成功显示"个人所有成绩显示页面"后		
	查询	单击"查询"链接前		成功显示查询结果页面后		
	退出	单击"退出"链接前		成功退出返回到SCIS系统首页		
集合点设置	集合点名称	集合点位置				
	rend_weinadi	单击"查看个人成绩"链接前				
检查点设置	检查点名称	检查点方式				
	check_weinadi	web_find				

场景设置						
场景类型	(1) 50个用户，所有用户都同时并发操作 (2) 50个用户，每秒增加1个用户 (3) 200个用户，所有用户都同时并发操作 (4) 200个用户，每秒增加20个用户 (5) 400个用户，所有用户都同时并发操作 (6) 400个用户，每秒增加50个用户 (7) 450个用户，所有用户都同时并发操作 (8) 450个用户，每秒增加80个用户					

编号	测试项	平均事务响应时间/s	90%响应时间/s	事务成功率/%	CPU使用率/%	内存使用/%
1	登录	≤2	≤2	>95	≤70	≤75
1	查看成绩	≤2	≤2	>95	≤70	≤75
	查询	≤2	≤2	>95	≤70	≤75
1	退出	≤2	≤2	>95	≤70	≤75

实际结果						
编号	测试项	平均事务响应时间	90%响应时间	事务成功率	CPU使用率	内存使用率
1						
2						
测试执行人	weinadi	测试时间				

图 18.5　SCIS 系统性能测试用例（部分）

4. 拓展练习

【练习】　以任意一个网站为性能测试用例与场景设计对象，结合性能测试用例与场景设计原则及思路，进行性能测试用例与场景设计。

实验 19　LoadRunner 测试工具应用

1. 实验目标

（1）能够正确安装 LoadRunner 12。

（2）熟悉样例程序的基本功能和使用方法。

（3）完成基础脚本的录制、运行，并能够查看运行结果。

2. 背景知识

LoadRunner 是惠普公司研发的一款预测系统性能和行为的工业标准级负载测试工具，其功能强大，优势显著。LoadRunner 的强大功能体现在以下方面：其一，通过模拟上千万实际用户的操作行为，并以实时性能监测的方式对整个企业架构进行测试（适用于各种体系架构）；其二，回收各类测试数据并生成相应图表，帮助测试人员更快地查找和定位问题乃至进行更全面的性能分析；其三，保存测试脚本，以便测试人员轻松开展回归测试；其四，支持广泛协议和技术，为不同企业的独特环境提供特殊的解决方案；其五，操作简单、易学。LoadRunner 工具可帮助测试人员最大限度地缩短测试时间、优化系统性能，并最终加速高质量应用系统的发布。

LoadRunner 工具功能强大、便于使用，被各大软件企业广泛采用，占据了软件测试工具市场中绝对主流的位置。惠普公司的官方网站提供了最新版本的 LoadRunner 安装试用软件及技术资源介绍。LoadRunner 分为 Windows 平台版本和 Unix 平台版本。如果所有测试环境均基于 Windows 平台，则仅安装 Windows 平台版本即可。本实验以 LoadRunner 12 版本为例，介绍性能测试工具的安装和使用。

注意：UNIX 平台版本的实质是在 UNIX 操作系统中安装 LoadRunner 的 Load Generator 组件来运行虚拟用户，而 UNIX 操作系统中的虚拟用户可以与 Windows 平台上的 Controller 配合开展性能测试。因此，UNIX 平台下只支持安装 Load Generator 组件。

LoadRunner 12 安装包共有 5 个文件，包括独立安装包、插件包、LR 安装包、语言包及版本说明书。首先下载 LoadRunner 12 安装包，在下载出的资源中将会有 4 个安装包。

（1）社区版：HP_LoadRunner_12.02_Community_Edition_T7177-15059。

（2）社区版的语言包：HP_LoadRunner_12.02_Community_Edition_Language_Packs_T7177-15062。

（3）社区版的附加组件：HP_LoadRunner_12.02_Community_Edition_Additional_Components_T7177-15060。

（4）社区版独立应用程序：HP_LoadRunner_12.02_Community_Edition_Standalone_Applications_T7177-15061。

以下将以如图 19.1 所示的 LoadRunner 12 社区版（只用到 2 个包）为例，介绍 LoadRunner 12 的安装及样例程序的演示。

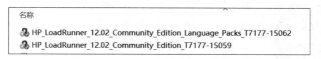

图 19.1　LoadRunner 12 社区版安装包

3. 实验任务

【任务 19.1】　安装 LoadRunner 12 社区版。

第 1 步，如图 19.2 所示，右击 HP_LoadRunner_12.02_Community_Edition_Standalone_ Applications_T7177-15061 安装文件，在快捷菜单中选择"以管理员身份运行"命令。

图 19.2　选择"以管理员身份运行"命令

第 2 步，打开图 19.3 所示页面，可设置提取的临时安装文件存放的路径，建议保持默认路径，单击 Install 按钮，则自动跳转至图 19.4 所示页面，自动进行文件提取。

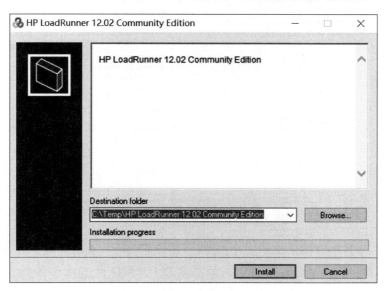

图 19.3　设置临时安装文件存放路径

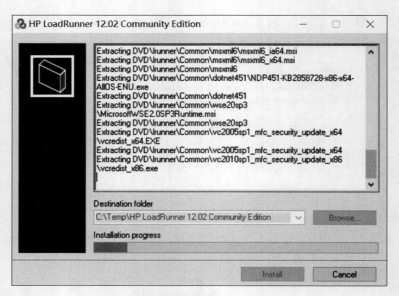

图 19.4　文件提取进度显示

注意：在文件提取过程中，若遇到被杀毒软件拦截的情况，应选择"允许程序所有操作"。

第 3 步，上述操作完成后，将验证计算机中是否安装了软件安装运行的必备组件，缺少组件时，会弹出对话框提示应安装的组件，如图 19.5 所示。

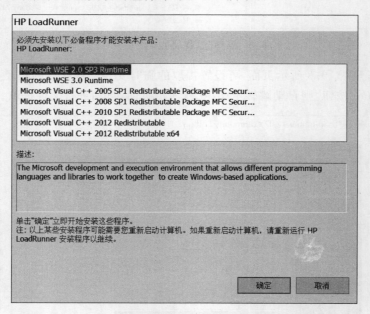

图 19.5　软件安装运行的必备组件

注意：由于计算机的软硬件环境存在差异，各计算机的必备组件或许存在一定差异。

第 4 步，单击"确定"按钮，将自动安装所需组件，具体安装过程如图 19.6～图 19.8 所示。

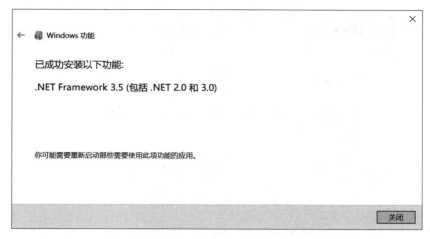

图 19.6　安装必备组件之一

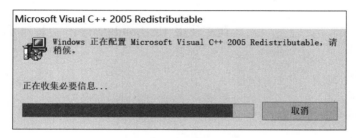

图 19.7　安装必备组件之二

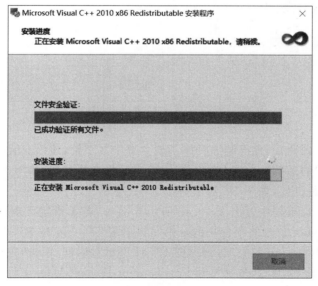

图 19.8　安装必备组件之三

注意：在必备组件安装过程中若出现图 19.9 所示的重新启动提示，则单击"重新启动并安装"按钮进行重新启动后，右击，从快捷菜单中选择"以管理员身份运行"命令，在弹出的对话框中运行 HP_LoadRunner_12.2_Comm-unity_Edition_Standalone_Applications_T7177-15061.exe 程序。

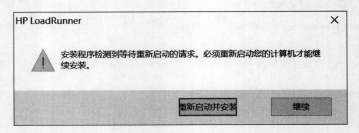

图 19.9 必备组件安装过程中出现重新启动提示

第 5 步，各组件安装完成后，弹出图 19.10 所示的安装向导对话框，单击"下一步"按钮。

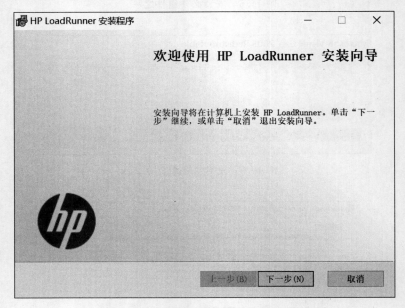

图 19.10 LoadRunner 安装向导对话框

第 6 步，选择安装路径，此安装路径中不能含有中文字符，建议安装在默认路径下，选择"我接受许可协议中的条款"，单击"安装"按钮将进行程序的安装，如图 19.11 所示。程序安装过程中会显示安装进度，如图 19.12 所示。

第 7 步，程序安装过程中弹出图 19.13 所示界面时，若无指定代理使用的证书，则取消选中"指定 LoadRunner 代理将要使用的证书"，再单击"下一步"按钮。

第 8 步，LoadRunner 安装完成，弹出图 19.14 所示对话框，单击"完成"按钮。

第 9 步，如图 19.15 所示，系统打开 LoadRunner License Utility 对话框，可进行许可证的管理和维护，单击 Install New Licenses...按钮，在弹出的对话框中添加已购买的许可证。添加成功后，将显示许可证的类型及支持的虚拟用户数量。

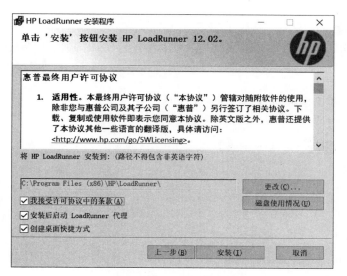

图 19.11　选择安装路径

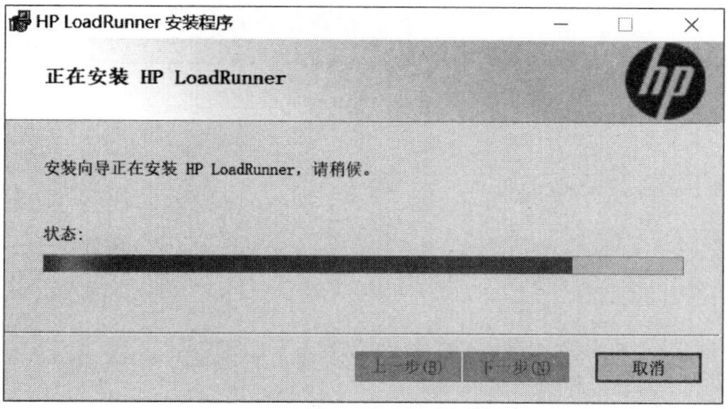

图 19.12　程序安装进度

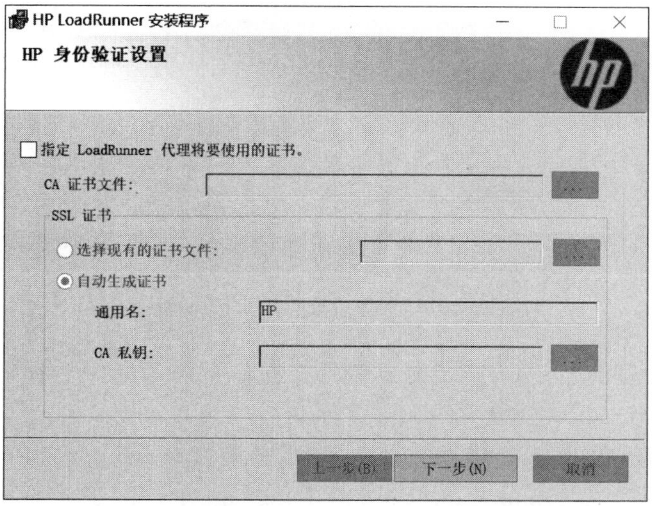

图 19.13　取消选中"指定 LoadRunner 代理将要使用的证书"

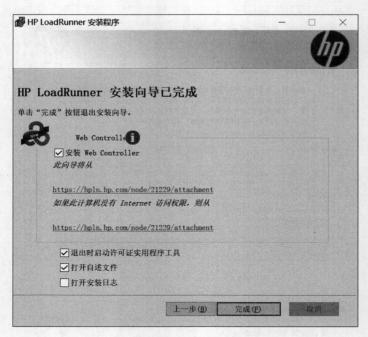

图 19.14　LoadRunner 安装完成

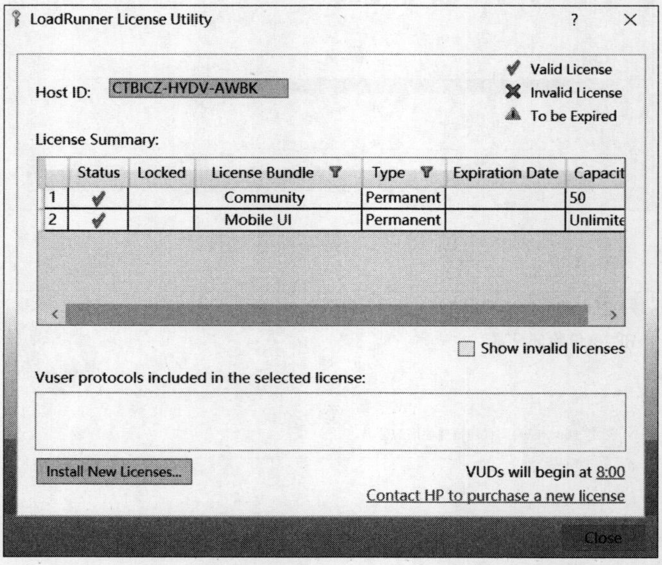

图 19.15　许可证管理维护页面

第 10 步,如图 19.16 所示,安装完成后可在操作系统的桌面上看到 Analysis、Virtual User Generator、Controller 快捷方式。

第 11 步,若读者更习惯中文界面,则可安装 LoadRunner 中文语言包。右击 HP_LoadRunner_12.02_Community_Edition_Language_Packs_T7177-15062,从快捷菜单中选择"以管理员身份运行"命令,如图 19.17 所示。

图 19.16　快捷方式显示

图 19.17　安装 LoadRunner 中文语言包

　　第 12 步，系统将提取语言包安装文件，设置提取的语言包安装文件临时存放路径，如图 19.18 所示。在此建议读者直接选择默认安装路径即可，再单击 Install 按钮，如图 19.19 所示。

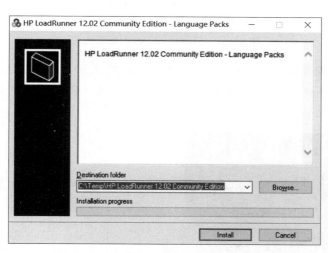

图 19.18　设置语言包安装文件的临时存放路径

　　第 13 步，安装文件提取完成后将自动关闭窗口，值得提醒的是，此处仅是把语言安装包的文件提取出来，需要返回上一步操作时所选择的路径中找到语言包安装文件再进行安装。读者若未修改安装路径，则可在图 19.20 所示的文件夹 C：\Temp\HP LoadRunner 12.02 Community Edition\DVD 中找到 Setup 安装文件，双击即可进行安装。

　　第 14 步，此时将自动打开语言包安装页面，如图 19.21 所示，单击"语言包"链接即可进行安装。

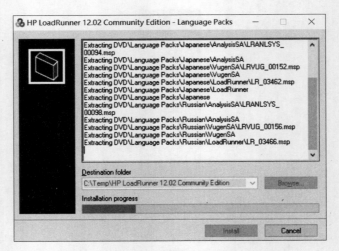

图 19.19　语言包安装文件提取进度显示

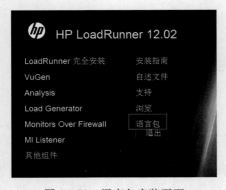

图 19.20　提取出的语言包安装文件

　　第 15 步，打开语言选择文件夹，选择要安装的语言，在此依次打开 Chinese-Simplified、LoadRunner 文件夹，如图 19.22 和图 19.23 所示，单击 LR_03457 文件将进行安装，如图 19.24 所示。

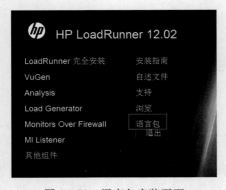

图 19.21　语言包安装页面

图 19.22　Chinese-Simplified 文件夹

　　第 16 步，进入 HP LoadRunner 中文版安装向导页面，如图 19.25 所示，单击"下一步"按钮。

图 19.23　LoadRunner 文件夹

图 19.24　LR_03457 文件

图 19.25　HP LoadRunner 中文版安装向导页面

第 17 步,进入 HP LoadRunner 更新提醒页面,如图 19.26 所示,单击"更新"按钮进行更新操作。

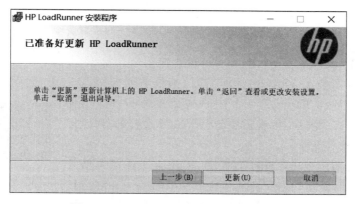

图 19.26　HP LoadRunner 更新提醒页面

第 18 步,HP LoadRunner 更新进度如图 19.27 所示,更新完成后单击"下一步"按钮即可。

第 19 步,进入 HP LoadRunner 安装向导已完成页面,如图 19.28 所示,单击"完成"按钮,HP LoadRunner 中文版安装完成。

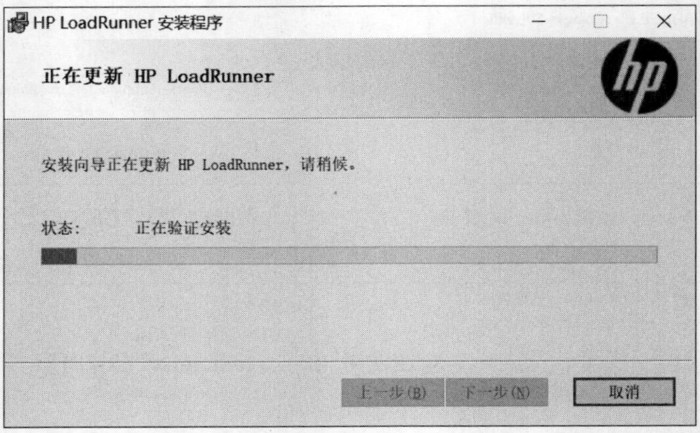

图 19.27　HP LoadRunner 更新进度

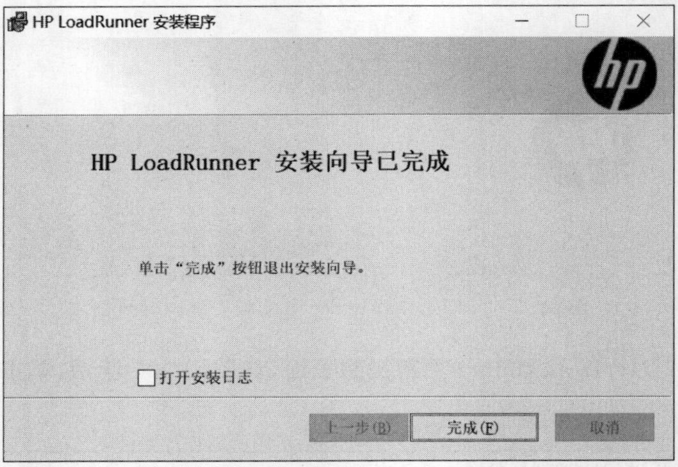

图 19.28　HP LoadRunner 安装向导已完成页面

【任务 19.2】　LoadRunner 12 自带样例程序演示。

默认情况下,安装 LoadRunner 的同时,系统将自动安装一个样例演示程序——HP Web Tours。HP Web Tours 是一个基于 Web 的旅行社应用程序,用户通过访问这一程序,可进行注册、登录、搜索航班、预订机票及查看航班路线等操作。

第 1 步,使用 HP Web Tours 程序前,需要启动自带的 Web 服务器,如图 19.29 所示,选择"开始"| HP Software | Start HP Web Tours Server,即可启动示例 Web 服务器。Web 服务器启动成功,如图 19.30 所示。

图 19.29　启动示例 Web 服务器

注意:如果服务器已经启动,不要再次进行启动操作,否则将会出现错误消息。

第 2 步,Web 服务器启动后,即可启动 HP Web Tours 应用程序。选择"开始"| HP Software | HP Web Tours Application,浏览器将显示 HP Web Tours 主界面,如图 19.31 所示。

第 3 步,如果未注册 HP Web Tours 的用户账号,可在 HP Web Tours 主界面中单击

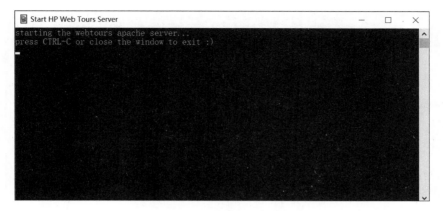

图 19.30　Web 服务器启动成功

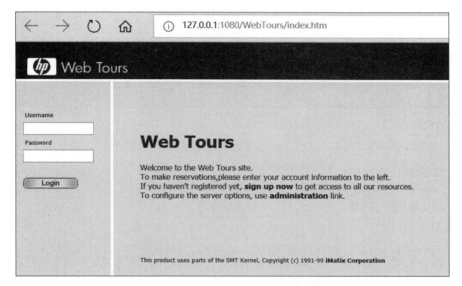

图 19.31　HP Web Tours 主界面

sign up now 按钮注册新用户。在图 19.32 所示对话框中按提示正确填写完整的个人信息后,单击 Continue 按钮,即可成功注册新用户账号。

如果已注册 Web Tours 的用户账号(注:Web Tours 自带的用户名为 jojo,密码为 bean),则可在图 19.33 所示的对话框中分别输入用户名和密码,单击 Login 按钮。若用户名、密码输入正确则将成功登录系统,进入 Web Tours 应用程序主界面,如图 19.34 所示。

第 4 步,在图 19.34 所示对话框中单击 Flights 按钮,将打开图 19.35 所示的对话框,可查询航班信息。

第 5 步,在图 19.35 所示对话框中,可修改出发城市、出发时间、到达城市、返回时间、所需机票数量及机票类型等。此处将 Arrival City(到达城市)修改为 London(伦敦),其余字段保持默认,单击 Continue 按钮,将显示航班查询结果,如图 19.36 所示。

第 6 步,在图 19.36 所示的航班查询结果中选择某一航班,单击 Continue 按钮后,将进入支付环节,如图 19.37 所示,填写相关支付信息。

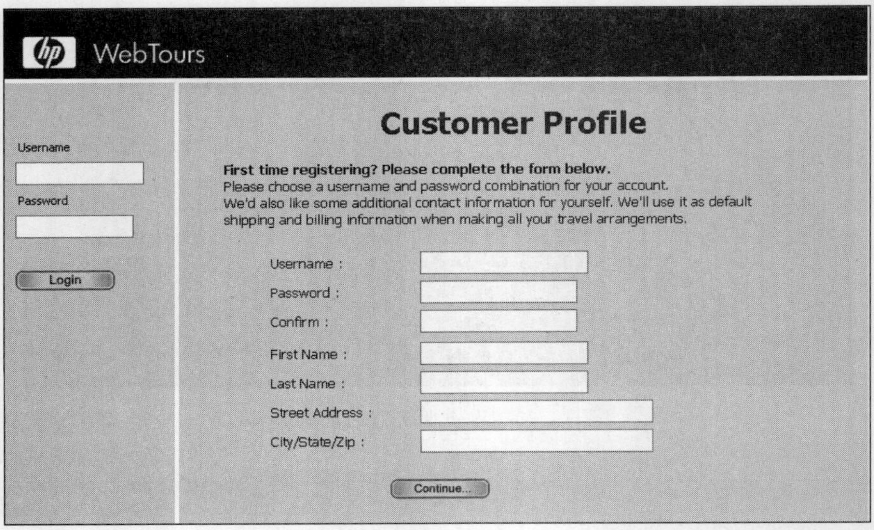

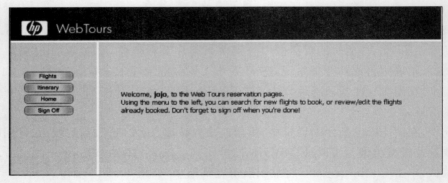

图 19.32 注册新用户

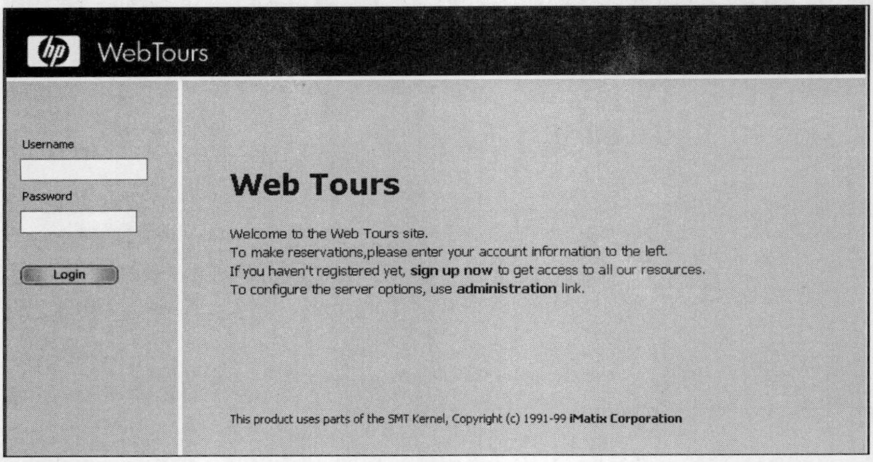

图 19.33 输入用户名和密码

图 19.34 Web Tours 应用程序主界面

图 19.35　查询航班信息

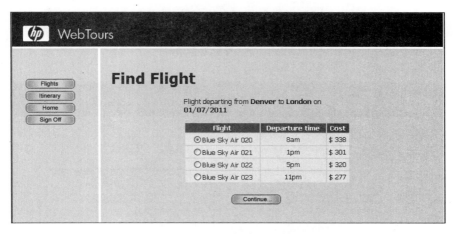

图 19.36　显示航班查询结果

图 19.37　填写支付信息

第 7 步，在图 19.37 所示对话框中单击 Continue 按钮，可查看发票信息，如图 19.38 所示。

第 8 步，在图 19.38 所示对话框中单击 Itinerary 按钮，可查看航班路线信息，如图 19.39 所示。

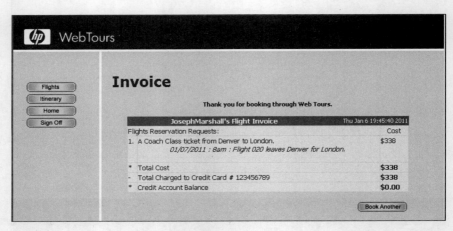

图 19.38　查看发票信息

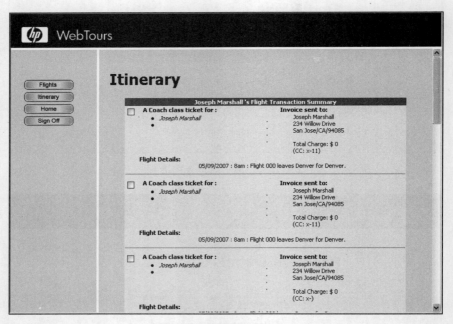

图 19.39　查看航班路线信息

第 9 步，在图 19.39 所示对话框中单击 Sign Off 按钮，可退出程序并返回至主界面。

【任务 19.3】 LoadRunner 12 基础应用。

本任务以对 LoadRunner 自带的 Web Tours 应用程序的登录和退出操作进行测试为例，演示 LoadRunner 使用的一般流程，旨在让读者对 LoadRunner 有一个直观的感性认识，为性能测试的深入学习奠定基础。

第 1 步,启动 Web Tours 应用程序服务器。单击"开始"| HP Software | Start HP Web Tours Server 命令。

第 2 步,启动虚拟用户生成器。单击操作系统桌面上的 Virtual User Generator 快捷方式图标,打开虚拟用户生成器,如图 19.40 和图 19.41 所示。

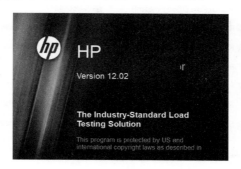

图 19.40　LoadRunner 启动页面

图 19.41　虚拟用户生成器首页

第 3 步,创建脚本。单击图 19.41 中的 图标,选择 New Script and Solution 命令,打开图 19.42 所示的 Create a New Script 对话框。该对话框中显示了众多可选择的协议类型,根据测试的对象选择 Web-HTTP/HTML 协议,并设置 Solution Name。

第 4 步,单击图 19.42 中的 Create 按钮即可创建脚本,如图 19.43 所示。

第 5 步,单击图 19.44 所示的录制按钮,在 URL Address 文本框中输入相关内容(如 http://127.0.0.1:1080/WebTours/index.htm),其余保持默认,如图 19.45 所示。

第 6 步,单击 Start Recording 按钮,LoadRunner 将自动打开要录制的网页(第 5 步中已给出该网页的 URL),并显示录制工具条,如 19.46 所示。

第 7 步,在已打开的 Web Tours 应用程序主界面中进行以下操作。

(1) 输入用户名 jojo、密码 bean。

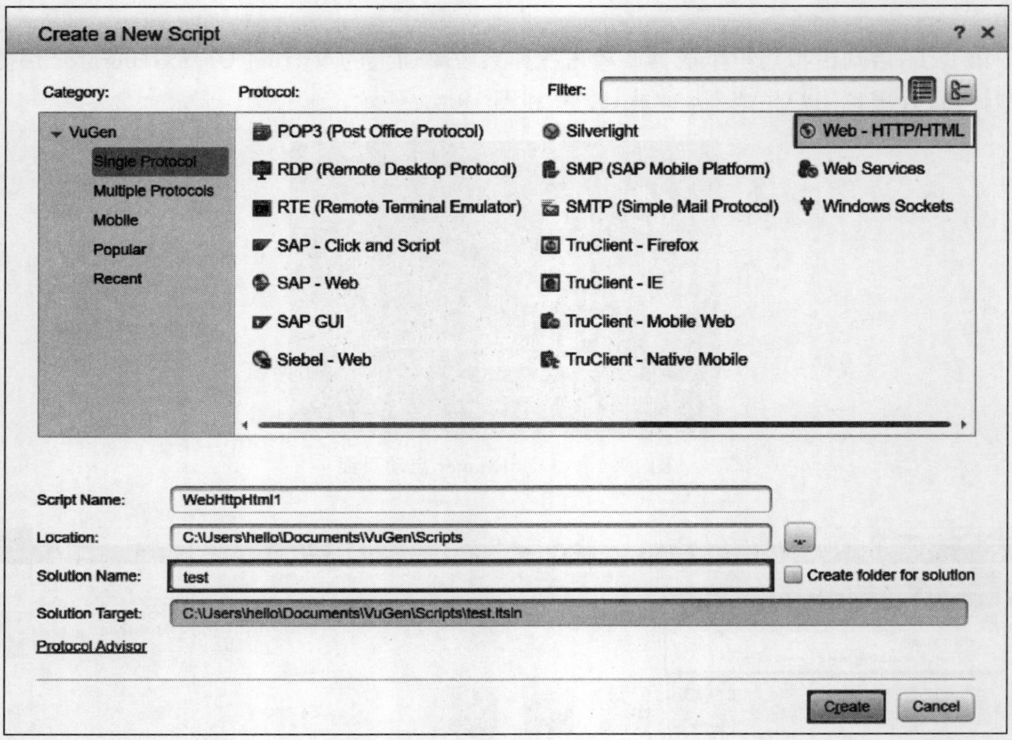

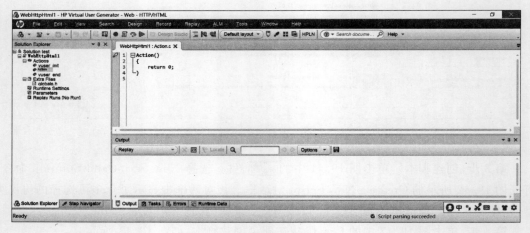

图 19.42 选择协议

图 19.43 创建脚本

图 19.44 单击录制按钮

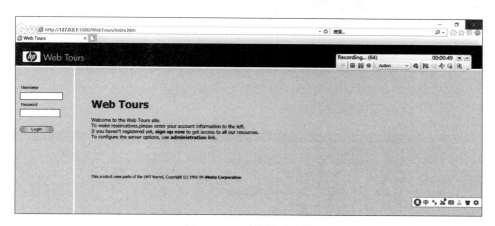

图 19.45 输入要录制网页的 URL

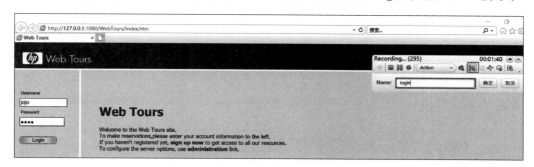

图 19.46 开始网页录制

（2）单击 图标进行开始事务的插入，并设置事务名称，如 login，如图 19.47 所示。

图 19.47 网页录制中_插入开始事务

（3）单击 Login 按钮，进入 Web Tours 应用程序主界面，单击 图标进行结束事务的插入,如图 19.48 所示。

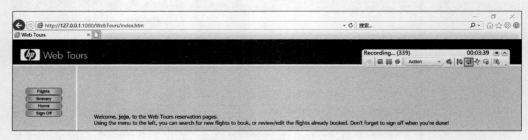

图 19.48　网页录制中_插入结束事务

第 8 步,结束录制。如图 19.49 所示,单击录制工具条上的 ■ 图标,结束录制操作,上述步骤中所做的操作将被录制成脚本,录制结束后,该脚本将在脚本显示窗口中显示(可对脚本进行修改与优化,后面将会讲述),如图 19.50 和图 19.51 所示。

图 19.49　网页录制中_结束录制

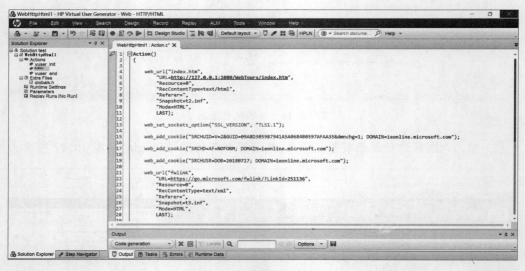

图 19.50　录制结束生成的脚本 1

第 9 步,回放脚本。如图 19.52 所示,单击录制工具条上的 ▶ 图标,进行脚本回放操作。脚本回放过程如图 19.53 所示,回放结束后,呈现脚本回放结果,如图 19.54 所示。 ✔ 图标代表脚本当前回放状态为成功。

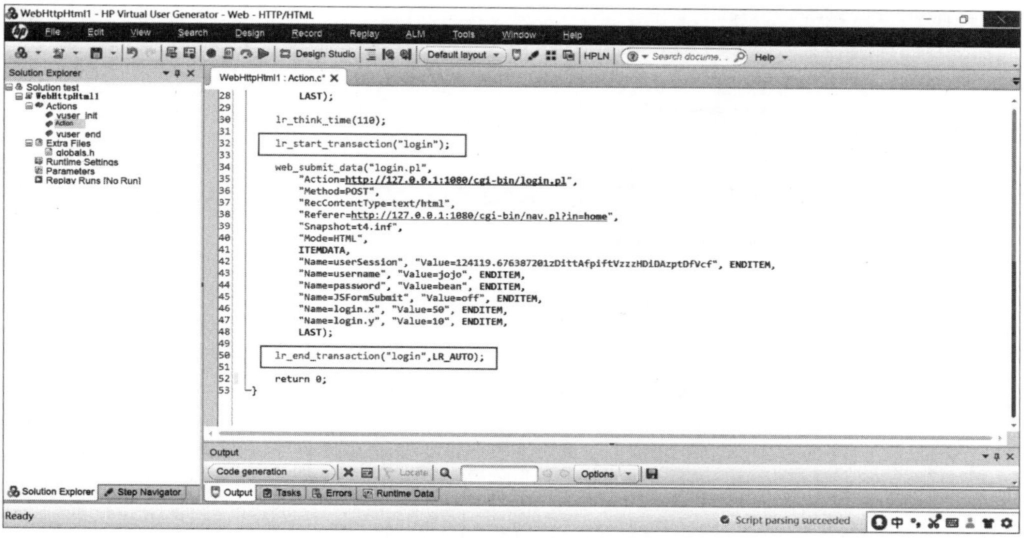

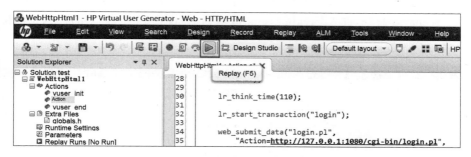

图 19.51 录制结束生成的脚本 2

图 19.52 脚本回放操作

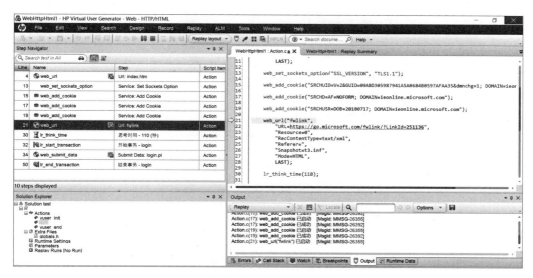

图 19.53 脚本回放过程

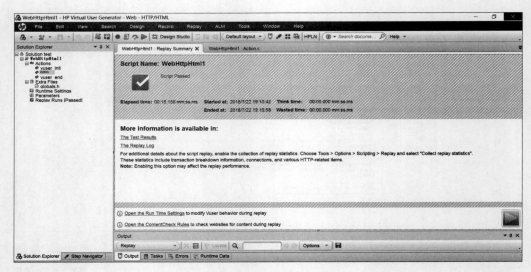

图 19.54　脚本回放结果

第 10 步,启动 Controller,进行场景设计。如图 19.55 所示,单击 Tools｜Create Controller Scenario 命令,进入 Create Scenario 对话框,设置 10 个虚拟用户,其余保持不变,如图 19.56 所示。

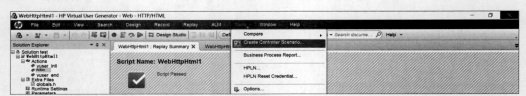

图 19.55　选择创建场景命令

图 19.56　Create Scenario 对话框

第 11 步,单击 OK 按钮,进入图 19.57 所示的 Controller 启动页面,并默认打开
Controller 的设计窗口,如图 19.58 所示。

图 19.57　Controller 启动页面

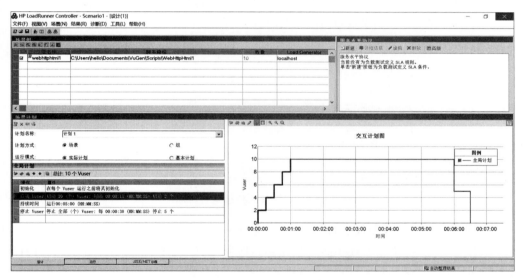

图 19.58　Controller 的设计窗口

第 12 步,在 Controller 的 Design 标签页下设计测试场景。

首先,设置初始化方式。双击"初始化"区域,打开初始化编辑操作对话框,如图 19.59

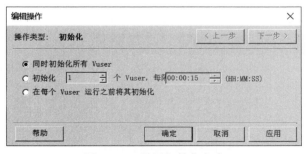

图 19.59　设置初始化方式

所示。设置初始化方式为"同时初始化所有 Vuser",单击"确定"按钮,设置成功。

其次,设置加压方式。双击"启动 Vuser"区域,打开启动 Vuser 编辑操作对话框,如图 19.60 所示。设置加压方式为每 5s 启动 2 个 Vuser(目前虚拟用户共 10 个),单击"确定"按钮,设置成功。

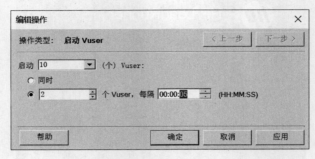

图 19.60　设置加压方式

再次,设置场景持续运行时间。双击"持续时间"区域,打开持续时间编辑操作对话框,如图 19.61 所示。此处设置场景运行时间为"完成前一直运行",单击"确定"按钮,设置成功。

图 19.61　设置场景持续运行时间

最后,设置减压方式,即设置虚拟用户的退出场景模式,与设置加压方式的操作相同。在此值得提醒的是,由于在上述步骤中场景运行时间设置为"完成前一直运行",故当前减压方式无须进行设置。

第 13 步,在"设计"标签页的"场景组"区域单击 ▷ 图标,场景开始运行,Controller 由设计窗口自动跳转到运行窗口,如图 19.62 所示,在该窗口中可实时监控场景运行状态、各项指标的数据及发展趋势等。

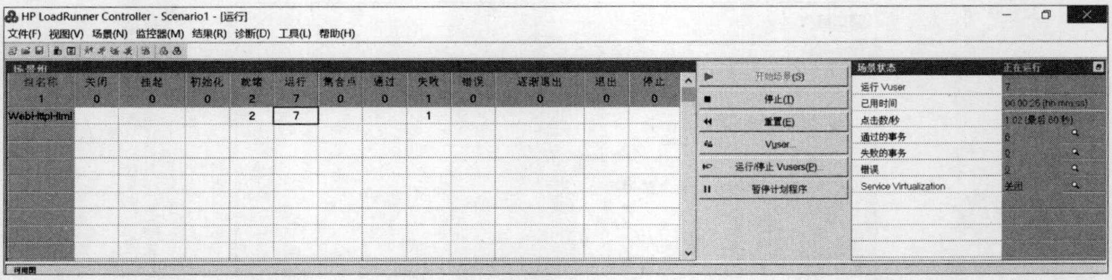

图 19.62　场景运行窗口

第 14 步,场景结束运行后,单击 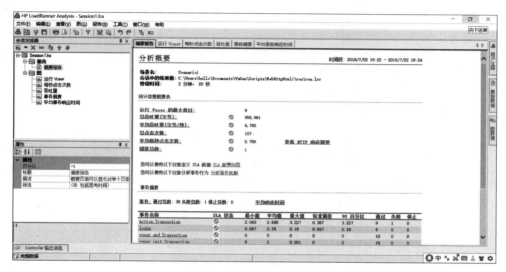 图标启动 Analysis 工具,如图 19.63 所示。系统将自动整理分析测试结果并汇总到 Analysis 工具中,如图 19.64 所示。

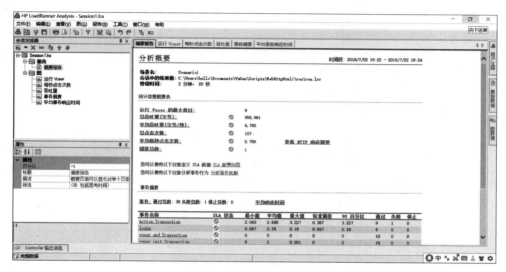

图 19.63　启动 Analysis 工具

图 19.64　汇总测试结果

第 15 步,在 Analysis 中,可以进行测试结果分析、查看各类结果报告。图 19.65 所示为事务摘要图。

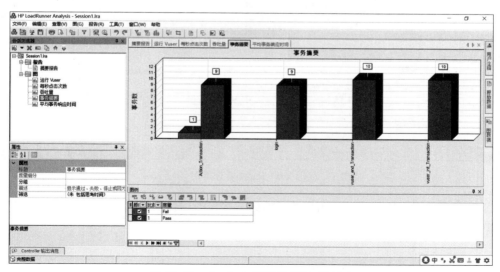

图 19.65　Analysis 结果分析图_示例 1

第 16 步,在 Analysis 的会话区域右击,可在快捷菜单中选择有关命令打开相应的对话框,可在对话框中选择需要进一步查看和分析的其他多类图表,进行测试结果分析,如图 19.66 所示。此处选择网页诊断图,单击后可打开图 19.67 所示的页面,可呈现更为详尽的结果数据。

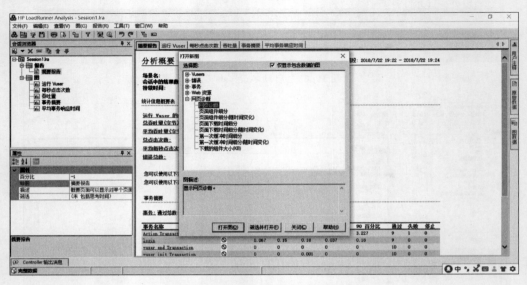

图 19.66　Analysis 结果分析图_示例 2

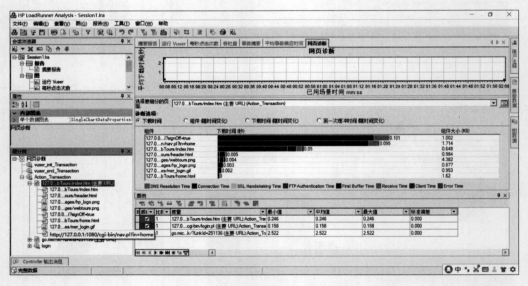

图 19.67　Analysis 结果分析图_示例 3

以上介绍了 LoadRunner 工具非常基础的一些操作,旨在让读者对 LoadRunner 有个初步认识。

4. 拓展练习

【练习 19.1】 参照本实验的讲解正确安装 LoadRunner 12。

【练习 19.2】 熟悉样例程序 Web Tours 的基本功能和使用方法,注册 3 个新账户,其中一个账户的用户名为个人姓名。订一张飞机票,并查看该机票路线信息。

【练习 19.3】 体验 LoadRunner 12 的使用流程,录制 Web Tours 应用程序的登录功能,并创建、运行场景,查看测试结果。

实验 20 JMeter 性能测试工具基础应用

1. 实验目标

(1) 能够正确安装 JMeter 工具。

(2) 掌握 JMeter 脚本的录制方式。

(3) 掌握 JMeter 脚本的编写方式。

(4) 掌握 JMeter 脚本的结果验证及断言应用。

(5) 掌握 JMeter 中 HTTP 信息头管理器的基本应用。

2. 背景知识

Apache JMeter 开源软件是一款纯 Java 应用程序，支持 Linux、Windows、Mac OSX 等平台，主要用于负载功能测试和性能测试，在接口测试领域也有一定的应用价值。

Apache JMeter 功能强大，具备全功能测试集成开发环境，允许快速记录、构建和调试测试计划；其多线程框架允许多线程并发采样，可同时通过不同的线程组进行不同功能的同时采样；它支持通过从最流行的响应格式、HTML、JSON、XML 或任何文本格式中提取数据的能力，还可生成完整的动态 HTML 报告。

Apache JMeter 支持加载和测试多种不同的应用程序、服务器、协议类型，例如 Web 的 HTTP/HTTPS、SOAP/REST WebServices、FTP、Database via JDBC、SMTP(S)、POP3(S) 和 IMAP(S) 邮件传输协议等。

注意：JSON(JavaScript Object Notation) 即 JavaScript 对象表示法，是存储和交换文本信息的语法，与 XML 类似，但是 JSON 比 XML 更小、更快，且更易解析。

Apache JMeter 与 LoadRunner 均为性能测试领域较为主流的两款工具，将两者简单对比如下。

1) 相似点

(1) JMeter 与 LoadRunner 的原理一样，均通过中间代理进行并发客户端发送指令的监控与收集，并将指令转化生成为脚本，再将脚本（实质为脚本中的请求）发送至应用服务器，进而监控应用服务器反馈的结果。

(2) JMeter 与 LoadRunner 都具备分布式中间代理功能，即可在不同 PC 端计算机中设置多台代理进行远程控制，也可理解为通过使用多台计算机运行代理来分担负载生成器自身的压力，并借此来支持更多的并发用户数。

2) 不同点

(1) JMeter 是开源软件，而 LoadRunner 是商业软件，一般情况下，商业软件的正版会有更优秀的技术支持。

（2）JMeter 既可进行 Web 程序的性能测试，又可进行灰盒测试、接口测试等，而 LoadRunner 更多地用于性能测试。

（3）JMeter 安装简易，仅需要将 JMeter 文件包解压至某个文件夹中，无须实际安装，当然前提需要具备 JDK 环境；而 LoadRunner 安装包较大，安装过程耗时稍长，相比较而言，安装过程稍烦琐。

（4）JMeter 也有一个脚本录制工具，即 Badboy，利用该工具可以进行录制操作，再将脚本保存为 JMeter 可识别的脚本类型，然后可以利用 JMeter 打开并修改该脚本。但是需要提醒的是，通过录制模式生成的脚本往往较为复杂，存在冗余信息。

（5）JMeter 的脚本修改主要取决于对 JMeter 中各部件的熟悉程度，以及相关协议的掌握情况，并不取决于编程能力；而 LoadRunner 除了需要掌握较为复杂的场景设置知识外，还需要掌握相关函数，以便灵活修改脚本。

（6）JMeter 中进行压力的施加，主要是通过增加线程组的数目或者设置循环次数来增加并发用户的数量，还可以通过逻辑控制器实现复杂的测试行为，相当于 LoadRunner 中的测试场景设计；而 LoadRunner 主要支持测试场景的设计，可设计更为真实的压力施加场景及灵活的虚拟用户加载方式。

（7）JMeter 无法支持 IP 欺骗功能，而 LoadRunner 支持该功能。IP 欺骗是指在一台计算机上可通过调用不同的 IP 来模拟实际业务中的多 IP 访问，并分配给多个虚拟用户，从而更加真实地模拟业务场景，解决某些投票站点、注册站点限制同一个 IP 多次进行相同操作的测试难题。

（8）JMeter 的报表功能稍弱，所生成报表不能作为测试性能的分析依据，若想监测数据库服务器或应用程序服务的 CPU、内存等参数，需在相关服务器上另写脚本记录服务器的性能情况。

至此，相信读者对于 JMeter 工具有了初步认识和了解，下面具体介绍 JMeter 性能测试工具的基础应用。

3. 实验任务

【任务 20.1】 JMeter 测试环境搭建。

1）安装资源下载

下载 JMeter、JDK 安装包，如图 20.1 所示。

JMeter 官网下载地址：http：//JMeter. apache. org/download_JMeter. cgi。

JDK 官网下载地址：http：//www. oracle. com/technetwork/java/javase/downloads/java-archive-downloads-javase7-521261. html。

图 20.1 下载 JMeter、JDK 安装包

2）安装 JDK

第 1 步，安装 JDK。安装 JMeter 之前需要先配置 Java 环境，由于下载的是 JMeter 3.1 版本，所以要求 Java 版本应为 Java 7 以上。如图 20.2 所示，右击已下载的 JDK 安装文件 jdk-7u80-windows-i586，从弹出的快捷菜单中选择"以管理员身份运行"命令。

图 20.2　以管理员身份运行 JDK 安装程序

第 2 步，打开安装向导页面，如图 20.3 所示，单击"下一步"按钮，继续安装。

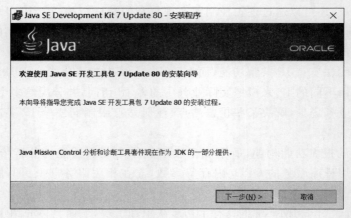

图 20.3　安装向导页面

第 3 步，选择安装路径，建议保持默认，如图 20.4 所示，单击"下一步"按钮，继续安装。

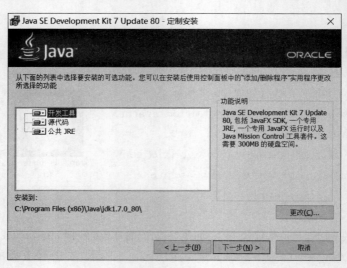

图 20.4　安装路径页面 1

第 4 步,打开图 20.5 所示的安装进度页面,并在此过程中弹出图 20.6 所示的安装路径选择页面,选择安装路径,建议保持默认,单击"下一步"按钮,继续安装。

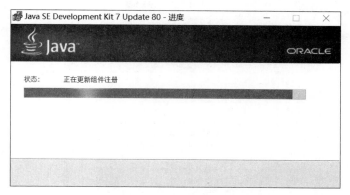

图 20.5　安装进度页面

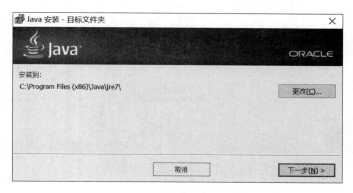

图 20.6　安装路径页面 2

第 5 步,当打开图 20.7 所示的安装成功提示页面时,标志 JDK 安装完成,单击"关闭"按钮即可。

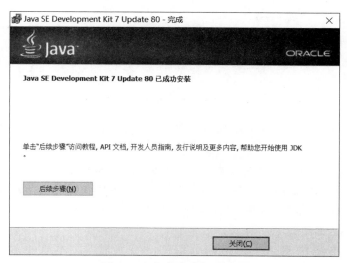

图 20.7　安装成功提示页面

第 6 步,配置环境变量。右击"我的电脑"图标,从弹出的快捷菜单中选择"属性"|"高级系统设置"命令,单击"环境变量"按钮,打开"环境变量"对话框,如图 20.8 所示。

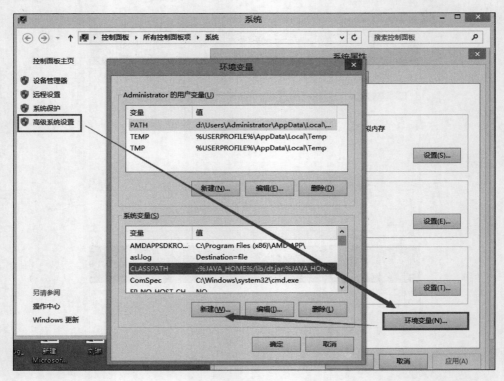

图 20.8 "环境变量"对话框

第 7 步,在"系统变量"区域单击"新建"按钮,在打开的"新建系统变量"对话框中填写变量名和变量值信息,如图 20.9 所示。

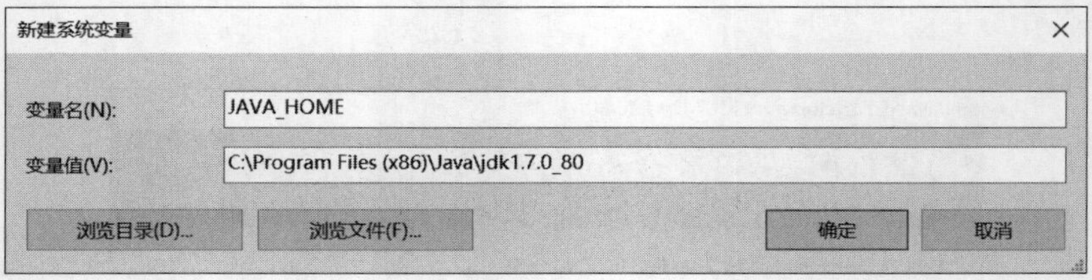

图 20.9 新建系统变量 JAVA_HOME

"变量名"文本框中输入"JAVA_HOME","变量值"文本框中输入"C：\Program Files(x86)\Java\jdk1.7.0_80"。

注意："变量值"文本框中也可能输入"C：\Program Files\Java\jdk1.7.0_80",实际中,应结合个人计算机中安装 jdk-7u80-windows-i586.exe 的路径进行灵活修改。

第 8 步,在"系统变量"区域单击"新建"按钮,在打开的"新建系统变量"对话框中填写变量名和变量值信息,如图 20.10 所示。

"变量名"文本框中输入"CLASSPATH","变量值"文本框中输入".；％JAVA_HOME％/lib/dt.jar；％JAVA_HOME％/lib/tools.jar；"。

图 20.10　新建系统变量 CLASSPATH

注意：若使用本书提供的安装包，且与上述步骤中的安装路径保持一致，则系统变量 JAVA_HOME 和 CLASSPATH 的变量值设置可参考图 20.9 和图 20.10。

第 9 步，在"系统变量"区域找到"Path"并单击"编辑"按钮，在打开的"编辑环境变量"对话框"变量值"文本框中输入"%JAVA_HOME%/bin;%JAVA_HOME%/jre/bin;"，值得提醒的是，若前面没有";"，则需要自行加上，如图 20.11 所示。

图 20.11　编辑环境变量 Path

此外，若读者使用的是 Windows 10 操作系统，则输入方式有所差异。如图 20.12 所示，单击"新建"按钮，分别填写如下两行信息：

```
%JAVA_HOME%\bin
%JAVA_HOME%\jre\bin
```

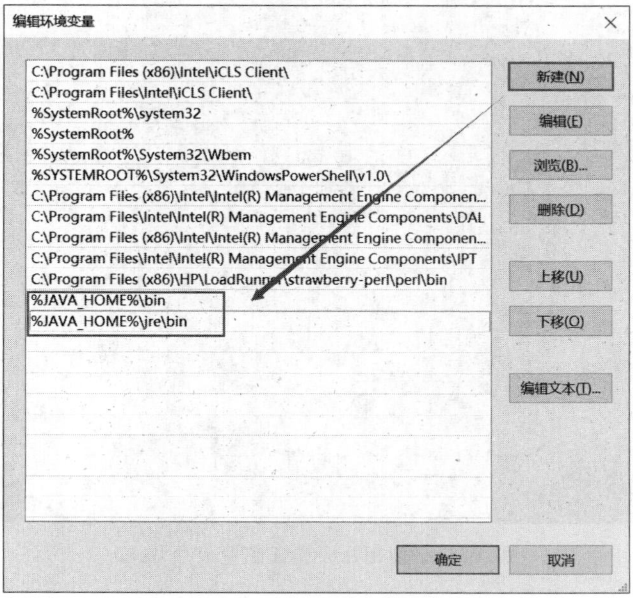

图 20.12　在 Windows 10 操作系统下编辑环境变量

第 10 步,配置完成之后,单击"确定"按钮进行保存,然后在"开始"菜单中选择"运行"命令,输入"cmd",打开"命令提示符"窗口,输入"java"或"javac"命令后回车,出现如图 20.13 和图 20.14 所示内容,则表示配置成功。此外,还可输入 java -version 命令,通过查看 Java 版本来检验是否配置成功,如图 20.15 所示。

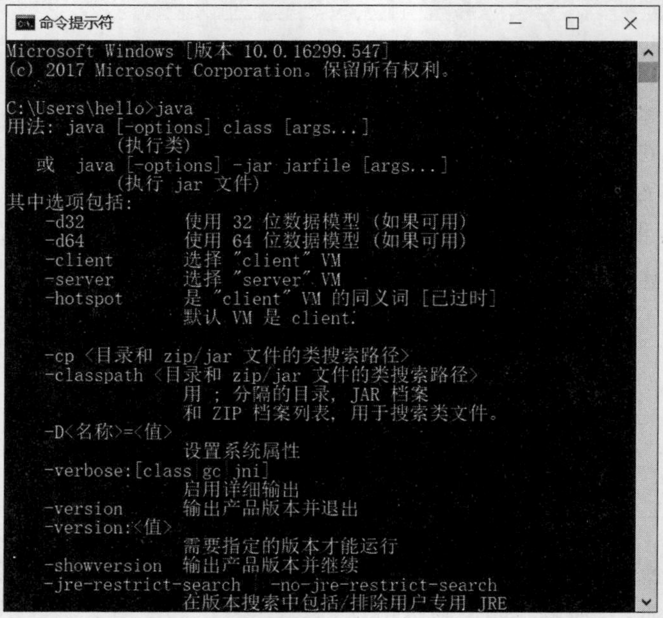

图 20.13　使用命令验证配置成功_java

图 20.14　使用命令验证配置成功_javac

至此,JDK 安装成功,可以继续进行 JMeter 的安装了。

图 20.15　使用命令验证配置成功_ java -version

3）安装 JMeter

JMeter 的安装过程很简单，将下载后的压缩包解压之后即可使用，无须实际安装。

第 1 步，将压缩包解压缩到指定文件夹下，例如解压缩到 D 盘 JMeter 目录下"D：\jmeter\apache-jmeter-3.1"，如图 20.16 所示。

注意：读者可以重命名父目录，例如将 jmeter 更名为 JMeter-3 等，但是切勿改变任何子目录的名称。同时父目录路径中不能包含任何空格，如果包含，则运行客户端服务器模式会出问题。

第 2 步，启动 JMeter。在 D：\jmeter\apache-jmeter-3.1\bin 文件夹中单击 jmeter. bat 文件即可启动 JMeter，如图 20.17 和图 20.18 所示。

图 20.16　将压缩包解压缩到
指定文件夹

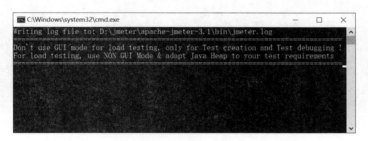

图 20.17　启动 JMeter

注意：若系统弹出图 20.19 所示内容，则说明 JMeter 版本与 Java 版本不匹配导致无法启动。

【任务 20.2】　JMeter 性能测试脚本录制。

JMeter 性能测试脚本的生成支持录制方式和手工编写方式。本任务主要介绍利用 Badboy 工具进行脚本的录制。

1）安装 Badboy

第 1 步，下载 Badboy 安装程序，如图 20.20 所示。Badboy 官网下载地址：http：//www. Badboy. com. au/download/add。

第 2 步，安装 Badboy。Badboy 的安装过程很简单，仅需双击"BadboyInstaller-2. 2. 5. exe"安装文件，依次单击"下一步"按钮即可顺利安装完成，限于篇幅，不再赘述。

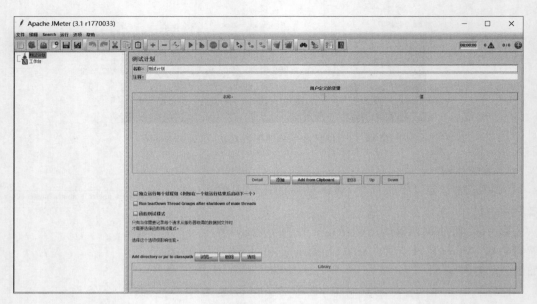

图 20.18　JMeter 主界面

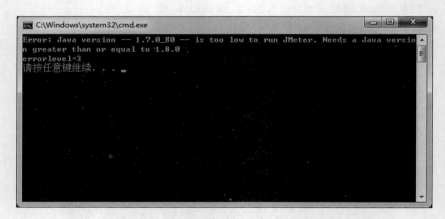

图 20.19　JMeter 版本与 Java 版本不匹配

图 20.20　Badboy 安装程序

第 3 步,启动 Badboy。Badboy 安装完成后,在"开始"菜单中单击 Badboy 程序即可启动,如图 20.21 所示。打开 Badboy 时,默认处于"录制模式"下,可以在主界面右下方的标题栏中查看 Recording 状态,单击工具栏中的⬤按钮则可进入"非录制模式"。

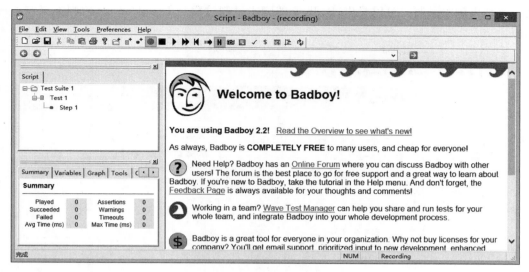

图 20.21　Badboy 主界面

2）使用 Badboy 录制 JMeter 脚本

使用 Badboy 工具录制用户的操作和行为，并将用户的操作和行为转化为对应 HTTP 请求的脚本，然后再将脚本导出为 JMeter 需要的 jmx 文件，jmx 文件即可在 JMeter 中进行应用。

第 1 步，通过 Badboy 启动被测网站。选取某个网站作为被测对象，在此以 Bugfree 程序为例。在 Badboy 的地址栏中输入待录制网站的网址，如图 20.22 所示，再单击地址栏右侧的 → 按钮，即可自动打开被测网址的页面，并自动开始录制。

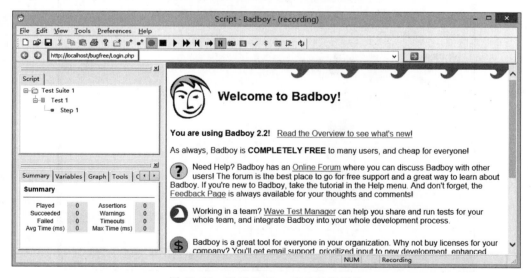

图 20.22　通过 Badboy 启动被测网站

第 2 步，录制脚本。通过 Badboy 打开 Bugfree 网页后，可进行相关业务操作，用户操作的所有步骤均会以 HTTP 请求的方式记录于 Badboy 中，如图 20.23 所示，录制完成后单击

■按钮结束脚本录制。可以看出，Badboy 的脚本录制过程与 LoadRunner 的脚本录制过程相似。

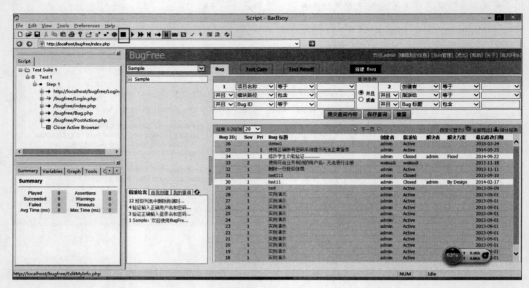

图 20.23　录制脚本

第 3 步，保存并导出脚本。选择 File|Export to JMeter 命令，进行脚本保存，注意脚本格式应选择 jmx 类型，如图 20.24 所示。随后若弹出图 20.25 所示的对话框，单击"确定"按钮即可。

图 20.24　保存并导出脚本

3）使用 JMeter 打开脚本

第 1 步，启动 JMeter。在 D：\jmeter\apache-jmeter-3.1\bin 文件夹中单击 jmeter.bat

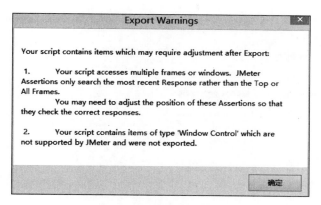

图 20.25　弹出警告信息

文件即可启动 JMeter。

第 2 步,打开 jmx 脚本。选择"文件"|"打开"命令,弹出"打开"对话框,如图 20.26 所示。选择在 Badboy 中已保存的 Bugfree.jmx 脚本文件,单击"打开"按钮,即可显示模拟用户行为的脚本信息,如图 20.27 所示。

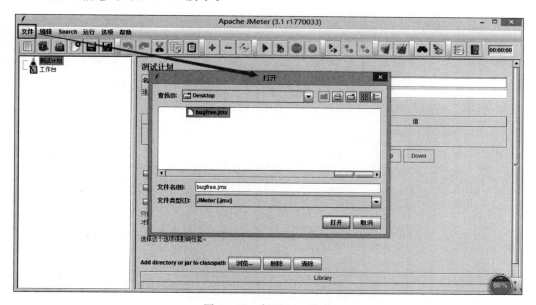

图 20.26　打开 jmx 脚本

至此,使用 Badboy 工具进行脚本录制的操作已完成,单击页面左侧任意的 HTTP 请求,可在右侧查看详细信息。当前脚本的执行情况将在任务 20.5 中进行介绍。

【任务 20.3】 JMeter 性能测试脚本编写之 HTTP 请求。

读者已经体验了使用 Badboy 工具进行脚本的录制,本任务重点介绍最常用的脚本生成方式——手工编写方式。

第 1 步,启动 JMeter。在 D:\jmeter\apache-jmeter-3.1\bin 文件夹中单击 jmeter.bat 文件即可启动 JMeter。运行 JMeter 会自动创建一个默认的测试计划,名称为"测试计划",如图 20.28 所示。

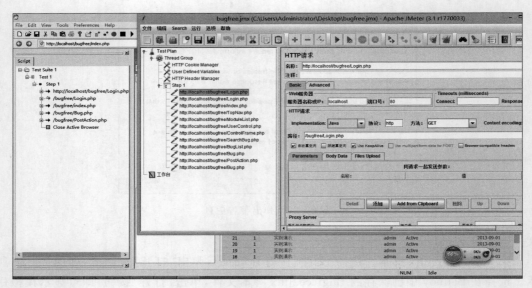

图 20.27　显示模拟用户行为的脚本信息

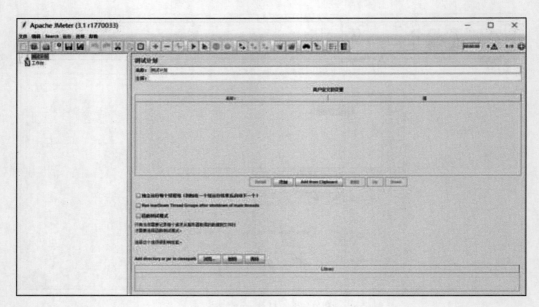

图 20.28　启动 JMeter

　　第 2 步,添加线程组。如图 20.29 所示,右击"测试计划",从弹出的快捷菜单中选择"添加"|Threads(Users)|"线程组"命令,打开线程组页面,如图 20.30 所示。

　　线程组的功能介绍如下。

　　线程组代表一定数量的并发数,可以模拟并发用户发送请求,与 LoadRunner 工具中的 Controller 较为相似。若是通过 Badboy 录制方式打开的 jmx 脚本,则默认会打开场景线程组;若是通过手工编写方式打开的脚本,则首先需要添加线程组。线程组页面中相关字段解释如下。

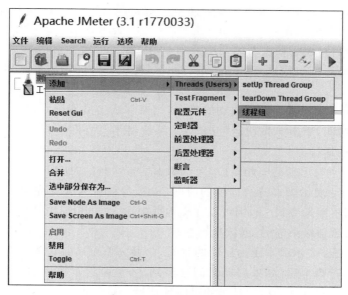

图 20.29　选择"线程组"命令

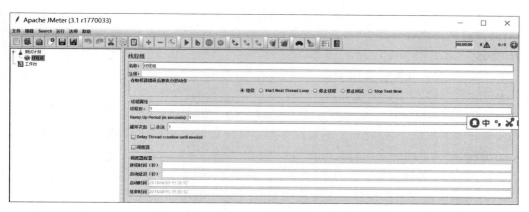

图 20.30　线程组页面

（1）名称：可以随意填写，建议选取测试场景中相关业务的名称，便于脚本阅读。

（2）注释：可以随意填写或不填写。

（3）线程数：表示并发用户的数量，相当于 LoadRunner 中的并发用户数。线程数往往结合系统业务或测试经验进行设置，不宜过大，也不宜过小。若过大，脚本启动瞬间会对系统造成过大的压力，容易导致服务器瘫痪；若过小，则对服务器不起作用，起不到性能测试的作用。究竟线程数设置多少较为合适呢？通常可依据系统对吞吐量大小的要求进行设置。吞吐量即 TPS，代表每秒处理的线程数，建议设置的线程数不要超过吞吐量太多。

（4）Ramp-up Period(in Seconds)：表示每个用户启动的延迟时间，相当于 LoadRunner 中的用户加载策略。例如将该字段设置为 1s，将"线程数"字段设置为 1000，则表示系统将在 1s 结束前启动设置的 1000 个用户；如果将该字段设置为 1000s，那么系统将会在 1000s 结束前启动 1000 个用户。

（5）循环次数：表示脚本循环次数。如果读者要限定循环次数为 10 次，可以选择"永远"，并在后面的文本框中输入"10"；如果选择"永远"，表示如果场景不停止或者限定时间，则脚本将会一直执行，便于调度器的调用。

（6）调度器配置：选择"调度器"，可进行测试场景启动时间、结束时间、持续时间、启动延迟的设置。

（7）启动时间：表示脚本开始启动的时间，如果测试人员不想立即启动脚本测试，则可以设置一个启动时间，单击 ▶ 按钮运行脚本后，系统将不会立即运行，而是等到设置的启动时间到达时才开始运行。

（8）结束时间：与启动时间相对应，表示脚本结束运行的时间。

（9）持续时间：表示脚本持续运行的时间（以秒为单位），其优先级高于结束时间。例如，要让用户持续不断地登录 1h，则可以在文本框中输入"3600"；如果在 1h 以内，结束时间已经到达，它将会覆盖结束时间，继续执行。

（10）启动延迟：表示脚本延迟启动的时间（以秒为单位），其优先级高于启动时间。例如，单击 ▶ 按钮运行脚本后，如果启动时间已经到达，但是还没有到启动延迟的时间，则启动延迟将会覆盖启动时间，等启动延迟的时间到达后再运行系统；如果设置启动延迟为 0s，则表示立即启动所有用户。

值得提醒的是，使用调度器来设定持续时间时，如果线程数不足以维持到持续时间结束，则必须将循环次数设置为"永远"；如果线程组里面有其他的循环，也需将该循环次数设置为"永远"。

第 3 步，添加取样器。如图 20.31 所示，右击"线程组"，从弹出的快捷菜单中选择"添加"|Sampler|"HTTP 请求"命令，打开"HTTP 请求"页面，如图 20.32 所示。

（1）取样器功能介绍。取样器主要用于脚本的创建与维护，即定义实际的请求内容。什么叫取样呢？实质上，取样就是通过取样器定义出的请求内容来模拟客户端向服务器真实发送请求，定义出的请求内容会包含参数等相关信息。

取样器分为多种类型，如 HTTP 请求、TCP 请求、FTP 请求、JAVA 请求等，其中 HTTP 请求是最常用的取样器。本书均以 HTTP 请求取样器为例进行介绍。

（2）如何找请求，数据来源是什么？以 Chrome 浏览器为例，访问 http：//huihua. hebtu. edu. cn/网站（也可选择其他 html 页面），按键盘中的 F12，在打开的窗口中选择 Network 选项卡，并按 F5 进行页面刷新，可查看图 20.33 所示的多种请求信息。图 20.33 左侧区域中，每行均可理解为一个请求，可以看出这些请求包含多种类型，如 js 文件的请求、png 文件的请求、css 文件的请求等。

以 logoa. jpg 文件的请求为例，如图 20.34 所示，可看出其实质为一个 HTTP 请求或者 HTTPS 请求。

注意：在 LoadRunner 中通过录制或手写编写方式生成的脚本，实质也是由一个一个的请求构成，只不过转化为了便于理解的脚本。JMeter 也有录制的功能，但是往往录制时会抓取所有的请求，一定会有很多请求并不需要测试，所以容易干扰测试工作的开展。

测试人员应该具备抓取接口的能力，虽然工作中有时开发人员会告知测试人员，但是往往也只是简单告知接口名、在哪里使用等信息，测试人员需要理解对方提供的信息是什么，从哪里来。

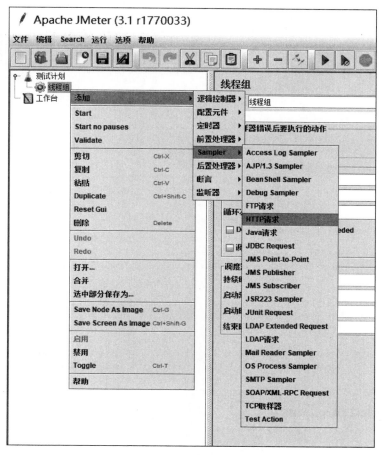

图 20.31 添加取样器

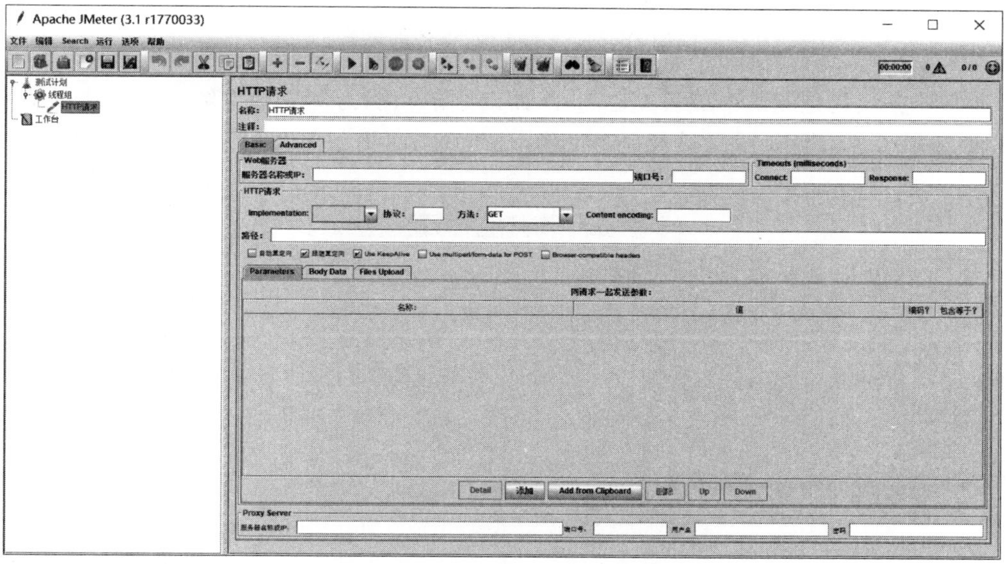

图 20.32 "HTTP 请求"页面

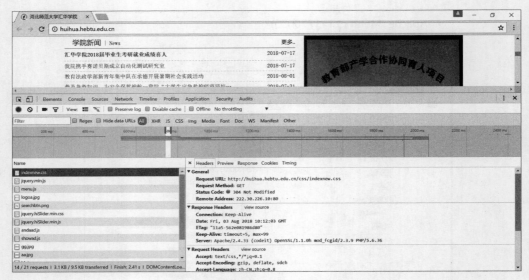

图 20.33　Chrome 中的多种请求信息

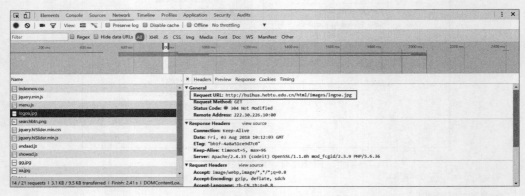

图 20.34　logoa.jpg 文件的请求

　　通常业务流程是测试中最为关心的,下面以登录功能为例进行讲解。某办公系统登录前页面如图 20.35 所示,随后进行登录操作,登录后的页面如图 20.36 所示。

图 20.35　某办公系统登录前的页面

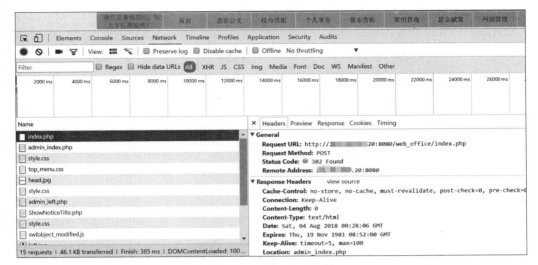

图 20.36　登录某办公系统后的页面

依据抓取到的接口内容,输入 JMeter 的 HTTP 请求中的关键信息,如图 20.37 所示。

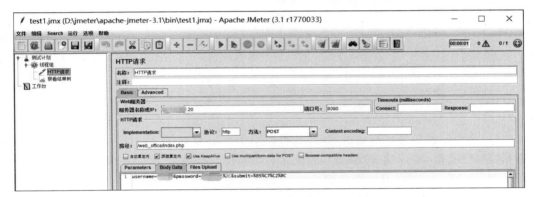

图 20.37　输入 HTTP 请求的关键信息

网址通常由"协议＋域名＋路径"构成,如**http://▨▨▨▨▨20:8080/web_office/index.php**。

① 服务器名称或 IP 地址:填写域名或者 IP 地址即可,以汇华学院官网为例,应填写"huihua. hebtu. edu. cn"。

② 端口号:HTTP 请求一般都是 80 端口,当然有时开发人员会告知端口号进行了设置,若是 8080,端口号中则要输入 8080。

③ 协议:通常为 HTTP 协议,也可能是 HTTPS 协议。

④ 方法:请求方法有多种类型,最常用的是 GET、POST,GET 不需要给服务器发送参数,POST 需要给服务器发送参数。

⑤ 路径:是网址中域名之后的内容,如 http://▨▨▨▨▨20:8080/web office/index.php 中的 "web office/index. php"。

⑥ Parameters:如图 20.38 所示,用于设置请求中用到的参数名和参数值,即 Key 和 Value,设置后的参数是挂在 URL 中进行发送的。以图 20.39 所示为例,其实际请求地址为 http://192.168.118.61:8080/c/portal/login? p_l_id＝10743。

图 20.38　Parameters 设置窗口

图 20.39　HTTP 请求关键信息示例

　　此外,值得提醒的是,"自动重定向"选项适用于方法为 GET 或 HEAD 的时候。当参数值中有特殊字符时,建议选择"编码",否则字符串可能会被截断。

　　⑦ Body Data:同样用于设置请求中用到的参数名和参数值,但与 Parameters 不同,Body Data 是以字符串形式,即以一个请求体的形式发送给服务器的,该请求体既可以是 Json 格式也可以是 Urlencode 格式。Json 格式请求体如图 20.40 所示。

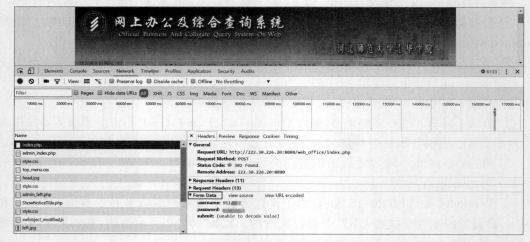

图 20.40　Json 格式请求体

单击 view source 选项卡,可查看 Urlencode 格式请求体,如图 20.41 所示。

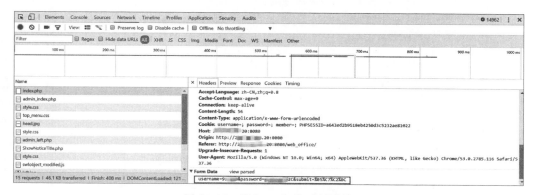

图 20.41　Urlencode 格式请求体

根据请求体呈现的内容,将 view source 选项卡下的内容复制至 HTTP 请求的 Body Data 中,如图 20.42 所示。

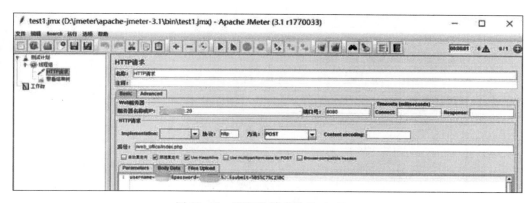

图 20.42　HTTP 请求的 Body Data

至此,HTTP 请求的域名、端口号、协议、方法、路径、请求参数均已填写,这样一个接口请求就配置完成了,尤其要注意当前方法为 POST。为便于后续使用,可进行请求的保存。按 Ctrl＋S 组合键弹出保存 HTTP 请求对话框,输入图 20.43 所示文件名后,单击"保持"按钮即可保存。

【任务 20.4】　JMeter 性能测试脚本编写之结果验证。

在任务 20.3 中,手工编写了 JMeter 性能测试脚本,该脚本能否执行成功,能否顺利调通接口呢?需要借助监听器中的察看结果树功能模块来验证。

第 1 步,添加监听器。如图 20.44 所示,右击"线程组",从弹出的快捷菜单中选择"添加"|"监听器"|"察看结果树"命令,打开"察看结果树"页面,如图 20.45 所示。

在"察看结果树"页面中单击 ▶ 图标,可执行测试场景脚本。

第 2 步,调试脚本前设置线程组。调试脚本前须检查线程组的设置,在此设置线程组的内容如图 20.46 所示。

第 3 步,切换至"察看结果树"页面,单击 ▶ 图标,执行测试场景脚本,执行结束后,结果为绿色表示执行成功,结果为红色表示执行失败,图 20.47 所示执行结果为绿色。

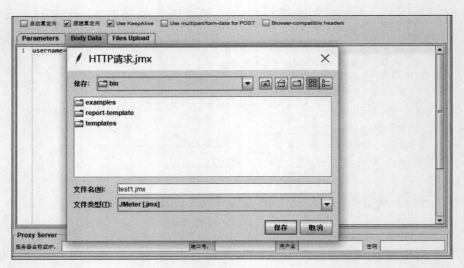

图 20.43　保存 HTTP 请求

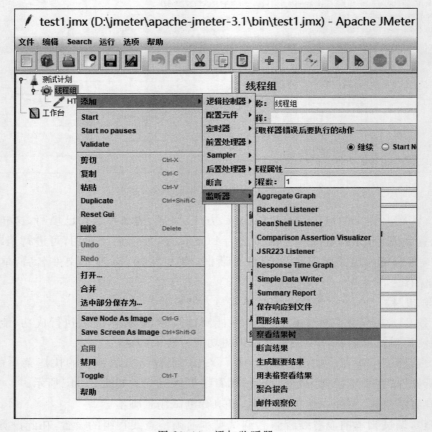

图 20.44　添加监听器

第 4 步,再次验证结果执行的正确性。选择 HTTP 请求执行结果,首先,进一步查看"响应数据"中的内容,如果响应的内容也是预期的,则说明请求成功。如图 20.48 所示,可

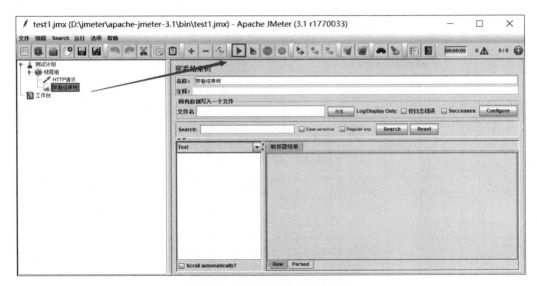

图 20.45　"察看结果树"页面

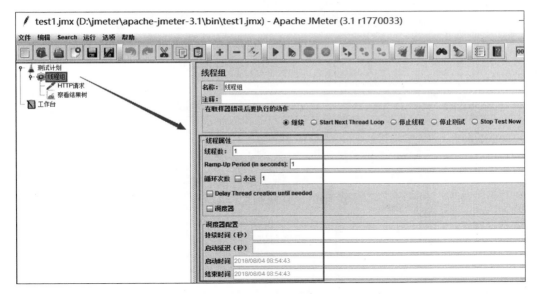

图 20.46　设置线程组

查看登录成功后的页面信息,说明请求成功。

其次,查看"请求"选项卡,可看到人工模拟的 HTTP 请求信息(见图 20.49)与浏览器中捕获到的相同的 HTTP 请求信息(见图 20.50)完全一致,进一步证实了请求成功。

此外,值得提醒的是,在"响应数据"选项卡下,将 Text 形式切换为 JSON 形式,可更加清晰地查看结构化的响应数据,如图 20.51 所示。

【任务 20.5】　JMeter 性能测试脚本之执行结果验证。

在任务 20.4 中,第 3、4 步反复验证脚本执行结果的正确性,读者往往对此较难理解,本任务结合任务 20.2 中的 Bugfree 案例进行示范,以便读者充分理解。

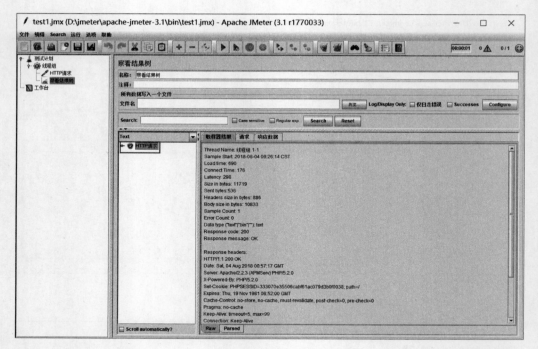

图 20.47　执行结果

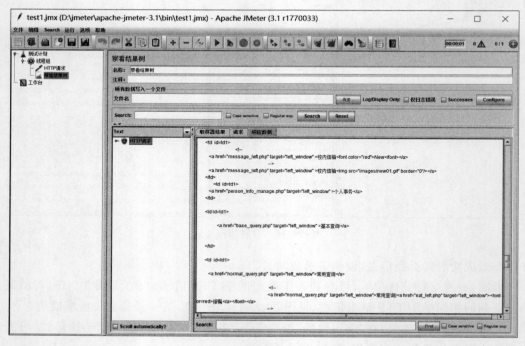

图 20.48　验证结果执行正确

第 1 步，添加监听器。如图 20.52 所示，右击 Thread Group，从弹出的快捷菜单中选择"添加"|"监听器"|"察看结果树"命令，打开"察看结果树"页面。

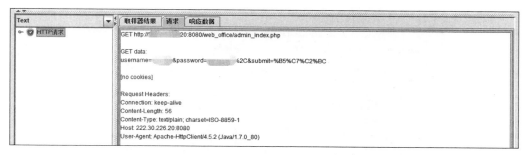

图 20.49　人工模拟的 HTTP 请求信息

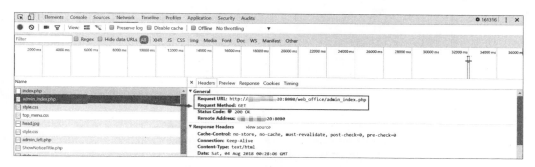

图 20.50　浏览器中捕获到的相同的 HTTP 请求信息

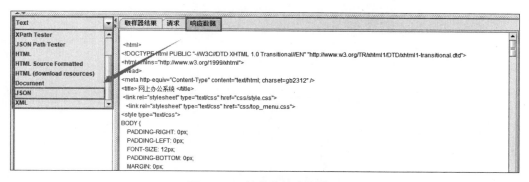

图 20.51　结构化的响应数据

第 2 步，运行脚本。如图 20.53 所示，单击 ▶ 图标运行脚本。

第 3 步，查看脚本执行结果。图 20.54 中，结果均显示为绿色，但是 Bugfree 网站中并没有新增加一条 Bug 记录，所以绿色并不能代表操作成功，与 LoadRunner 工具中的检查点原理一致，即不插入检查点返回结果 ✅ 并不代表响应正确。

在"响应数据"选项卡下，将 Text 形式切换为 HTML 形式，可更加清晰地查看网页版的响应数据，如图 20.55 所示。

第 4 步，再次查看脚本执行结果。

设置 1：Bugfree 登录时使用的用户名为"admin"，密码为"123456"，且 Bugfree 中已注册该用户，设置 HTTP 请求中的参数值，如图 20.56 所示。

结果 1：单击 🧹 图标清理测试结果后，再单击 ▶ 图标运行脚本，结果如图 20.57 所示，显

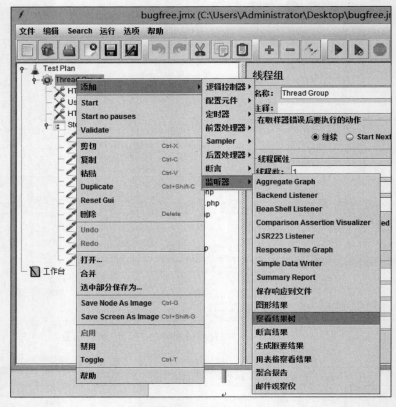

图 20.52　添加监听器

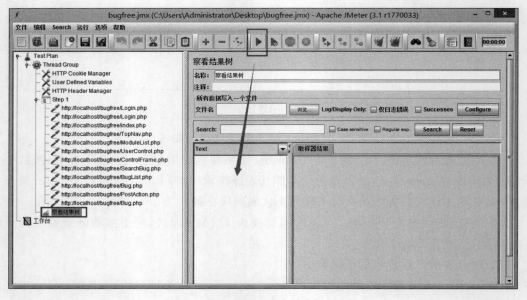

图 20.53　运行脚本

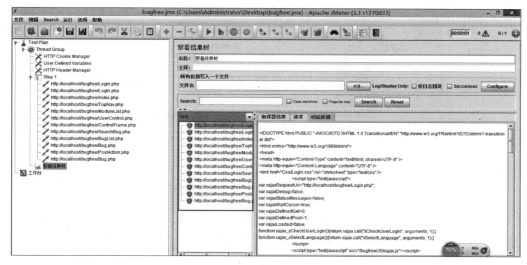

图 20.54　查看脚本执行结果

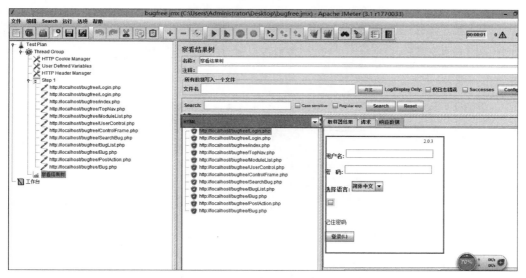

图 20.55　网页版的响应数据

示为绿色,且"响应数据"选项卡中显示 admin 用户登录成功的欢迎页面,说明操作成功。

　　设置 2:Bugfree 登录时使用的用户名为"weinadi",密码为"123456",且 Bugfree 中已注册该用户,设置 HTTP 请求中的参数值,如图 20.58 所示。

　　结果 2:单击 图标清理测试结果后,再单击 图标运行脚本,结果如图 20.59 所示,显示为绿色,且"响应数据"选项卡中显示 weinadi 用户登录成功的欢迎页面,说明操作成功。

　　设置 3:Bugfree 登录时使用的用户名为"zhangsan",密码为"123456",且 Bugfree 中未注册该用户,设置 HTTP 请求中的参数值,如图 20.60 所示。

　　结果 3:单击 图标清理测试结果后,再单击 图标运行脚本,结果如图 20.61 所示,显示为绿色,但是"响应数据"选项卡中并未显示 zhangsan 用户登录成功的欢迎页面,显示为

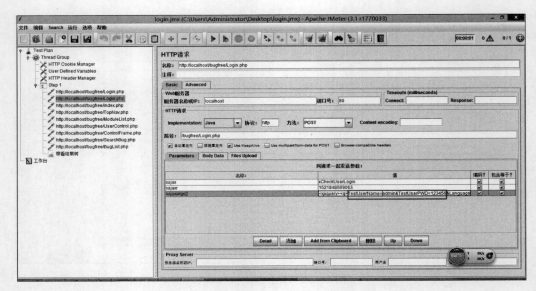

图 20.56　设置 HTTP 请求中的参数值 1

图 20.57　查看相应结果 1

空白页面,说明操作失败。切换至其他请求,所有请求均无响应,再次说明登录不成功。

　　设置 4:关掉 Bugfree 服务器的 Apache 服务,其他设置不变。

　　结果 4:单击 图标清理测试结果后,再单击 图标运行脚本,结果如图 20.62 所示,显示为红色。再次开启 Apache 服务后,重新回放脚本,脚本正常请求响应,如图 20.63 所示。

　　【任务 20.6】　JMeter 性能测试脚本验证之断言。

　　断言用于判断某个语句的结构是否为真或是否与预期相符,验证实际结果是否与预期一致,不一致则会报错提示。JMeter 中的断言与 JUnit 中断言的道理一致,也可理解为 LoadRunner 工具中的检查点。

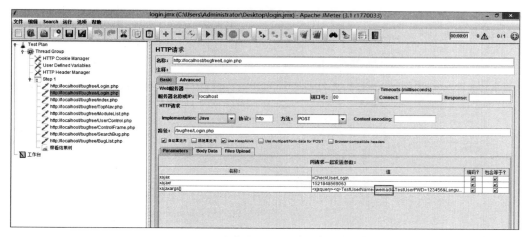

图 20.58　设置 HTTP 请求中的参数值 2

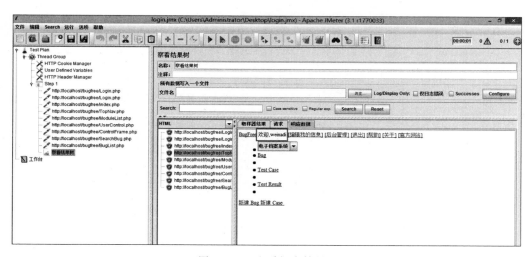

图 20.59　查看相应结果 2

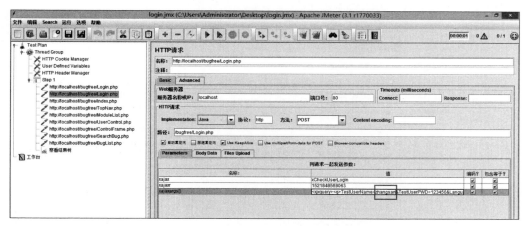

图 20.60　设置 HTTP 请求中的参数值 3

图 20.61　查看相应结果 3

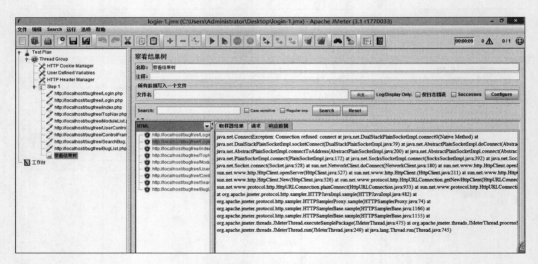

图 20.62　查看相应结果 4

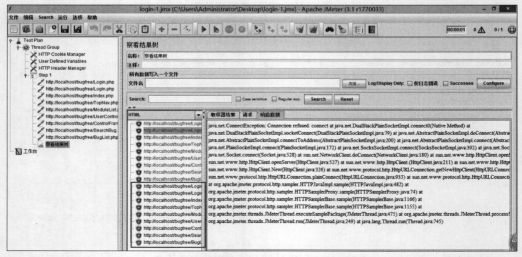

图 20.63　查看相应结果 5

上述任务均为脚本调试过程或单一脚本执行过程,但是真正运行测试的时候,针对大量测试同时开展的情况,人工检查结果的方式会大大降低执行效率,因此需要采用断言验证的方式进行响应结果的检查。此外,在 Web 测试中,有些情况下即使测试结果返回的Response Code 为 200,也不能保证该测试是正确的,该情况也可应用响应断言,通过对比响应的内容来判断返回的页面是否为系统确定要返回的页面,或者判断请求是否成功。

1) 某校办公系统响应断言示例

第 1 步,添加响应断言。如图 20.64 所示,右击"HTTP 请求",从弹出的快捷菜单中选择"添加"|"断言"|"响应断言"命令,打开"响应断言"页面,如图 20.65 所示。

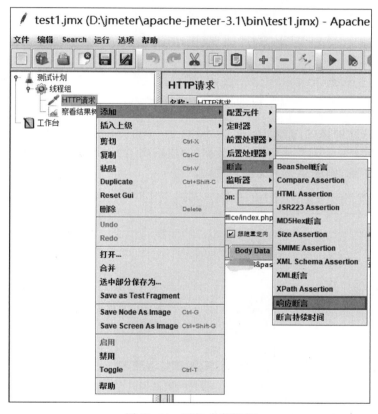

图 20.64　添加响应断言

设置响应断言后,系统会将响应的内容(HTTP 请求后,服务器返回的内容)与待测试的字符串内容进行匹配。如果服务器返回的内容包括了期望的待测试的字符串内容,则认为该次测试通过,否则即为失败。

注意:一般较为常用的模式匹配规则分为以下 3 种类型:第一类,响应文本,即返回的Body 的内容;第二类,响应代码,即 HTTP Code 代码,例如 200 表示成功、400 表示参数错误等;第三类,Response Headers,即响应头,例如要查找某个 Cookies 是否添加成功时,可以使用响应头的匹配规则。

值得提醒的是,当模式匹配规则为包括和匹配时,支持正则表达式方式;当模式匹配规则为 Equals 或 Substring 时,则为完全匹配方式。

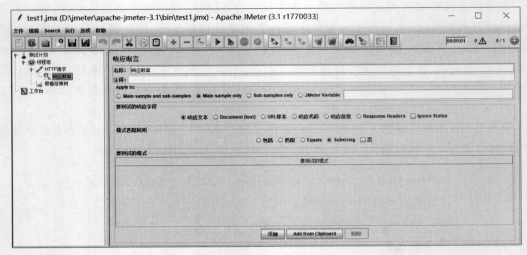

图 20.65 "响应断言"页面

第 2 步,设置待测试的内容。如图 20.66 所示,单击"添加"按钮,并输入待测试的内容,假设输入内容为"zhangsan",若在"响应数据"中检查到了"zhangsan",则结果显示为绿色通过状态;若检测不到,则结果显示为红色失败状态。

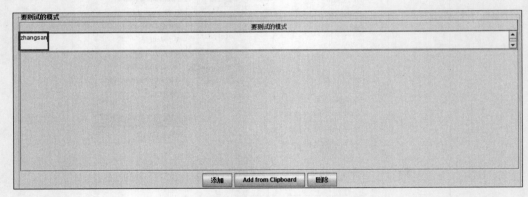

图 20.66 设置待测试的内容

第 3 步,查看断言执行结果,演示断言执行失败的过程。再次切换到"察看结果树"页面,单击 ▶ 图标,结果显示为 ❽ 红色失败,单击"响应断言"结点数据,可查看详细失败结果,如图 20.67 所示。

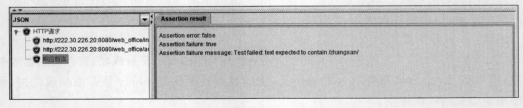

图 20.67 查看断言执行结果_失败

第 4 步,查看断言执行结果,演示断言执行通过的过程。在图 20.66 中将待测试的内容 "zhangsan"修改为"网上办公系统",如图 20.68 所示。再次切换到"察看结果树"页面,单击 ▶ 图标,结果显示为绿色通过,如图 20.69 所示。

图 20.68　修改待测试的内容

图 20.69　查看断言执行结果_成功

2) Bugfree 网站响应断言示例

第 1 步,针对 Bugfree 网站的登录请求页面添加断言,如图 20.70 和图 20.71 所示。

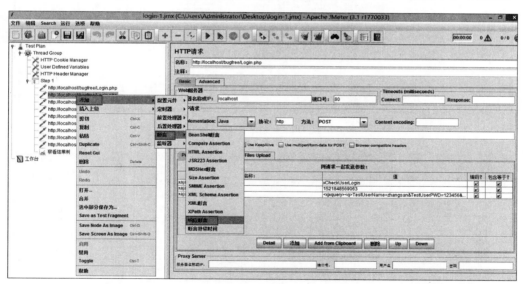

图 20.70　添加断言_Bugfree 网站

第 2 步,Bugfree 登录时使用的用户名为"zhangsan",密码为"123456",Bugfree 中未注 册该用户,设置 HTTP 请求中的参数值,如图 20.72 所示。

第 3 步,添加响应断言,期望结果中返回"欢迎"信息,如图 20.73 所示。

第 4 步,单击 图标清理测试结果后,再单击 ▶ 图标运行脚本,结果如图 20.74 所示,显 示为红色,因为用户 zhangsan 未注册,因此登录不成功,通过响应断言可清楚看出预期结果 与实际结果的差异。

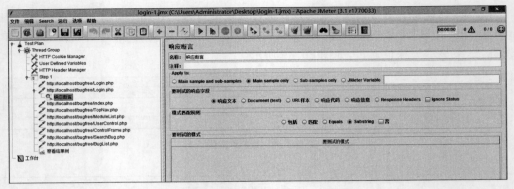

图 20.71 "响应断言"页面_Bugfree 网站

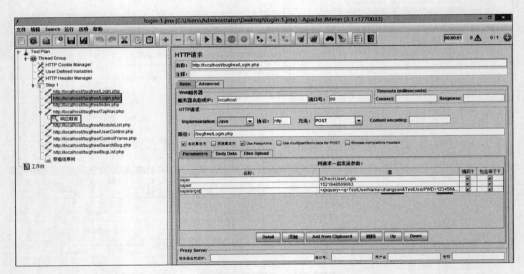

图 20.72 设置 HTTP 请求中的参数值_zhangsan

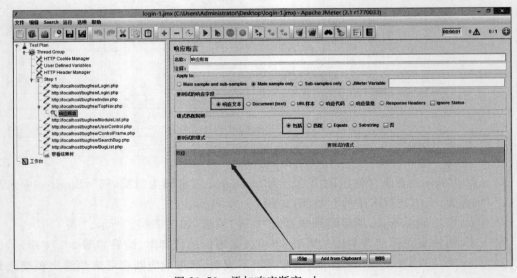

图 20.73 添加响应断言_zhangsan

图 20.74　通过响应断言查看结果_zhangsan

第 5 步，Bugfree 登录时使用的用户名为"weinadi"，密码为"123456"，Bugfree 中已注册该用户，设置 HTTP 请求中的参数值，如图 20.75 所示。

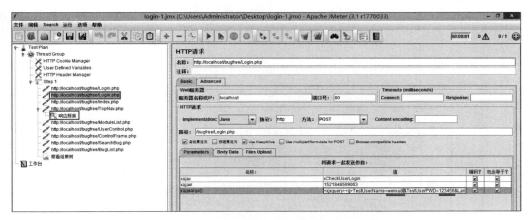

图 20.75　设置 HTTP 请求中的参数值_weinadi

第 6 步，添加响应断言，期望结果中返回"欢迎"信息，如图 20.76 所示。

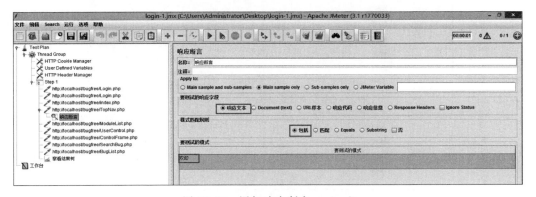

图 20.76　添加响应断言_weinadi

第 7 步,单击 图标清理测试结果后,再单击 ▶ 图标运行脚本,结果显示为红色,因为用户 weinadi 已注册,因此登录成功。

【任务 20.7】 JMeter 性能测试脚本编写之信息头管理器。

HTTP 信息头管理器在 JMeter 的使用过程中起着很重要的作用,可以帮助测试人员设定 JMeter 发送的 HTTP 请求头所包含的信息。HTTP 信息头中包含 User-Agent、Pragma、Referer 等属性。通常通过 JMeter 向服务器发送 HTTP 请求(GET 或者 POST)的时候,往往后端需要一些验证信息。例如,Web 服务器需要将 Cookies 带给服务器进行验证,一般就是放在请求头中进行传输。

针对此类请求,就可以在 JMeter 中通过 HTTP 信息头管理器,在添加 HTTP 请求之前添加一个 HTTP 信息头管理器,将请求头中的数据以键值对的形式放于 HTTP 信息头管理器中,随后在向后端发送请求的时候就可以模拟 Web 携带请求头信息了。

下文就以 Cookies 信息添加为例进行介绍,值得提醒的是,并非所有情况均需设置 HTTP 信息头管理器,仅在有特定需求时才进行设置。

第 1 步,添加 HTTP 信息头管理器。如图 20.77 所示,右击"线程组",从弹出的快捷菜单中选择"添加"|"配置元件"|"HTTP 信息头管理器"命令,打开"HTTP 信息头管理器"页面,如图 20.78 所示。

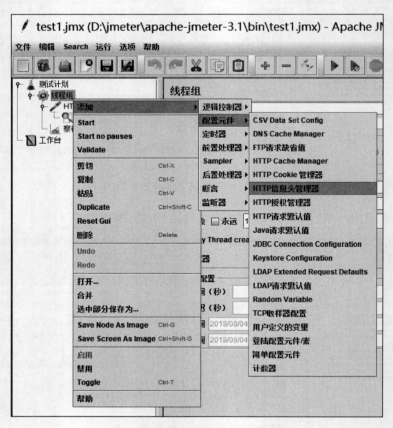

图 20.77 添加 HTTP 信息头管理器

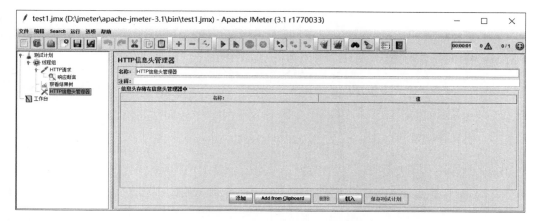

图 20.78 "HTTP 信息头管理器"页面

第 2 步,获取信息头信息资源信息。仍以 Chrome 浏览器为例,访问某待测网站,按 F12,在打开的窗口中选择 Network 选项卡,并按 F5 进行页面刷新,在页面左侧的请求列表中选择一个请求进行查看,页面右侧显示信息头详细信息,如图 20.79 所示。

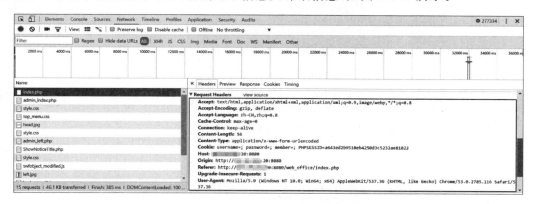

图 20.79 获取信息头信息资源信息

第 3 步,设置 HTTP 信息头管理器资源内容。依据图 20.79 中的 Cookies 信息进行 HTTP 信息头管理器设置,单击"添加"按钮,输入"键值对"即可,如图 20.80 所示。

以上即完成了 HTTP 信息头管理器的设置。

下面再介绍一个常见的应用场景,便于读者进一步理解 HTTP 信息头管理器的应用。如图 20.81 所示,从浏览器中可查看请求头信息"Content-Type:application/x-www-form-urlencoded",即 Content-Type 默认为 urlencoded 格式,针对默认格式则不需要在 HTTP 信息头管理器中设置 Content-Type。如果有一些特定的接口需要发送 JSON 格式,则需要在 HTTP 信息头管理器中修改为 JSON 格式,按照图 20.82 所示设置 HTTP 信息头管理器即可,若不进行上述添加,可能会导致脚本调试失败。因此,当脚本编写不存在其他问题,且调试不成功时,可思考是否是由缺失了 HTTP 信息头管理器的设置或者设置不正确导致。

通过上述多个任务的学习,读者应理解了 JMeter 工具的基本应用和 JMeter 脚本的基

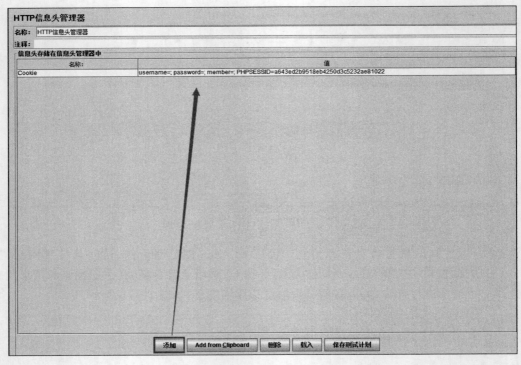

图 20.80　设置 HTTP 信息头管理器资源内容

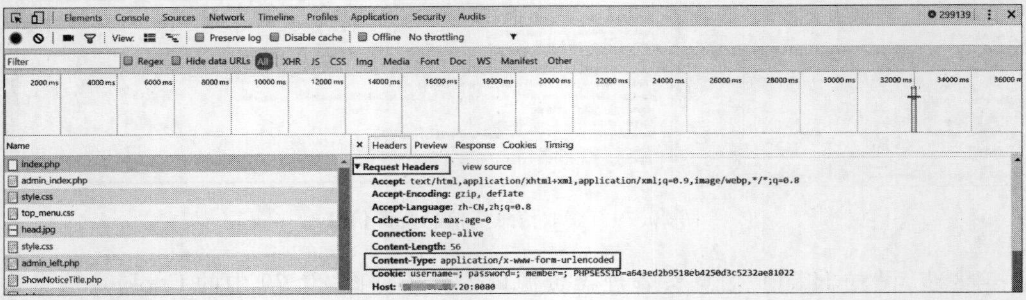

图 20.81　浏览器中查看请求头信息

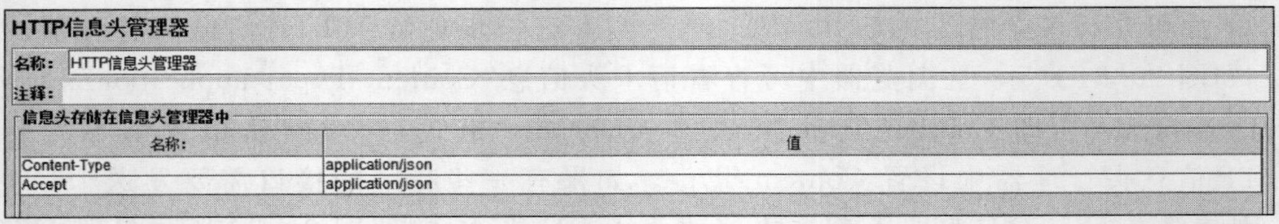

HTTP信息头管理器

名称：	HTTP信息头管理器	
注释：		

信息头存储在信息头管理器中

名称：	值
Content-Type	application/json
Accept	application/json

图 20.82　设置 HTTP 信息头管理器

本编写。使用 JMeter 进行性能测试的首要任务就是写好脚本,其中的难点在于获取请求信息以及需要传递的参数等,读者对此可进行强化练习,以便深入理解。

4. 拓展练习

【**练习 20.1**】 参照本实验的讲解，正确安装 JMeter。

【**练习 20.2**】 使用 Badboy 工具进行 JMeter 脚本的录制。

【**练习 20.3**】 选取身边熟悉的网站进行请求抓取，并使用 JMeter 进行 HTTP 请求脚本编写；执行脚本，在"察看结果树"页面中观察回放结果；通过添加断言的方式进一步验证。

实验 21　JMeter 性能测试工具高级应用

1. 实验目标

（1）理解参数化的概念。

（2）掌握 JMeter 参数化的应用。

（3）理解集合点的概念。

（4）掌握 JMeter 集合点的应用。

（5）理解事务的概念。

（6）掌握 JMeter 事务的应用。

（7）理解关联的概念及 JMeter 关联的应用。

2. 背景知识

1）JMeter 常用功能的应用场景

针对制作出的基本 JMeter 脚本，可进行参数化、集合点、事务、关联等功能的应用，以满足不同性能测试场景的需要，以下针对各项常用功能的应用场景进行简要讲解。

（1）参数化。参数化实质为用参数替代常量，从而更加真实地模拟实际业务操作。例如，录制脚本中有登录操作，需要输入用户名和密码，若系统不允许相同的用户名和密码同时登录，或者想更好地模拟多个用户登录系统，此时就需要对用户名和密码进行参数化，使每个虚拟用户都使用不同的用户名和密码进行访问。

（2）集合点。集合点是解决完全同时进行某项操作的方案，以达到模拟真实环境下多个用户的并发操作，实现性能测试的最终目的。以生活场景举例，50 个人走出家门后一起过桥，步伐快的人可能已经下桥，步伐慢的人可能才刚上桥甚至还未走到桥前。因此，并不是真正意义上的 50 个人并发过桥。在此，就可以借助集合点来实现。仅需在上桥前插入集合点，这样当步伐快的人到达该点时，需等待其他人全部到齐后同时上桥，从而实现真正意义上的并发操作。由此可见，插入集合点主要是为了在加重负载的情况下，观察服务器的性能情况。JMeter 中使用定时器（Synchronizing Timer）实现集合点的功能，模拟多用户并发测试，即多个线程在同一时刻并发请求。

（3）事务。事务即一个或一系列操作的集合。将哪些操作确定为一个事务主要取决于性能需求。例如，期望得到订票操作的响应时间指标，则可将订票操作作为一个事务。

在 JMeter 中，事务的作用如何体现呢？JMeter 可录制很多的子请求，当打开某网站首页后，会继续打开图片、CSS 等资源文件。通常进行性能测试时，会剔除这些子请求，大多仅考虑系统主要的数据返回，不考虑页面渲染所需要的数据，如 CSS、JS、图片等。但是需要测试打开一个页面（页面渲染完成，包含所有子请求）的性能时，则就需要考虑完成页面渲染所需要的 CSS、JS、图片等资源文件,同样需要计算包含所有子请求的数据,因为这些数据的传输也会消耗系统及网络的相关资源。此时可借助事务控制器(Transaction Controller),将相关请求合并为一个整体单位进行处理和分析,事务控制器是 JMeter 性能测试中最重要的功能之一,该功能的应用即为事务。

(4) 关联。关联又称作提取相应结果并参数化,主要解决由于脚本中存在动态数据(即每次执行脚本,都会发生变化的一部分数据),导致脚本不能成功回放的问题。从某种意义上讲,关联可理解为一种特殊的参数化。首先,通过设置关联规则,获取服务器返回的动态数据并存放于一个参数中;其次,用该参数去替代写在脚本中的常量值(该常量值实质应是一个动态变化的数据);最后,重新运行脚本(运行中将使用动态数据替换常量值),脚本运行通过。

例如,某系统登录后才能填写问卷,则测试填写问卷接口时,就要先模拟登录过程,登录完成后会将一个 Session 的值传到答问卷的接口,因为这个值是从登录接口取到的。也就是说,有些接口单独调用是无法调取的,需要从一个接口获取数据再传送给另一个接口进行调用。也可以理解为另一种参数化方式,其参数化的是动态数据,不是事先定义到文件中再调用文件进行参数化,而是从一个接口的响应数据中截取或提取出来进行参数化,在该接口响应之前不可获取、不可预测。概括来讲,关联功能主要涉及三个步骤:从一个接口获取响应,进行参数化,传入另一个接口。

2) 正则表达式

在 JMeter 关联功能讲解中,将提到“正则表达式”,若读者未使用过正则表达式,则可能对该概念较陌生,特进行知识拓展。思考一下,通常在操作系统的硬盘上是如何查找某个文件的,是否经常会使用“?”和“＊”字符来协助查找呢?“?”字符匹配文件名中的单个字符,而“＊”字符则匹配一个或多个字符。正则表达式的书写与文件查找尤为相似。

选取两个应用场景以加强读者对正则表达式的理解。其一,测试某字符串的某个格式。例如可以对某字符串进行测试,判断该字符串中是否存在某一类电话号码(手机或固定电话),可称为数据有效性验证。其二,替换文本。例如可在文档中使用正则表达式来标识特定文字,可将查找到的文本替换为其他文字。

以下简要介绍正则表达式的语法及常用正则表达式查询表。

(1) 正则表达式的语法。正则表达式是由普通字符(例如字符 a~z)及特殊字符(称为元字符)组成的文本,该文本描述在查找文字主体时待匹配的一个或多个字符串。正则表达式作为一个模板,将某个字符格式与所搜索的字符串进行匹配。表 21.1 中列举了常用的正则表达式。

表 21.1 常用的正则表达式

正则表达式	匹　　配
"^\[\t] ＊ $"	匹配一个空白行
"\d{2}-\d{5}"	验证一个号码是否由一个 2 位数字、一个连字符(-)及一个 5 位数字组成
"<(.＊)>. ＊<\/\1>"	匹配一个 HTML 标记

建立正则表达式的方法和创建数学表达式的方法一样,是用多种元字符与操作符,将小

的表达式结合在一起来创建大的表达式。

建立正则表达式之后,即可像数学表达式一样,按照一定的优先级顺序从左至右来比较求值。表 21.2 中,按照优先级从高到低的顺序对各种正则表达式操作符进行了介绍。

表 21.2　正则表达式操作符

操　作　符	描　　述	优　先　级
\	转义符	高
( ), (?:), (?=), [ ]	圆括号和方括号	
*, +, ?, {n}, {n,}, {n,m}	限定符	
^, $, \anymetacharacter	位置和顺序	
|	"或"操作	低

(2) 常用正则表达式查询表。表 21.3 所示为常用的正则表达式查询表,以供读者查找学习。

表 21.3　正则表达式查询表

字符	描　　述
\	转义符,将下一个字符标记为特殊字符或字面值。例如,"n"与字符"n"匹配,"\n"与换行符匹配,序列"\\"与"\"匹配,"\("与"("匹配
^	匹配输入的开始位置
$	匹配输入的结尾
*	匹配前一个字符零次或几次。例如,"zo*"可以匹配"z""zoo"
+	匹配前一个字符一次或多次。例如,"zo+"可以匹配"zoo",但不匹配"z"
?	匹配前一个字符零次或一次。例如,"a?ve?"可以匹配"never"中的"ve"
.	匹配换行符以外的任何字符
(pattern)	与格式匹配并记住匹配。匹配的子字符串可以从作为结果的 Matches 集合中使用 Item [0]…[n]取得。如果要匹配括号字符(和),可使用"\("或\)"
$x|y$	匹配 x 或 y。例如,"z|wood"可匹配"z"或"wood","(z|w)oo"可匹配"zoo"或"wood"
{n}	n 为非负的整数。匹配恰好 n 次。例如,"o{2}" 不能与"Bob"中的"o" 匹配,但是可以与"foooood"中的前两个 o 匹配
{n,}	n 为非负的整数。匹配至少 n 次。例如,"o{2,}"不匹配"Bob"中的"o",但是匹配"fooooood"中所有的 o。又如,"o{1,}"等价于"o+","o{0,}"等价于"o*"
{n,m}	m 和 n 为非负的整数。匹配至少 n 次,最多 m 次。例如,"o{1,3}" 匹配 "foooooood"中前 3 个 o,"o{0,1}"等价于"o?"
$[xyz]$	一个字符集,与括号中字符的其中之一匹配。例如,"[abc]"匹配"plain"中的"a"
$[^xyz]$	一个否定的字符集,匹配不在此括号中的任何字符。例如,"[^abc]"可以匹配"plain"中的"p"
[a-z]	表示某个范围内的字符,与指定区间内的任何字符匹配。例如,"[a-z]"匹配"a"与"z"之间的任何一个小写字母字符

字符	描 述
[^*m-z*]	否定的字符区间，与不在指定区间内的字符匹配。例如，"[*m-z*]"与不在 *m* 到 *z* 的任何字符匹配
\b	与单词的边界匹配，即单词与空格之间的位置。例如，"er\b"与"never"中的"er"匹配，但是不匹配"verb"中的"er"
\B	与非单词边界匹配。例如，"ea * r\B"与"never early"中的"ear"匹配
\d	与一个数字字符匹配。等价于[0-9]
\D	与非数字的字符匹配。等价于[^0-9]
\f	与分页符匹配
\n	与换行符匹配
\r	与回车符匹配
\s	与任何白字符匹配，包括空格、制表符、分页符等。等价于"[\f\n\r\t\v]"
\S	与任何非空白的字符匹配。等价于"[^ \f\n\r\t\v]"
\t	与制表符匹配
\v	与垂直制表符匹配
\w	与任何单词字符匹配，包括下画线。等价于"[A-Za-z0-9_]"
\W	与任何非单词字符匹配。等价于"[^A-Za-z0-9_]"
\num	匹配 num 个，其中 num 为一个正整数。例如，"(.)\1"匹配两个连续的相同的字符
n	匹配 *n*，其中 *n* 是一个八进制换码值。八进制换码值必须是 1、2 或 3 个数字长。例如，"\11"和"\011"都与一个制表符匹配，"\0011"等价于"\001" 与 "1"。八进制换码值不得超过 256，否则，只有前两个字符被视为表达式的一部分。允许在正则表达式中使用 ASCII 码
\x*n*	匹配 *n*，其中 *n* 是一个十六进制的换码值。十六进制换码值必须恰好为两个数字长。例如，"\x41"匹配"A"，"\x041"等价于"\x04"和"1"。允许在正则表达式中使用 ASCII 码

3. 实验任务

【任务 21.1】 JMeter 性能测试之参数化。

JMeter 性能测试工具支持多种参数化方式，选取较为常用的两种方式进行介绍。

1) 参数化方式一：CSV Data Set Config 参数化

第 1 步，添加参数化配置元件。如图 21.1 所示，右击"HTTP 请求"，从弹出的快捷菜单中选择"添加"|"配置元件"|CSV Data Set Config 命令，打开 CSV Data Set Config 页面，如图 21.2 所示。

第 2 步，设置参数文件，指定文件对应的参数变量。在硬盘中创建一个参数文件，例如，在 D 盘创建文件 test. txt，并在文件中输入参数值信息，参数值信息可以输入多个，但是多个参数之间须用"，"分隔，如图 21.3 和图 21.4 所示。需要特别提醒的是，两个参数值中间的"，"为英文字符类型。

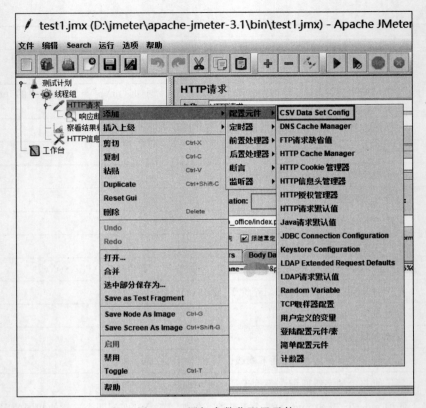

图 21.1　添加参数化配置元件

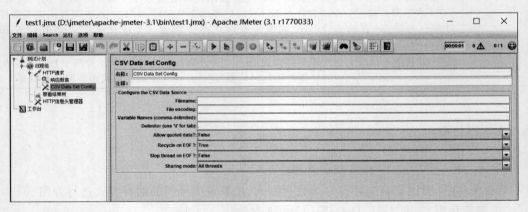

图 21.2　CSV Data Set Config 页面

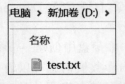

图 21.3　创建参数文件　　　　　图 21.4　设置参数值信息

第 3 步,设置 CSV Data Set Config 字段信息,如图 21.5 所示。

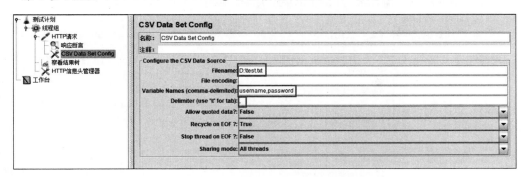

图 21.5　设置 CSV Data Set Config 字段信息

（1）Filename：建议参数化要引用的文件路径为绝对路径。例如,当前该字段应输入"D：\test. txt"。

（2）Variable Names(comma-delimited)：参数值对应的变量名,实质为对 test. txt 文件中的参数值进行的参数名的定义。例如,当前该字段应输入"username,password"。

第 4 步,进行脚本中的参数替换。设置好参数文件和参数格式后,接下来进行参数替换,即将常量替换为参数表中的值。例如,当前脚本如图 21.6 所示,进行参数替换后如图 21.7 所示。

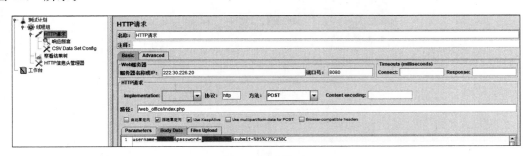

图 21.6　原脚本

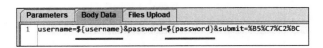

图 21.7　进行参数替换后的脚本

值得提醒的是,在 JMeter 中通过 $\{\}$ 形式来取参数值,如果取值为变量,用 $\{变量名\}$ 表示;如果取值为函数,用 $\{\_函数名(参数 1,参数 2,参数 3)\}$ 表示。

第 5 步,设置线程组。由于 test. txt 文件中设置了 3 组参数值,因此线程组中设置的线程数为 3,如图 21.8 所示。

第 6 步,调试脚本,禁用其他无关组件。如果设有"HTTP 信息头管理器"和"响应断言",而当前又不需要的话,右击,从弹出的快捷菜单中选择"禁用"命令即可。如图 21.9 所示,右击"HTTP 信息头管理器",从弹出的快捷菜单中选择"禁用"命令,"HTTP 信息头管理器"则被置灰显示,暂停使用;"响应断言"也可采用该方式禁用。

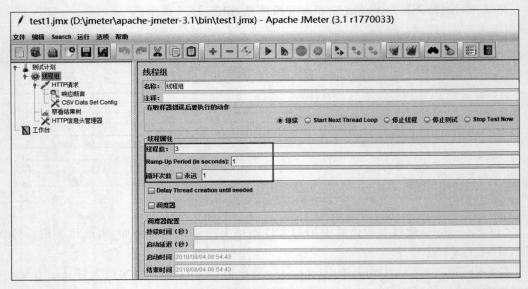

图 21.8 设置线程数

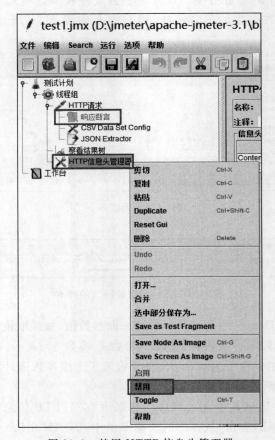

图 21.9 禁用 HTTP 信息头管理器

第 7 步,运行脚本进行调试验证。切换到"察看结果树"页面,单击 ▶ 图标,可查看脚本调用多个不同参数的执行结果。

结果 1:如图 21.10 和图 21.11 所示,参数化成功,因为用户名和密码为真实数据,因此响应数据中返回了登录成功信息。

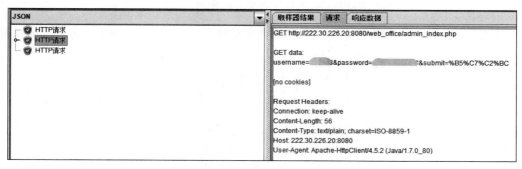

图 21.10　参数化成功_请求成功

图 21.11　参数化成功_响应数据成功

结果 2:如图 21.12 和图 21.13 所示,参数化成功,但由于用户名和密码为假设的数据,因此响应数据中未返回登录成功信息。

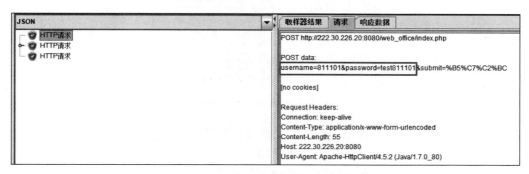

图 21.12　参数化成功_请求失败 1

图 21.13　参数化成功_响应数据失败 1

结果 3：如图 21.14 和图 21.15 所示，参数化成功，但由于用户名和密码为假设的数据，因此响应数据中未返回登录成功信息。

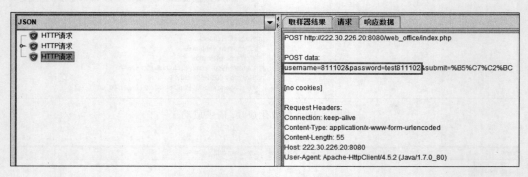

图 21.14　参数化成功_请求失败 2

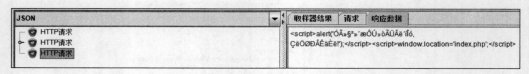

图 21.15　参数化成功_响应数据失败 2

注意："察看结果树"页面中呈现的执行结果顺序有可能与 test.txt 文件中参数值的顺序不一致。

图 21.16 中各字段含义解释如下。

图 21.16　参数化设置页面

（1）Filename：文件名，即保存信息的文件及所在目录。

（2）File encoding：csv 文件编码，可以不填。

（3）Variable Names(comma-delimited)：变量名，多个变量用","分开，变量格式为 ${OA\_VendingMachineNum}$ 和 ${Name}$。

（4）Delimiter(use'\t'for tab)：csv 文件中的分隔符(用"\t"代替 Tab 键)，一般情况

下,分隔符为英文逗号。

（5）Allow quoted data?：是否允许引用数据，默认为 False。

（6）Recycle on EOF?：到了文件尾处是否循环读取参数，支持选项为 True 和 False。因为 CSV Data Set Config 一次读入一行，分割后存入若干变量交给一个线程，如果线程数超过文本的记录行数，那么可以选择从头再次读入。

（7）Stop thread on EOF?：到了文件尾处是否停止线程，支持选项为 True 和 False。
Recycle on EOF?与 Stop thread on EOF?的设置说明参见表 21.4。

表 21.4　参数化设置说明

Recycle on EOF?	Stop thread on EOF?	说　　明
True	True 和 False	无任何意义，通俗地讲，在前面设置了不停地循环读取，后面再设置 Stop 或 Run 没有任何意义
False	True	线程 4 个，参数 3 个，则只请求 3 次
False	False	线程 4 个，参数 3 个，则请求 4 次，但第 4 次没有参数可取，不能循环，所以第 4 次请求错误

（8）Sharing mode：共享模式，All threads 代表所有线程，Current thread group 代表当前线程组，Current thread 代表当前线程。经试验得出以下情况不考虑线程组迭代。

前提：测试计划中有线程组 A、线程组 B，A 组内有线程 A1 到线程 An，线程组 B 内有线程 B1 到线程 Bn。

CSV Data Set Config 放在线程组 A 的下级组织树，不管如何设置共享模式，都只针对线程组 A 且取值情况一样：线程 A1 取第一行，线程 A2 取第二行。

CSV Data Set Config 放在测试计划下级组织树，即与线程组并列，情况如下。

① All threads：测试计划中所有线程，线程组 A、线程组 B 共用一个 CSV 文件，所取数据与线程实际执行顺序有关，遵循先执行先取的原则。补充一点：线程组之间是并行执行，各线程实际执行时间根据 Ramp-UP Period 而来，若线程 A、线程 B 均设置 Ramp-Up Period 为 2，则线程 A1 取第 1 行，线程 B1 取第 2 行，线程 A2 取第 3 行，线程 B2 取第 4 行。

② Current thread group：当前线程组。取值情况是线程 A1 取第 1 行，线程 A2 取第 2 行；线程 B1 取第 1 行，线程 B2 取第 2 行，即线程组互不影响。

③ Current thread：当前线程。取值情况是 A1 取第一行，A2 取第一行；B1 取第一行，B2 取第一行，即均取第一行。

2）参数化方式二：CSVRead 函数助手参数化

第 1 步，添加参数化配置元件。如图 21.17 所示，选择“选项”|“函数助手对话框”命令，打开“函数助手”对话框。

第 2 步，在“函数助手”对话框中选择“_CSVRead”，如图 21.18 所示，显示要填写的字段，如图 21.19 所示。

第 3 步，创建参数文件，指定文件对应的参数变量。创建一个参数文件，例如，在 E 盘创建如图 21.20 所示的文件 param.txt，并在文件中输入参数值信息，参数值信息可以输入多个，多个参数之间用“,”分隔，如图 21.21 所示。需要特别提醒的是，两个参数值中间的“,”为英文字符。

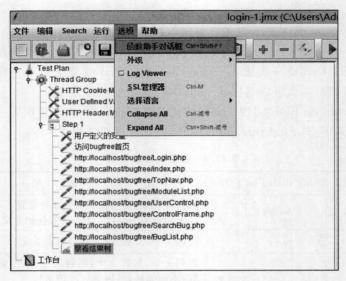

图 21.17　添加参数化配置元件

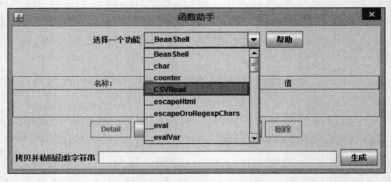

图 21.18　"函数助手"对话框

图 21.19　显示要填写的字段

　　第 4 步,设置"函数参数"字段的信息,如图 21.22 所示。在第一行中,输入 CSV 文件所在的路径,例如 E:\param.txt。在第二行中,输入参数所在的列,列数是从 0 开始计数的,

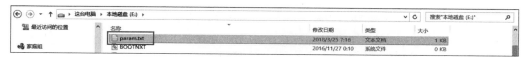

图 21.20 创建参数文件

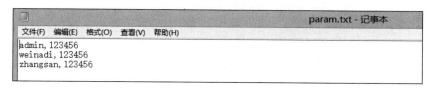

图 21.21 输入参数值信息

例如第一列是用户名,对应的列号为 0;第二列是密码,对应的列号为 1。单击"生成"按钮,自动生成被调用的函数"$\{\_\_CSVRead(E:\backslash param.txt,0)\}$"。

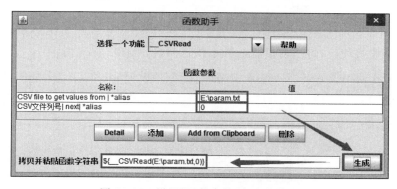

图 21.22 设置"函数参数"字段的信息

第 5 步,进行脚本中的参数替换。复制上述步骤中生成的字符串,进行请求中的常量值替换。请求中登录的用户名和密码的常量值如图 21.23 所示,进行参数替换后的值如图 21.24 所示。

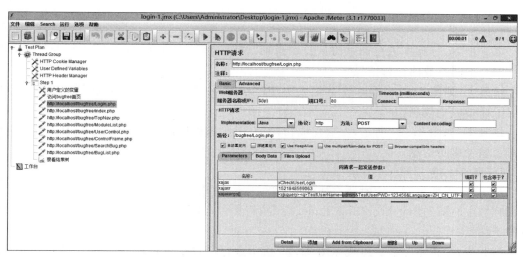

图 21.23 请求中用户名和密码的常量值

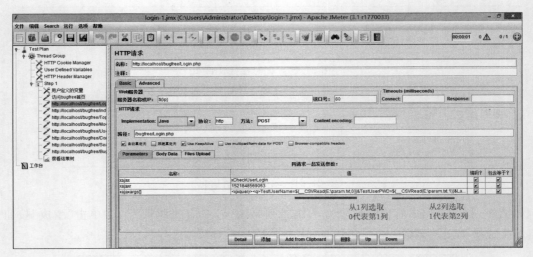

图 21.24　参数替换后的值

第 6 步,设置线程组,将当前设置的脚本执行两遍,如图 21.25 所示。

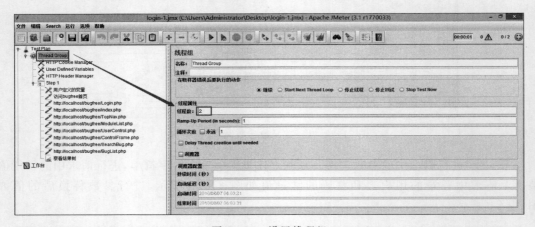

图 21.25　设置线程组

第 7 步,运行脚本进行调试验证。切换到"察看结果树"页面,单击▶图标,可查看脚本调用多个不同参数的执行结果。

结果 1:如图 21.26 所示,参数化成功,因为用户名和密码为真实数据,因此响应数据中返回了登录成功信息。

结果 2:如图 21.27 所示,参数化成功,因为用户名和密码为真实数据,因此响应数据中返回了登录成功信息。

【**任务 21.2**】　JMeter 性能测试之集合点。

第 1 步,添加集合点定时器。如图 21.28 所示,右击 Step 1,从弹出的快捷菜单中选择"添加"|"定时器"|Synchronizing Timer 命令,将集合点定时器添加到请求之前或某个取样器的子结点。

第 2 步,配置定时器。可按照图 21.29 所示进行定时器的配置,配置成功后即可参照设置的释放策略进行脚本执行。

图 21.26 参数化成功_响应数据_登录成功 1

图 21.27 参数化成功_响应数据_登录成功 2

名称：可以随意填写，建议选取测试场景中相关业务的名称，便于脚本阅读。

注释：可以随意填写，也可以不填写。

Number of Simulated users to Group by：在集合点集合多少个用户开始并发释放。

Timeout in milliseconds：超过设定时间后释放线程数，该字段默认值为 0，单位为毫秒（ms）。该字段需特别注意以下两点设置。

① 数值内涵。如果该字段设置为 0，定时器将等待线程数达到了"Number of Simultaneous Users to Group by"中设置的值才释放，若线程组设置的线程数小于"Number of Simultaneous Users to Group by"中设置的值，则脚本将呈现卡顿状态；如果该字段设置大于 0，则超过"Timeout in milliseconds"中设置的最大等待时间后，还未达到"Number of Simultaneous Users to Group by"中设置的值，定时器将不再等待，释放已到达的线程。

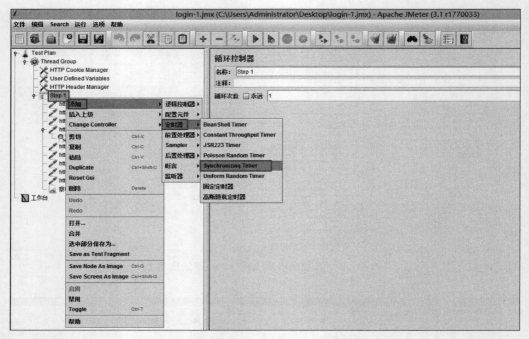

图 21.28　添加集合点定时器

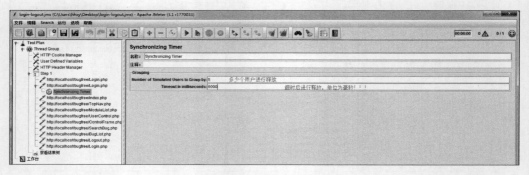

图 21.29　配置定时器

② 执行顺序与插入位置。其一,在 JMeter 中,集合点定时器是在取样器(例如添加的一个 HTTP 请求,请求名称可任意)之前执行的,无论该集合点定时器的位置插入取样器之前还是之后,即当执行一个取样器之前时,和取样器处于相同作用域的定时器都会被执行。其二,如果希望定时器仅应用于其中一个取样器,则把该集合点定时器作为子结点加入即可。其三,如果有多个集合点定时器的时候,在相同作用域下,会按由上到下的顺序执行集合点定时器,故需要慎重放置集合点定时器的顺序。总之,为了提升脚本的可读性,建议将集合点定时器放在对应的取样器前面或子结点中。

下文以"集合点案例. jmx"脚本为例,介绍集合点定时器插入位置的影响。

第 1 步,单击"JMeter. bat"启动 JMeter 工具,选择"文件"|"打开"菜单,打开"集合点案例. jmx"脚本,如图 21.30 所示。

图 21.30 打开"集合点案例.jmx"脚本

第 2 步,查看线程组设置。单击"线程组",查看"线程数"的设置为"3",如图 21.31 所示。

图 21.31 查看"线程数"的设置

第 3 步,查看集合点定时器的设置。单击"Synchronizing Timer",可查看"Number of Simulated users to Group by"设置为"3",在集合点集合 3 个用户(即 3 个线程)时开始并发释放;可查看"Timeout in milliseconds"为 5000ms,由于 1s=1000ms,表示超时最大时长为 5000ms,即 5s,如图 21.32 所示。

第 4 步,执行脚本,查看执行结果。单击 ▣ 图标清理测试结果后,再单击 ▶ 图标运行脚本,结果如下。

结果 1:当集合点定时器放于"HTTP 请求 3"子结点下时,集合点定时器仅对于

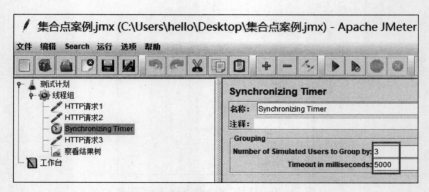

图 21.32　查看集合点定时器的设置

"HTTP 请求 3"生效,即仅在"HTTP 请求 3"执行前执行定时器,定时器与"HTTP 请求 1" "HTTP 请求 2"无关,执行结果如图 21.33 所示。

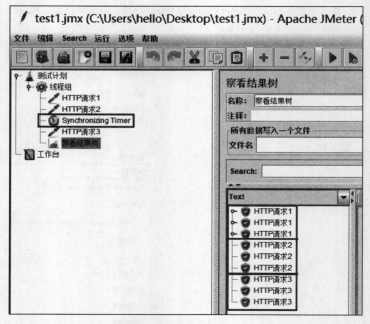

图 21.33　显示执行结果 1

结果 2:当集合点定时器放于"HTTP 请求 3"并列结点时,无论放于"HTTP 请求 1" "HTTP 请求 2""HTTP 请求 3"任何一个请求之前或之后,集合点定时器对于"HTTP 请求 1""HTTP 请求 2""HTTP 请求 3"均生效,执行"HTTP 请求 1""HTTP 请求 2""HTTP 请求 3"前均会执行同步定时器,执行结果相同,如图 21.34～图 21.36 所示。

第 5 步,修改集合点定时器的设置。如图 21.37 所示,修改"Number of Simulated users to Group by"的值为 4,"线程数"的值仍为 3,如图 21.38 所示,其他设置不变。

第 6 步,验证超时后自动释放。单击 图标清理测试结果,再单击 图标运行脚本,结果如下。

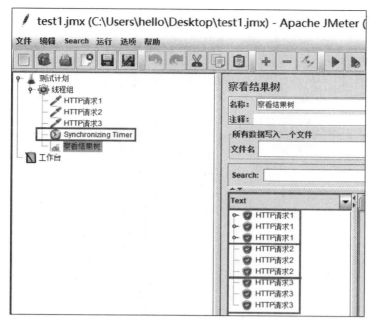

图 21.34　显示执行结果 2

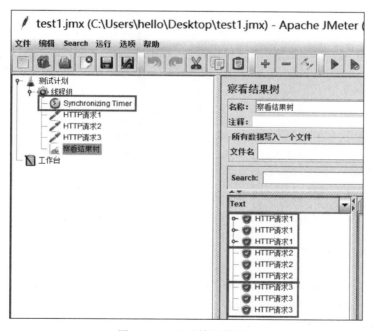

图 21.35　显示执行结果 3

　　由于线程数为 3,小于 4,故无法立即释放,等待到达了最长超时时长 5000ms(5s)后,释放"HTTP 请求 1",此时脚本执行未结束,如图 21.39 所示。

　　由于线程数为 3,小于 4,故无法立即释放,等待到达了最长超时时长 5000ms(5s)后,释放"HTTP 请求 2",此时脚本执行未结束,如图 21.40 所示。

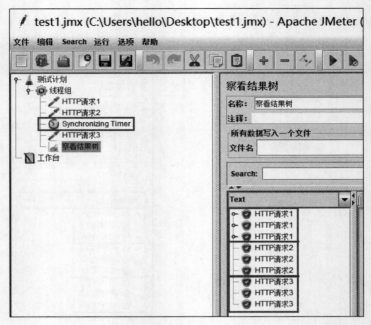

图 21.36　显示执行结果 4

Synchronizing Timer

名称：　Synchronizing Timer
注释：
Grouping
Number of Simulated Users to Group by: 4
　　　　　　　　Timeout in milliseconds: 5000

图 21.37　修改集合点定时器的设置　　　　图 21.38　设置"线程数"的值为 3

　　由于线程数为 3，小于 4，故无法立即释放，等待到达了最长超时时长 5000ms(5s)后，释放"HTTP 请求 3"，此时脚本执行结束，如图 21.41 所示。

　　【任务 21.3】　JMeter 性能测试之事务。

　　针对以下脚本进行事务的讲解，读者可着重体会事务引入前后的结果分析报告的差异。

　　第 1 步，打开某脚本，如图 21.42 所示。

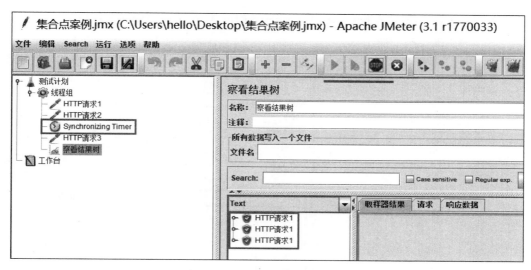

图 21.39　验证超时后自动释放 1

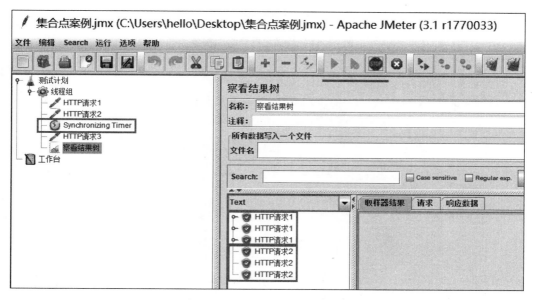

图 21.40　验证超时后自动释放 2

第 2 步，需要在当前脚本中事先添加聚合报告，聚合报告的添加参见任务 22.1，如图 21.43 所示，在此单击 ▶ 图标执行脚本，结果如图 21.44 所示。

不难发现，图 21.44 中的执行结果分别以"HTTP 请求 1""HTTP 请求 2""HTTP 请求 3"为独立单元进行呈现。若当前测试需要将上述 3 个请求看成一个整体进行结果呈现和分析，则启用事务控制器功能。

第 3 步，添加事务控制器。如图 21.45 所示，右击"线程组"，从弹出的快捷菜单中选择"添加"|"逻辑控制器"|"事务控制器"命令，打开"事务控制器"页面，如图 21.46 所示。

第 4 步，移动事务控制器位置。将"HTTP 请求 1""HTTP 请求 2""HTTP 请求 3"均

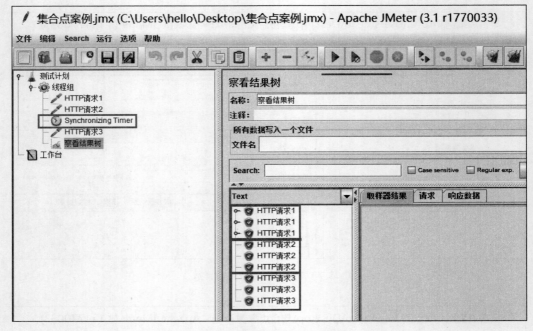

图 21.41 验证超时后自动释放 3

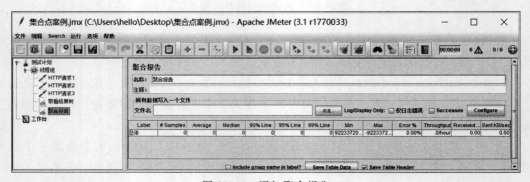

图 21.42 打开某脚本

图 21.43 添加聚合报告

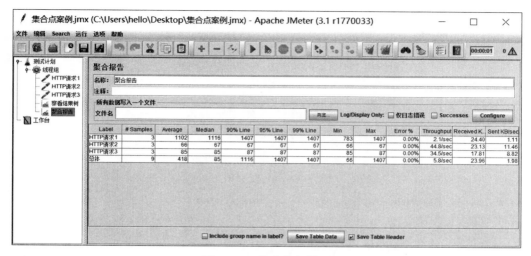

图 21.44　脚本执行结果

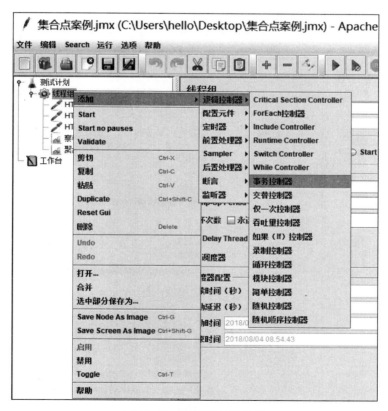

图 21.45　添加事务控制器

移动至"事务控制器"的子结点下,如图 21.47 所示。需要提醒的是,如果添加某事务后,需要将多个请求放于该事务下,则可针对多个请求进行多选后,集体移动到该事务内。

第 5 步,设置线程组,如图 21.48 所示。

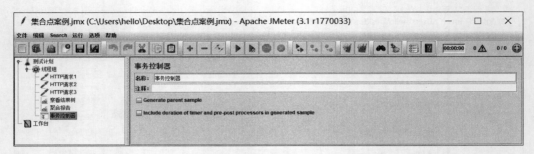

图 21.46 "事务控制器"页面

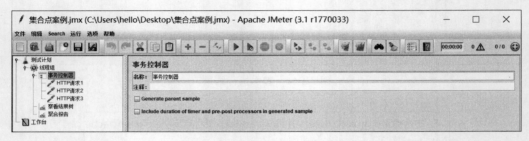

图 21.47 移动事务控制器位置

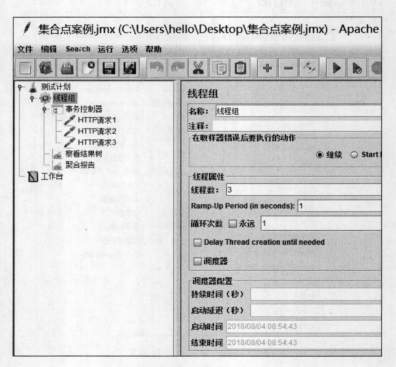

图 21.48 设置线程组

第 6 步,执行脚本,查看聚合报告结果。依据图 21.48 中设置的线程属性,切换至"聚合报告"页面,单击 ▶ 图标运行脚本,聚合报告呈现结果如图 21.49 所示,读者可看到"HTTP

请求1""HTTP请求2""HTTP请求3"的子采样器采集的数据会分别显示,同时"事务控制器"一行会将上述3个请求看成一个整体进行事务采样器采集的数据的呈现和分析。

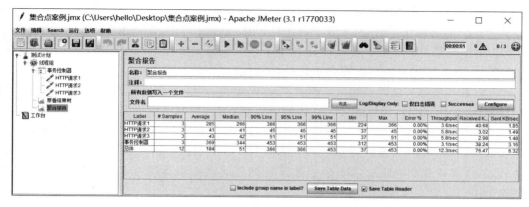

图 21.49　聚合报告呈现结果 1

第 7 步,修改设置,仅查看"事务控制器"记录。切换至"事务控制器"页面,如图 21.50 所示,选择 Generate parent sample(生成父级采样)选项,则再次执行脚本生成的"聚合报告"仅显示事务采样器采集的数据,而不会显示子采样器采集的数据(即不显示子请求数据),聚合报告呈现的结果如图 21.51 所示。

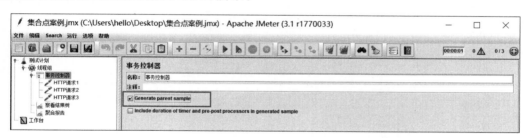

图 21.50　选择 Generate parent sample(生成父级采样)选项

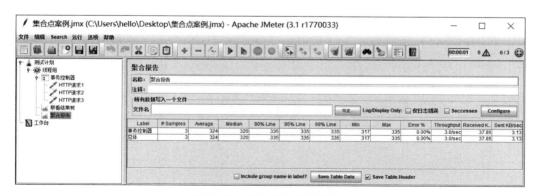

图 21.51　聚合报告呈现结果 2

综上所述,不难理解,进行页面性能测试的时候,事务控制器是必不可少的利器。此外,在进行 API 接口性能测试时,也经常用到事务控制器。例如投票信息提交功能,系统会调用多个接口,而部分接口的运行又依赖前一个接口的结果,因此就需要将这些接口统一看成一个事务进行性能测试,这样得到的性能测试结果才会更加接近真实的场景。

【任务 21.4】 JMeter 性能测试之关联。

在介绍关联功能应用前,首先普及两个知识点。

(1) 前置处理器:在请求之前对请求进行一些相关处理,元件在其作用范围内的每一个取样器元件之前执行。例如,对参数做一些设置。

(2) 后置处理器:在请求发出之后进行一些处理,元件在其作用范围内的每一个取样器元件之后执行。例如,提取响应。在此值得提醒的是,提取响应的方式是多种多样的,可通过涵盖正则表达式提取器、XPath 提取器(通过路径提取)、JSON 提取器等进行提取。

依据关联的内涵,可理解为假定两个请求 HTTP1、HTTP2,对于请求 HTTP1 返回的结果(即从该接口获取响应),JMeter 提供了正则表达式提取器进行取出,并在处理以后作为请求 HTTP2 的参数进行传入调用(即传入该接口)。

至此,不难理解,应依据两个请求并创建两个取样器,方可演示关联的过程。

下文以 HTML 类型的响应数据为例,讲解正则表达式提取器的应用。

第 1 步,新建 HTTP 请求 1。当前接口的返回数据如图 21.52 所示,将获取该接口返回的电话号码信息。

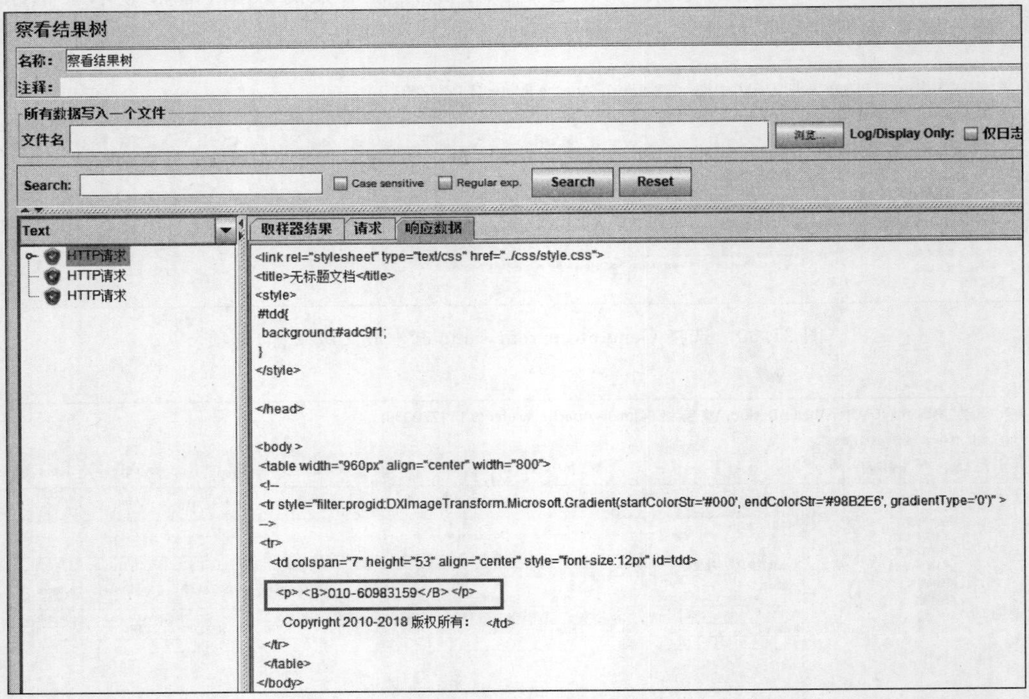

图 21.52 接口的返回数据

第 2 步,添加后置处理器。如图 21.53 所示,右击"HTTP 请求",从弹出的快捷菜单中选择"添加"|"后置处理器"|"正则表达式提取器"命令,打开"正则表达式提取器"页面。

第 3 步,设置正则表达式提取器。在打开的"正则表达式提取器"页面中填写提取信息,如图 21.54 所示。

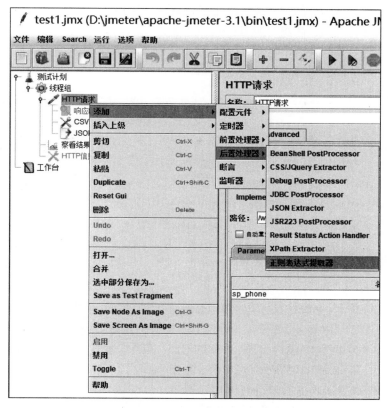

图 21.53　添加后置处理器

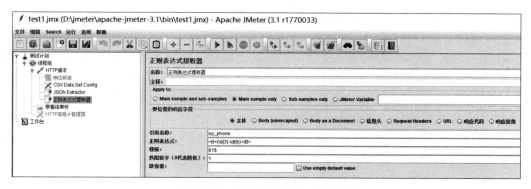

图 21.54　设置正则表达式提取器

（1）引用名称：后面接口调用前一个接口取到的值时，将调用的"变量名称"。当前命名为"sp_phone"。

（2）正则表达式：即 regular expression，描述了一种字符串匹配的模式（pattern），可以用来检查一个串是否含有某种子串、将匹配的子串替换或者从某个串中取出符合某个条件的子串等。当前示例中提取电话号码采用"<B>(\d{3}-\d{8})</B>"。

（3）模版：用于设置使用时提取到的第几个值。因为可能有多个值匹配，所以要使用模板进行配置，通常从 1 开始匹配，以此类推。当前仅有一个值，故填写"＄1＄"即可。

(4) 匹配数字(0 代表随机)：该字段用于设置如何取值。"0"代表随机取值，"1"代表全部取值。当前仅有一个值，故填写"1"即可。

第 4 步，新建 HTTP 请求 2。将上一步骤中提取出的值作为参数传入请求 HTTP2 中，如图 21.55 所示，设置引用变量"＄{sp_phone}"。

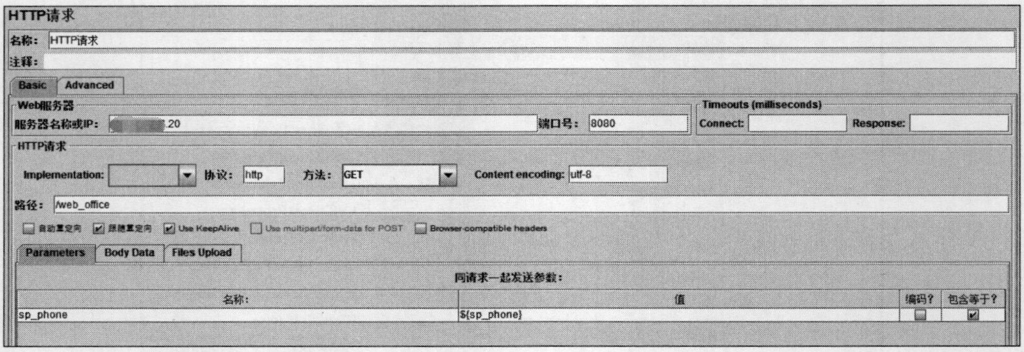

图 21.55　新建 HTTP 请求 2

第 5 步，运行脚本，查看结果。切换到"察看结果树"页面，单击 ▶ 图标，可查看结果树中的请求数据，如图 21.56 所示，变量值显示正确。

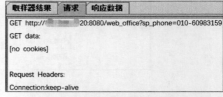

至此，表明关联顺利完成，从"请求 HTTP1"返回的结果（即从该接口获取响应）中，采用 JMeter 提供的正则表达式提取器进行响应数据取出，处理以后作为参数传入"请求 HTTP2"进行调用。

图 21.56　查看脚本执行结果

此外，需要提醒的是，由于当前 IT 企业项目中 JSON 格式的接口较多，针对 JSON 格式的响应可使用 JSON 路径表达式（JSON Path Expression）方式进行提取，即可以通过 JSON 格式结构的路径去获取所需的某个值。当然也仅有 JSON 格式的响应才可使用 JSON 路径表达式方式，而上述 HTML 格式的响应不可采用该方式。若采用 JSON 路径表达式方式提取，则需要添加后置处理器。如图 21.57 所示，右击"HTTP 请求"，从弹出的快捷菜单中选择"添加"|"后置处理器"|JSON Extractor 命令，打开 JSON Extractor 页面，如图 21.58 所示。该部分的具体设置不再赘述，感兴趣的读者可拓展学习。

注意：JSON 提取器应添加于某个 HTTP 请求的下面，因为是针对某个接口提取的，不能放置于整个线程组下。

4. 拓展练习

【练习 21.1】　选取任意网站进行请求抓取，使用 JMeter 进行 HTTP 请求脚本的编写，并采用两种不同类的参数化设置。

【练习 21.2】　选取某网站的登录功能，通过添加集合点定时器进行集合点应用的体验，并对登录操作进行事务设置。

图 21.57 添加后置处理器

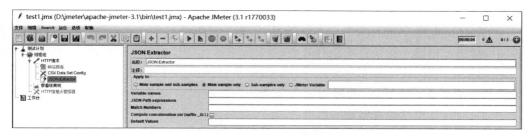

图 21.58 JSON Extractor 页面

实验 22　JMeter 性能测试工具拓展应用

1. 实验目标

（1）正确安装 JMeter。

（2）掌握 JMeter 的基础操作。

2. 背景知识

采用 JMeter 测试工具对 Web 系统开展性能测试，得出的响应报表不如 LoadRunner 工具生成的图表、报告类型丰富，相比较而言 JMeter 生成的数据结果稍难懂，但是 JMeter 是可扩展的，其始终可以添加额外的可视化效果或数据处理模块，如设置聚合报告、图形结果等。

（1）聚合报告是 JMeter 常用的监听器之一，用一组数据的集合来呈现接口、请求、事务等各种性能统计指标。在接口功能测试中，测试人员通常需要查看接口的响应时间、是否成功、请求报文字节数、响应报文字节数等；再者，如果是模拟大量用户的多线程接口测试，则可称为性能测试或压力测试，此时测试人员会关注对应接口的平均响应时间、最大响应时间、最小响应时间、中间位置的响应时间、90％用户的请求响应时间、事务成功率、吞吐量等相关性能指标。基于此，聚合报告为测试人员提供了读取各种性能统计指标的入口，通过任务 22.1 进行讲解。

（2）图形结果是 JMeter 常用的监听器之一，用图形化方式呈现难以理解的测试结果。具体参见任务 22.2。

JMeter 工具还支持其他多项易用功能，例如 JMeter 的自定义变量功能，可以帮助测试人员简化脚本，增强脚本灵活性，从而达到在性能测试过程中可以随机选取变量的目的，具体参见任务 22.3。

HTTP 请求协议的内容在性能测试和接口测试中尤为重要，且在应聘面试中常常考到，本实验对该部分进行了拓展讲解，详见任务 22.4。

3. 实验任务

【任务 22.1】　JMeter 结果分析之聚合报告。

第 1 步，添加聚合报告。如图 22.1 所示，右击“线程组”，从弹出的快捷菜单中选择“添加”|“监听器”|“聚合报告”命令，打开“聚合报告”页面，如图 22.2 所示。

第 2 步，执行脚本，查看聚合报告结果。依据图 22.3 中设置的线程属性，切换至“聚合报告”页面，单击 ▶ 图标运行脚本，聚合报告结果如图 22.4 所示。

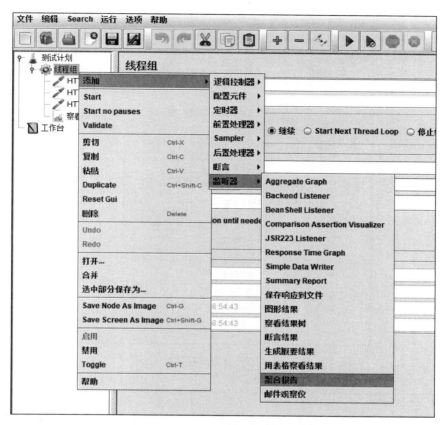

图 22.1　添加聚合报告

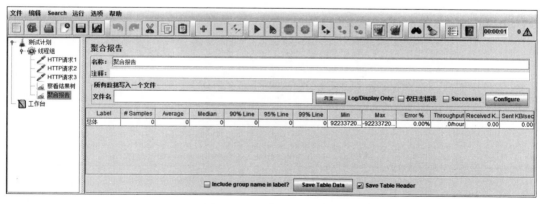

图 22.2　"聚合报告"页面

聚合报告中各字段内容解释如下。

（1）Label：JMeter 的每个元素均有一个"名称"属性，此字段显示的即为"名称"属性的值。例如，当前 HTTP 请求分别显示为"HTTP 请求 1""HTTP 请求 2""HTTP 请求 3"。

（2）♯Samples：显示当前测试中共发出的请求个数，例如模拟 10 个用户（即线程数），每个用户迭代 10 次，则该字段显示 100。当前示例中每个请求均模拟 3 个用户，每个用户

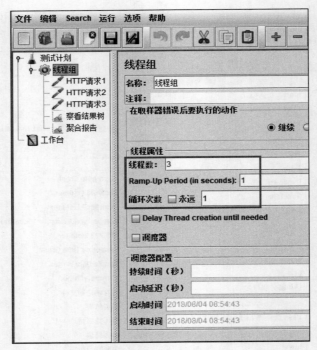

图 22.3　设置线程属性

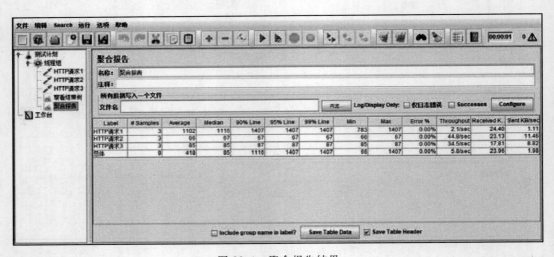

图 22.4　聚合报告结果

迭代 1 次,故该字段显示 3。

（3）Average：表示平均响应时间,默认情况下显示单个请求的平均响应时间,当使用了事务控制器时,也可以以事务为单位显示平均响应时间。其中,请求响应时间可简易理解为从客户端向服务器发出请求,至得到响应的整个时间。例如,"HTTP 请求 1"的平均响应时间为 1102ms。

（4）Median：表示中位数,即 50％用户的响应时间。例如,"HTTP 请求 1"的 Median

为 1116ms。

（5）90％ Line：90％用户的响应时间，表示响应时间不大于该时间值的请求样本数占总数的 90％。如果把某次任务的所有请求的响应时间按从小到大排序，90％用户的响应时间是指排在 90％处那个点的请求的响应时间，也就是说有 90％的请求的响应时间小于或等于这个响应时间。95％ Line、99％ Line 也为类似的含义。例如，"HTTP 请求 1"的 90％ Line 为 1407 ms。

（6）95％ Line：95％用户的响应时间，表示响应时间不大于该时间值的请求样本数占总数的 95％。例如，"HTTP 请求 1"的 95％ Line 为 1407 ms。

（7）99％ Line：99％用户的响应时间，表示响应时间不大于该时间值的请求样本数占总数的 99％。例如，"HTTP 请求 1"的 99％ Line 为 1407 ms。

（8）Min：针对同一请求取样器的最小响应时间。例如，"HTTP 请求 1"的 Min 为 783ms。

（9）Max：针对同一请求取样器的最大响应时间。例如，"HTTP 请求 1"的 Max 为 1407ms。

（10）Error％：表示本次测试中请求出错的百分比，即出现错误的请求的数量与请求的总数的百分比值。例如，"HTTP 请求 1"的 Error％ 为 0％，故未出现错误。

（11）Throughput：表示吞吐量，即服务器在一定时间范围内处理的请求数。在本聚合报告中，它的含义实质为吞吐率，表示每秒完成的请求数，此指标代表服务器的处理能力，例如 2018 年某网站订购业务峰值处理量达到 18 万笔每秒。吞吐率通常以每秒完成的请求数、每分钟完成的请求数、每小时完成的请求数来衡量。当前时间单位为秒，默认表示每秒完成的请求数，当使用了事务控制器时，也可以表示类似 LoadRunner 的每秒事务数。例如 "HTTP 请求 1"的吞吐量为 2.1KBps。

（12）Received KB/Sec：表示每秒从服务器端接收到的数据量。例如，"HTTP 请求 1" 每秒从服务器端接收到的数据量为 24.4KBps。

（13）Sent KB/Sec：表示每秒从客户端发送到服务器端的数据量。例如"HTTP 请求 1"每秒从客户端发送到服务器端的数据量为 1.11kBps。

思考：为什么聚合报告中要有"＊％用户响应时间"？因为在评估一次测试的结果时，仅仅有平均响应时间是不够的。例如，一次测试中总共有 100 个请求被响应，其中最小响应时间为 0.02s，最大响应时间为 110s，平均响应时间为 4.7s，最小和最大响应时间如此大的偏差是否会导致平均值本身并不可信呢？因此，可以在 95 th 之后继续添加 96、97、98、99、99.9、99.99 th，并利用 Excel 的图表功能绘制一条曲线，以便更加清晰地表现系统响应时间的分布情况。此时可以发现，最大值的出现概率只不过是千分之一甚至万分之一，而且 99％的用户请求的响应时间都是在性能需求所定义的范围之内的。此原理与 LoadRunner 性能测试工具中完全一致，在 LoadRunner 中，"90％"列用于定义某事务响应时间的 90％的阈值。例如，假定一组数据（3、9、4、5、7、1、8、2、10、6），排序后为（1、2、3、4、5、6、7、8、9、10），则"90％"为 9。

【任务 22.2】 JMeter 结果分析之图形结果。

第 1 步，添加图形结果。如图 22.5 所示，右击"线程组"，从弹出的快捷菜单中选择"添加"|"监听器"|"图形结果"命令，打开"图形结果"页面。

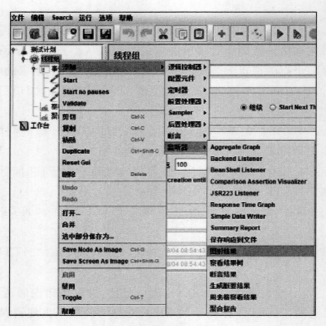

图 22.5　添加图形结果

第 2 步，设置"线程组"。如图 22.6 所示，设置当前脚本场景为 3 个用户进行操作，5s 内完成，脚本迭代执行 100 次。

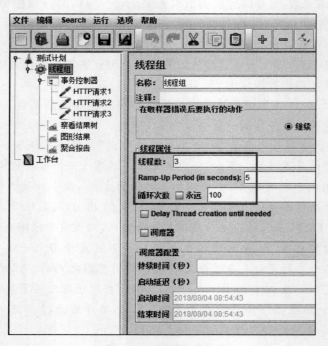

图 22.6　设置"线程组"

第 3 步，运行脚本，查看结果。切换到"图形结果"页面，单击 ▶ 图标，可查看脚本执行的图形化结果,如图 22.7 所示。

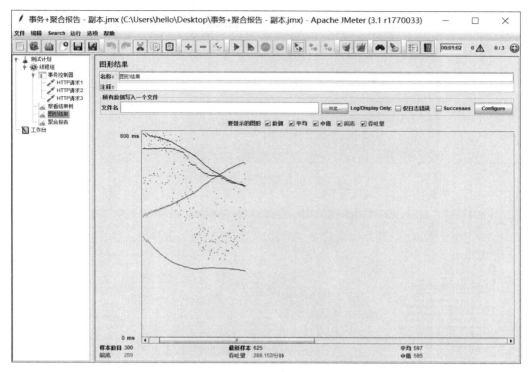

图 22.7　脚本执行的图形化结果

图 22.7 中相关数据含义解释如下。

(1) 样本数目:表示向服务器发送的请求数目。与聚合报告中♯Samples 字段的含义相同。

(2) 偏离:表示服务器响应时间变化的数据分布。

(3) 吞吐量:表示服务器每分钟对数据的处理量。与聚合报告中 Throught 字段的含义相同,但是两者的单位有差异,"聚合报告"中为秒,"图形结果"中为分钟。

(4) 最新样本:表示服务器响应的最后一个请求的时间。

(5) 平均:表示总运行的时间除以发送给服务器的请求数。与聚合报告中 Average 字段的含义相同。

(6) 中值:表示有一半的服务器时间低于该值,而另一半高于该值。与聚合报告中 Median 字段的含义相同。

第 4 步,切换到"聚合报告"页面,对比结果,如图 22.8 所示。

【任务 22.3】　JMeter 性能测试之变量定义。

本任务针对脚本中存在较多相同的数据内容进行变量定义与替换的情况进行脚本简化,增强脚本的灵活性。

第 1 步,打开某脚本,经观察发现脚本中存在较多相同的数据内容,如图 22.9 所示。

设想如果脚本需要频繁修改,将"localhost"替换为其他 IP 地址,则在当前脚本中逐一修改则显得效率过低,故可考虑在维护脚本中引入"用户自定义变量"功能,即把所有的

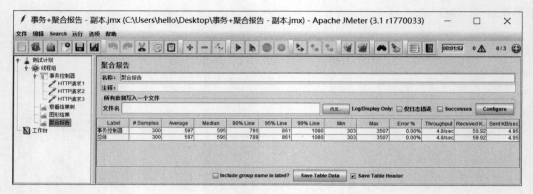

图 22.8 "聚合报告"页面显示的结果

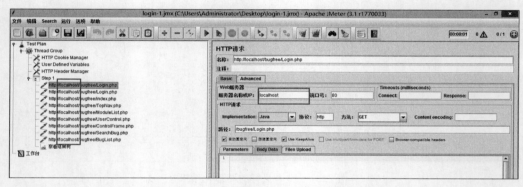

图 22.9 脚本中存在较多相同的数据内容

"localhost"用某变量替代,当环境需要修改时,仅须修改变量值。

第 2 步,添加用户变量元件。如图 22.10 所示,右击"Step 1"或"线程组",从弹出的快捷菜单中选择"添加"|"配置元件"|"用户定义的变量"命令,打开"用户定义的变量"页面。

第 3 步,添加用户变量值。如图 22.11 所示,单击"添加"按钮,页面中增加一组可维护的信息值。例如,填写"名称"为"ip",填写"值"为"localhost",如图 22.12 所示。

第 4 步,用定义好的变量值替换脚本中的固定值。如图 22.13 和图 22.14 所示,将"服务器名称或 IP"字段的 localhost 替换为 $\{ip\}$。

第 5 步,运行脚本,查看结果。切换到"察看结果树"页面,单击 ▶ 图标,可查看结果页面中仍显示为预期的 localhost 对应的页面,如图 22.15 所示,表明用户自定义的变量生效。

此后,若需要修改 IP,仅需要在用户定义的变量模块直接修改即可。例如在用户定义的变量模块中,手动把 localhost 改成 127.0.0.1 即可实现"服务器名称或 IP"字段中值的修改,如图 22.16 所示。

【任务 22.4】 HTTP 请求协议拓展。

如图 22.17 所示,客户端与服务器端交互的过程在 HTTP 协议的重要性无须多言。对于性能测试的开展,必须理解和掌握 HTTP 协议,而且在性能测试中经常遇到,有需要的读者仍可进一步学习和巩固以下 HTTP 请求的基础知识。

首先,阅读一个实例,其中 http://huihua.hebtu.edu.cn/images/logo.jpg 表示访问某

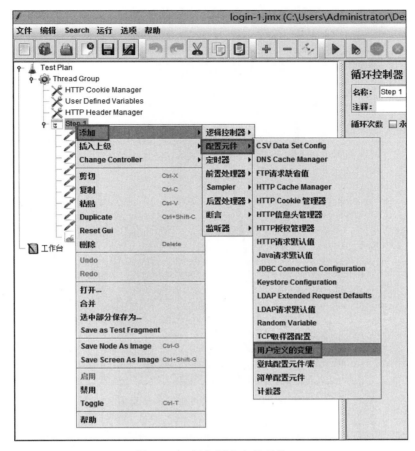

图 22.10　添加用户变量元件

网站中一张图片,其中使用协议为 HTTP 协议,访问域名为 huihua. hebtu. edu. cn 的网站,获取图片资源的路径与名称为 images/logo. jpg。

拓展 1：HTTP 协议与 HTTPS 协议的比较

HTTP(HyperText Transfer Protocol)即超文本传输协议,是一种基于 TCP 的应用层协议,也是到目前为止最流行的应用层协议之一,可以说 HTTP 协议是互联网的基石。HTTP 被用于在 Web 浏览器和网站服务器之间传递信息,以明文方式发送内容,不提供任何方式的数据加密,如果攻击者截取了 Web 浏览器和网站服务器之间的传输报文,即可直接读懂其中的信息,因此,HTTP 协议不适合传输一些敏感信息,如信用卡号、密码等支付信息。很多书籍中将 HTTP 的基本概念表述为互联网上应用最为广泛的网络协议之一,是客户端和服务器端之间请求与应答的标准(TCP),用于从 WWW 服务器传输超文本到本地浏览器的传输协议,它可以使浏览器更加高效,使网络传输减少。

为了解决 HTTP 协议的这一缺陷,需要使用另一种协议——安全套接字层超文本传输协议 HTTPS,为了数据传输的安全,HTTPS 在 HTTP 的基础上加入了 SSL 协议,SSL 依靠证书来验证服务器的身份,并为浏览器和服务器之间的通信加密。很多书籍中将 HTTPS 的基本概念表述为以安全为目标的 HTTP 通道,简单讲是 HTTP 的安全版,即

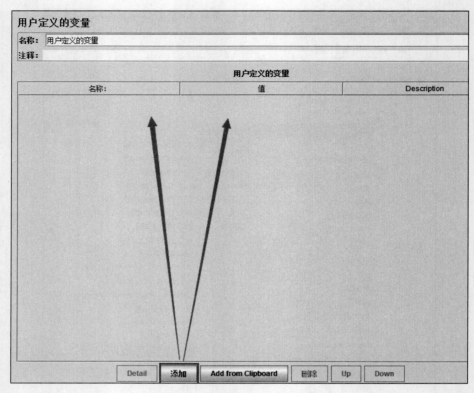

图 22.11　增加一组可维护的信息值

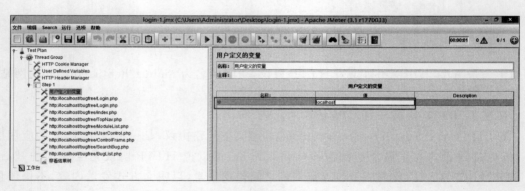

图 22.12　添加用户变量值

HTTP 下加入 SSL 层，HTTPS 的安全基础是 SSL，因此加密的详细内容就需要 SSL。HTTPS 协议的主要作用可以分为两种：其一是建立信息安全通道，保证数据传输的安全；其二是确认网站的真实性。简言之，HTTPS 协议是由 SSL＋HTTP 协议构建的，可进行加密传输、身份认证的网络协议，要比 HTTP 协议更安全。HTTP 协议与 HTTPS 协议的主要区别如下。

（1）HTTP 是超文本传输协议，信息是明文传输；HTTPS 则是具有安全性的 SSL 加密传输协议。

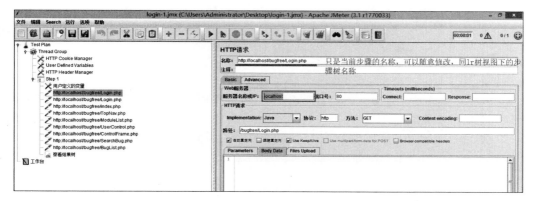

图 22.13　脚本中的固定值

图 22.14　用定义好的变量值替换脚本中的固定值

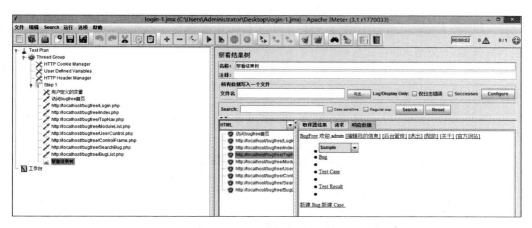

图 22.15　查看脚本运行结果

（2）HTTP 的连接很简单，是无状态的；HTTPS 协议是由 SSL＋HTTP 协议构建的可进行加密传输、身份认证的网络协议，比 HTTP 协议安全。

（3）HTTP 和 HTTPS 使用的是完全不同的连接方式，用的端口也不一样，前者是 80，后者是 443。

（4）HTTPS 协议需要到 CA 申请证书，一般免费证书较少，因而需要一定费用。

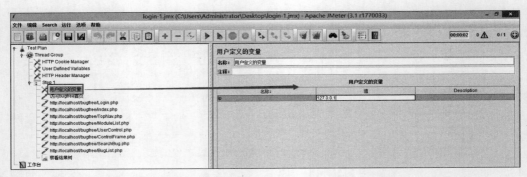

图 22.16　用户定义的变量模块中直接修改原有值

图 22.17　客户端与服务器端交互的过程

拓展 2：HTTP 请求报文格式

以生活场景为例，在某网上商城购买了一台电视，跟商家商定 24 小时送货到家，家庭地址为河北省某小区，姓名叫魏××。

基于上述场景，客户要"电视机"相当于 HTTP 报文体，而"24 小时内送货到家"，客户叫"魏××"等信息就相当于 HTTP 的报文头。此类信息均是一些附属信息，帮忙客户和商家顺利完成这次交易。

HTTP 请求报文由请求行、请求头、请求体 3 部分构成。图 22.18 所示为一个实际的请求报文。

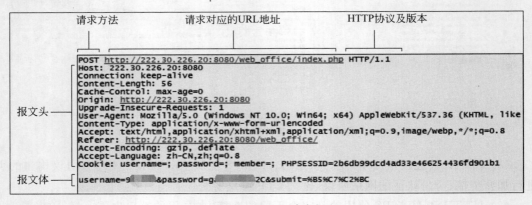

图 22.18　HTTP 请求报文

（1）请求行。请求行包括请求方法、请求对应的 URL 地址、HTTP 协议及版本等内容。

请求方法：GET 与 POST 是最常见的 HTTP 方法，除此以外还包括 DELETE、HEAD、OPTIONS、PUT、TRACE。

请求对应的 URL 地址：和报文头的 Host 属性组成完整的请求 URL。

（2）请求头。请求头是 HTTP 的报文头，报文头包含若干个属性，格式为"属性名：属性值"，服务器端据此获取客户端的信息。

（3）请求体。请求体即报文体，它将一个页面表单中的组件值通过"param1＝value1&param2＝value2"的键值对形式编码成一个格式化串，其承载了多个请求参数的数据。不但报文体可以传递请求参数，请求 URL 也可以通过类似于"http：//222.30.226.20：8080/web_office/index. php?param1＝value1&param2＝value2"的方式传递请求参数。

拓展 3：HTTP 请求报文头属性

请求 HTTP 报文和响应 HTTP 报文都拥有若干个报文头属性，它们是协助客户端及服务器端交易的一些附属信息，如图 22.19 所示。

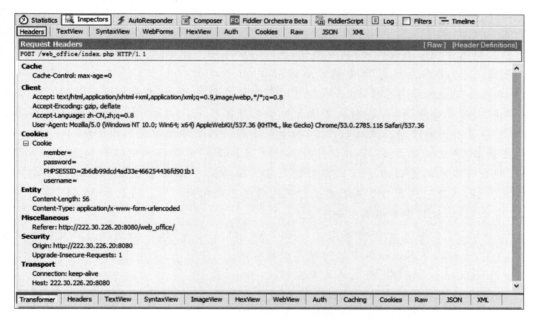

图 22.19　HTTP 请求报文头属性

常见的 HTTP 请求报文头属性简要介绍如下。

（1）Cache 头域。

① If-Modified-Since：用于将浏览器端缓存页面的最后修改时间发送至服务器，服务器会把这个时间与服务器端实际文件的最后修改时间进行对比，如果时间一致，则返回 304，客户端将直接使用本地缓存文件；如果时间不一致，则会返回 HTTP 状态码 200 和新的文件内容，客户端接到后，则丢弃旧文件，把新文件缓存起来，并显示在浏览器中。例如 If-Modified-Since：Mon，14 May 2018 06：11：00 GMT。

② If-None-Match：通常 If-None-Match 与 ETag 协同工作，在 HTTP 响应中添加 ETag 的值，当用户再次请求该资源时，将在 HTTP 请求中加入 If-None-Match 信息（ETag 的值）。如果服务器验证资源的 ETag 的值未改变，即该资源未更新，则将返回一个 HTTP

状态码 304 以告诉客户端使用本地缓存文件；否则，将返回 HTTP 状态码 200，以及新的资源和 ETag 的值。不难理解，该机制有助于提高网站的性能。

③ Pragma：用于防止页面被缓存，在 HTTP/1.1 版本中与 Cache-Control：no-cache 作用相同，例如 Pragma：no-cache。

④ Cache-Control：该属性对缓存进行控制，用来指定响应和请求遵循的缓存机制，是非常重要的规则。例如，一个请求希望响应返回的内容在客户端被缓存一年，或不希望被缓存，则可通过该报文头达到目的。例如，Cache-Control：no-cache 表示让服务端将对应请求返回的响应内容不要在客户端缓存；Cache-Control：Public 表示可以被任何缓存所缓存；Cache-Control：Private 表示内容只缓存到私有缓存。又如，Cache-Control：max-age＝0 表示向 Server 发送 HTTP 请求，确认该资源是否有修改，若有修改，返回 200；若无修改，返回 304。

（2）Client 头域。

① Accept：请求报文可通过一个 Accept 报文头属性告诉服务器端和客户端浏览器可以接收什么媒体类型（MIME 类型）的响应，Accept 属性的值可以为一个或多个 MIME 类型的值。例如，报文头为 Accept：text/plain，相当于告诉服务器端，当前的客户端能够接收的响应类型仅为纯文本数据，而其他图片、视频等资源均不能识别。

注意 1：Web 服务器是 Web 资源的宿主，Web 资源是 Web 内容的源头。通常，最简单的 Web 资源即一些静态文件，这些文件可以包含任意内容，例如文本文档、HTML 页面、多种格式的图片及音频，以及其他所有读者能够想到的格式。但是，资源并非一定是静态文件，也可以是根据需要动态生成的内容，例如股票行情的走势或者天气预报等。

注意 2：关于媒体类型，Web 服务器在回送 HTTP 对象数据的时候会加上一个 MIME 类型，即告诉客户端返回的是什么类型的数据。通常客户端都会查看响应报文中标明的 MIME 类型，以此来判断自己是否有能力处理服务器返回的内容。常见的 MIME 类型有几百个，限于篇幅，仅列举常用类型如下。

- 通配符"＊"：代表任意类型。例如，"Accept：＊/＊"代表浏览器可以处理所有类型，一般浏览器发给服务器时该类型最常用。
- text/html：HTML 格式的文本文档。
- text/plain：普通的 ASCⅡ 文本文档。
- image/jpeg：JPEG 格式的图片。
- image/gif：GIF 格式的图片。

② Accept-Encoding：用于表示浏览器中可接收的编码方法与指定的压缩方法，在此并非指字符编码，而是表明是否支持压缩，以及支持何种压缩方法。例如，Accept-Encoding：gzip，deflate 表示服务器能够向支持 gzip/deflate 的浏览器返回经 gzip 或者 deflate 编码的 HTML 页面。该机制通常可提高 5 到 10 倍的下载速度，也有助于节省带宽。

③ Accept-Language：用于表示浏览器中可接收的语言。例如 Accept-Language：zh-CN 表示可接收中文。如果请求消息中未设置该报头域，则表明服务器假定客户端对各种语言均可接收。

注意：语言与字符集是不同的，两者容易混淆。例如，中文是语言，中文有多种字符集（BIG5、GB2312、GBK 等）。

④ User-Agent：用于告知服务器，客户端使用的操作系统和浏览器的名称与版本。有

时读者访问一些网站,欢迎信息中能显示所用操作系统的名称、版本,以及浏览器的名称、版本,看似智能,实则简易,服务器应用程序就是从 User-Agent 请求报头域中获取到这些信息。例如,User-Agent：Mozilla/5.0（Windows NT 10.0；Win64；x64）AppleWebKit/537.36(KHTML,likeGecko) Chrome/64.0.3282.140 Safari/537.36 Edge/17.17134。

⑤ Accept-Charset：用于表示浏览器中可接收的字符集,即前文所述的各种字符集和诸如 GB2312、UTF-8 等多种字符编码。例如,Accept-Charset：iso-8859-1,gb2312。如果请求消息中未设置该报头域,则表明服务器假定客户端对任何字符集均可接收。

⑥ Authorization：授权信息,主要用于证明客户端有权查看某个资源,通常出现在对服务器发送的 WWW-Authenticate 头的应答中。

（3）Cookies/Login 头域。Cookies 是最重要的报文头,客户端的 Cookies 就是通过该报文头属性传给服务器端的。例如,Cookie：username ＝；password ＝；member ＝；PHPSESSID＝2b6db-99dcd4ad33e466254436fd901b1。思考,服务器端是如何知道客户端的多个请求隶属于一个 Session 呢？观察后台的 PHPSESSID＝2b6db99dcd4ad33e466254-436fd901b1,可发现是通过 HTTP 请求报文头的 Cookies 属性的 PHPSESSID 值进行关联的。

（4）Entity 头域

① Content-Length：表示发送给服务器数据的长度,即请求消息正文的长度。例如 Content-Length：470。

② Content-Type：表示数据的编码格式,一般包含 application/x-www-form-urlencoded、multipart/form-data 及 text/plain 三种类型。其中,application/x-www-form-urlencoded 是标准的编码格式,表示数据被编码为名称/值对；multipart/form-data 表示数据被编码为一条消息,网页上的每个控件对应消息中的一个部分；text/plain 表示数据以纯文本形式进行编码,其中不含任何控件或格式字符,在 Postman 工具中以 RAW 方式进行呈现。例如,Content-Type：application/x-www-form-urlencoded。

（5）Miscellaneous 头域。其中的 Referer 属性表示请求的来源,即来自哪个 URL,提供了请求的上下文信息的服务器。假如通过百度搜索出一个学校的介绍页面,若对该所学校的信息介绍页面感兴趣,单击鼠标则发送请求报文到学校的网站,该请求报文的 Referer 报文头属性值即为 http：//www.baidu.com。当前案例中,Referer 为 http：//222.30.226.20：8080/web_office/。

（6）Transport 头域。

① Connection：表示是否需要持久连接。例如,Connection：keep-alive 表示当某网页打开完成后,客户端和服务器之间用于传输 HTTP 数据的 TCP 连接不会关闭,如果客户端再次访问这个服务器上的网页,会继续使用这一条已经建立的连接；再如,Connection：close 表示一个请求完成后,客户端和服务器之间用于传输 HTTP 数据的 TCP 连接会关闭,当客户端再次发送请求时,需要重新建立连接。

② Host：发送请求时,该报文头域是必需的,主要用于指定被请求资源的 Internet 主机和端口号,它通常从 HTTP URL 中提取出来的,如 Host：huihua.hebtu.edu.cn。

拓展 4：HTTP 响应报文
HTTP 响应报文由响应行、响应头、响应体 3 部分构成。图 22.20 所示为一个实际的响应报文,其中,响应行包含报文协议及版本、状态码及状态描述;响应头由多个属性组成;响应体即真正需要的核心内容。

图 22.20　HTTP 响应报文

(1) 响应行。与请求报文相比,响应报文多了一个响应状态码,即以清晰、明确的语言告知客户端当前请求的处理结果。状态码 1×× 表示请求已收到,正在处理中。状态码 2×× 表示处理已成功,请求所希望的响应头或数据体将随此响应返回,如 200 OK。状态码 3×× 表示请求重定向至其他地址,即让客户端再发起一个请求以完成整个处理。例如,状态码 302 表示重定向,新的 URL 会在响应信息中的 Location 字段中返回,浏览器将会自动使用新的 URL 重新发出一个新的请求,如图 22.21 所示,访问的"http://222.30.226.20:8080/web_office/index.php"重定向为"http://222.30.226.20:8080/web_office/admin_index.php",如图 22.22 所示。再如,状态码 304 表示告知客户端,当前用户请求的该资源至其本人上次取得后并未更改,故直接用本地缓存即可,如果不想使用本地缓存,也可用 Ctrl+F5 快捷键强制刷新页面。状态码 4×× 表示请求处理发生错误,责任在客户端。例如,状态码 400 表示由于语法格式有误,服务器无法理解此请求;状态码 403 表示禁止客户端访问;状态码 404 表示客户端请求了不存在的资源等。状态码 5xx 表示请求处理发生错误,责任在服务端,例如,服务器对 HTTP 版本不支持、服务器抛出异常、路由出错等。再如,状态码 500 表示服务器遇到了一个未曾预料的状况,导致其无法完成对请求的处理,一

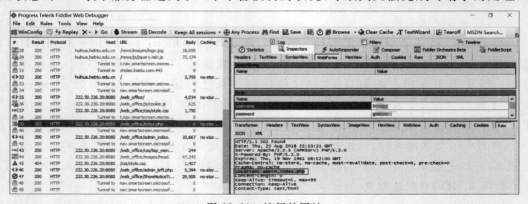

图 22.21　访问的网址

般而言,该问题都会在服务器的程序码出错时出现;状态码 503 表示服务器当前不能处理客户端的请求,一段时间后可能恢复正常。

图 22.22　重定向后新网址

(2) 响应头。响应头用于描述服务器的基本信息及相关数据,服务器通过响应头的信息告知客户端如何处理回送的数据。选取部分字段简要介绍如下。

① Date:显示当前的 GMT 时间,即世界标准时间,若需换算成本地时间,应知道用户所在的时区,例如 Date:Wed,22 Aug 2018 05:00:18 GMT。

② Server:响应报头域包含了服务器用来处理请求的软件信息,其与 User-Agent 请求报文头域是相对应的,Server 发送服务器端软件的信息,User-Agent 发送客户端软件(浏览器)及操作系统的信息。

③ x-Powered-By:用于告知网站是用何种语言或框架编写的,例如 x-Powered-By:PHP/5.2.0。

④ Expires:告知浏览器把回送的资源缓存多长时间(即响应过期的日期和时间),-1 或 0 则表示不缓存,例如 Expires:Thu, 19 Nov 1981 08:52:00 GMT。

⑤ Cache-Control:用于指定响应遵循的缓存机制。例如,public 表示响应可被任何缓存区缓存;private 表示对于单个用户的响应消息不能被共享缓存处理;no-cache 表示响应不能缓存;no-store 用于防止重要的信息被无意地发布等。

⑥ Content-Type:表示发送给接收者的实体正文的媒体类型。

⑦ Content-Length:表示实体正文的长度,以字节方式存储的十进制数字来呈现,即一个数字字符占 1B,用其对应的 ASCII 码存储传输。

⑧ Location:表示重定向后接收者前往的一个新的位置,例如客户端所请求的页面已不存在于原先的位置,为了让客户端重定向到该页面新的位置,服务器端可以发回 Location 响应报头后使用重定向语句,让客户端去重新访问新的域名所对应的服务器上的资源。

(3) 响应体。响应体即响应的消息体,若请求的是纯数据则返回纯数据,若请求的是 HTML 页面则返回 HTML 代码。

拓展 5:HTTP 请求方法

根据 HTTP 标准,HTTP1.1 定义了 GET、POST、HEAD、PUT、DELETE、CONNECT、OPTIONS 及 TRACE 8 种请求方法,具体如表 22.1 所示。

表 22.1　HTTP 请求方法

方法	描述
GET	请求指定的页面信息,并返回实体主体。GET 提交请求的数据实体会放在 URL 的后面,用"?"来分隔,参数用"&"连接,例如/login.html?name=admin&password=123456。由于 URL 长度有限制,故 GET 提交的数据长度是有限制的,具体的长度限制视浏览器而定。由于参数都会暴露在 URL 上,故 GET 提交的数据不安全

方法	描 述
POST	向指定资源提交数据进行处理请求(例如提交表单或者上传文件)。数据被包含在请求体中,故 POST 提交的数据长度是没有限制的。POST 请求可能会导致新的资源的建立和/或已有资源的修改。POST 与 GET 的区别之一就是目的不同,虽然 GET 方法也可以传输,但是一般不用,因为 GET 的目的是获取,POST 的目的是传输
HEAD	类似于 GET 请求,只不过返回的响应中没有具体的内容,用于获取报头
PUT	从客户端向服务器传送的数据取代指定的文档内容,可理解为修改
DELETE	请求服务器删除指定的页面
CONNECT	HTTP/1.1 协议中预留给能够将连接改为管道方式的代理服务器
OPTIONS	允许客户端查看服务器的性能
TRACE	回显服务器收到的请求,主要用于测试或诊断

拓展 6:URL 详解

URL 地址用于描述一个网络上的资源,基本格式如下:scheme://host[:port#]/path/.../[?query-string][#anchor]。

基于上述格式,参见表 22.2 所示详解。

表 22.2 URL 详解

名称	解 释
scheme	指定使用的协议,例如 HTTP、HTTPS 等
host	HTTP 服务器的 IP 地址或域名
port#	HTTP 服务器的默认端口是 80,80 端口可以省略,如果使用了其他端口,则必须指明,例如 http://www.16test.com:8080/。常用端口有"Oracle:1521""Mysql:3306""FTP:21""SSH:22"等
path	资源的访问路径
query-string	向 HTTP 服务器发送的数据
anchor	锚,表示跳转到页面的某个目标位置

4. 拓展练习

【练习 22.1】 任意挑选一个前面章节中编写的 HTTP 请求脚本,增加事务设置,增加聚合报告和图形结果,进行整体结果分析。

【练习 22.2】 录制汇华学院网站及各学部网站首页的访问,并针对网站域名进行变量定义及参数值替换。

实验 23　性能测试结果分析

1. 实验目标

（1）理解性能测试的类型。
（2）掌握性能测试结果分析思路。
（3）能够编写性能测试总结报告。

2. 背景知识

性能测试结果分析是性能测试中尤为重要的一个环节，也是借助各类工具开展性能测试之后必做的一项工作，经过性能测试的结果分析可明确系统性能质量和水平，通常以性能测试总结报告的形式呈现分析结果。

此外，值得提醒的是，任何工作的开展，唯有前期进行了良好、切实可行的计划，方可收到好的效果。性能测试计划是性能测试工作开展的首要工作，它的核心即规划如何开展后续性能测试工作。在一些企业开展性能测试结果分析时，会在性能测试总结报告中呈现性能测试计划、性能测试各项筹备和实施、性能测试结果分析等内容，形成一份完整的性能测试方案文档。

性能测试涉及范围甚广，在性能测试总结报告中也出现了多类性能测试名称，而且容易混淆，如性能测试、一般性能测试、负载测试、压力测试、大数据量测试、配置测试、稳定性测试等，下面分别加以简介和区分，便于读者理解性能测试结果分析过程。

（1）性能测试。一般性能测试、负载测试、压力测试等均属于性能测试范畴，由于它们的侧重点不同而在名称上有别。下面以对 Discuz 论坛进行性能测试为例进行介绍，并假定一个前提条件：当 10 个人并发访问 Discuz 论坛时，系统运行良好，各项指标正常；当逐渐增加并发用户数时，系统 CPU 使用率不超过 75%，响应时间不超过 5s。

（2）一般性能测试。一般性能测试主要是验证软件在正常环境和系统条件下，即不施加任何压力的情况下重复使用系统验证其是否能满足性能指标，如响应时间、系统资源占有情况等。

举例：让一个人访问或 10 个人并发访问 Discuz 论坛，观察系统运行情况。基于假定的前提条件，此时的系统运行应非常正常，响应时间非常快，系统资源占有量也非常小，这时可记录下各项指标的平均值。

一般性能测试的作用：通常，一般性能测试会在进行负载测试、压力测试等之前进行，作为性能基准测试。通过其测试得到的数据作为后面各项测试的基准值，即后面测试获得的数据可与其进行对比。

（3）负载测试。负载测试主要是在基于或模拟系统真实运行环境及用户真实业务使用场景的情况下,通过不断给系统增加压力或在一定压力下延长系统运行时间,来验证系统各项性能指标的变化情况,直到系统性能出现拐点,即某个性能指标达到了事先约定的指标阈值(极限值)。

举例:在 Discuz 论坛正常运行的前提下,即系统 CPU 使用率不能超过 75%,响应时间不能超过 5s 的情况下,不断给论坛增加用户访问量,直至当 CPU 使用率或响应时间达到了预期值为止。

负载测试的作用:该方法能帮助我们了解系统的处理能力,即在某些目标下系统所能承受的负载量极限值,为系统性能调优提供有力依据。

(4)压力测试。压力测试主要是在模拟系统已处于极限负载下或某指标已经处于饱和状态的情况下,继续给系统增大负载或增加运行时间,观察系统性能表现,验证系统是否出现内存泄漏、系统宕机等严重异常。

举例:在 Discuz 论坛各项资源已经饱和的前提下,即系统 CPU 使用率已达到 75%,响应时间达到 5s 的情况下,不断给论坛增加用户访问量,直至系统出现严重故障为止。

压力测试的作用:该方法有助于进行系统稳定性的验证及性能瓶颈的确定。

(5)大数据量测试。大数据量测试包含两层意思,既可指在某些容器(如数据库、存储设备等)中有较大数量的数据记录情况下对系统进行的测试,也可指进行并发或某些操作时创建大量数据来动态地开展测试。大数据量测试主要是指使用大批量数据对系统产生压力或影响,同时验证系统各项指标运行是否正常。

举例1:在对 Discuz 论坛进行大数据量测试时,首先应该估算其真实运行过程中可能拥有的用户量、帖子量、文章量等数据,之后在其数据库中创建数量级相当的批量历史数据,在此情况下,进行各项操作并观察和分析各项性能指标。

举例2:在对 Discuz 论坛进行大数据量测试时,还可模拟其真实运行时可能出现的并发用户数(如 5000 人),让这些用户同时进行发帖操作(此时,大数据量即来自这些用户发的帖),在该操作过程中观察系统运行及各项性能指标的情况。

大数据量测试的作用:该方法有助于进行系统可扩展性的验证及性能瓶颈的确定。

(6)配置测试。配置测试主要是在不同的软硬件配置环境下进行测试,以找到系统各项资源的最优分配原则的一种测试。通常,可以通过正交实验法进行用例设计,从而筛选出一定的软硬件配置组合。

举例:在对 Discuz 论坛进行性能测试中,可以通过调整 MySQL 的最大连接数、内存参数及服务器硬件配置等进一步观察各项指标,从而找到一个系统运行更好的配置组合。

配置测试的作用:该方法有助于找到最优的配置组合,确定由数据库设置或服务器硬件等造成的性能瓶颈。

(7)稳定性测试。稳定性测试主要强调连续运行被测系统,检查系统运行时的稳定程度。通常采用 MTBF(错误发生的平均时间间隔)来衡量系统的稳定性,MTBF 越大,系统的稳定性越强。

举例:假设 Discuz 论坛在历史版本运行期间,当持续运行了 24h 后会出现大量的发帖失败的情况,则对 Discuz 论坛进行性能测试时,就可以针对发帖操作,给其施加一定的业务压力如 50 个人进行发帖操作,让其持续运行大于 24h 的时间,然后观察并分析其事务失败情况及各项性能指标值。

稳定性测试的作用：该方法有助于找到一些严重问题，如死机、内存泄漏或系统崩溃等。

上述介绍了几种常见的性能测试方法。此外，性能测试还包括并发测试、容量测试、可靠性测试等，这些测试与上述介绍的测试方法非常相似，甚至是某种方法的别称，有兴趣的读者可拓展学习。

下文将结合上述部分测试类型介绍性能测试总结报告案例，以便读者理解性能测试结果分析的重要性。

3. 实验任务

【任务 23.1】 金融商业项目性能测试总结报告。

本任务以金融商业项目为例，进行性能测试总结报告的讲解，一起体会性能测试结果分析。

1）引言

本项目为金融商业项目的三期工程，此性能测试主要用来对新部署的系统所支持的业务过程进行测试。通过部署本次性能测试，旨在达到以下目的。

（1）减少这次新部署所带来的性能问题。

（2）根据对业务的了解和经验，做出基本的运行假定，确定部署中需要进行性能测试的部分。

（3）就这些假定取得一致意见，决定性能与压力测试的适当等级，并在有限的任务时间内完成。

2）测试对象

本次性能测试的对象为金融商业项目的三期工程。

3）测试目标

测试金融商业项目的三期工程满足预期的响应时间、支持并发客户数和大数据量、连续运行时间等性能指标。

4）参考资料

《金融商业三期项目需求》《金融商业三期项目性能测试计划》《金融商业三期项目功能测试用例》。

5）测试启动和结束准则

（1）启动准则：预期人员和技术已经到位。

（2）结束准则：性能测试完成后的性能指标在事先定义的指标范围之内。

（3）单个事务或单个用户：在每个事务所预期的时间范围内成功地完成测试脚本，所测试页面得到及时的响应并正确地显示，且未发生任何故障。

（4）多个事务或多个用户：在可接受的时间范围内成功地完成测试脚本，未发生任何故障。

6）性能测试需求分析

（1）客户所要求的性能指标。在网络稳定、可靠的情况下，应达到以下指标。

① 并发用户数支持。

- 平均并发请求数：8～12 个/秒。
- 峰值并发请求数：18～20 个/秒。

② 响应速度。

- 平均并发时的响应速度：200～300ms/请求。
- 峰值并发时的响应速度：800～1000ms/请求。

查询、明细、转账相关的动作反馈时间在 3s 之内。

（2）操作时间标准。登录时间不超过 2s，查询时间不超过 3s，明细时间不超过 2s，转账时间不超过 2s。

（3）特殊测试要求。其一，所有时间均不考虑用户接入网络情况；其二，所有需要核心业务系统接口的操作，其反馈时间应都应在上述规定时间的 1/2 以内。

7）性能测试策略

（1）测试准备。本次性能测试主要包括并发性能测试、大数据量与疲劳强度测试，其中并发性能测试又分为负载测试和压力测试。

① 测试原则依据。通过选择典型的业务流程来衡量系统的性能是性能测试的主要手段。首先，根据对测试对象业务流程的了解和经验，划分测试优先级并确定典型的业务流程。划分优先级并确定典型业务流程的原则如下。

原则 1：使用频率较高的，即业务员或者用户在网站操作中经常会用到的交易或流程，通常将其确定为典型业务流程。

原则 2：对系统性能会产生很大影响的交易或流程，应将其作为性能测试的一个主要对象。

原则 3：可以覆盖大多数业务路径的交易或流程，例如可以覆盖大部分子模块的交易或流程，那么在测试时，就可以通过该业务流程对系统的整体性能进行全面的测试。

② 测试数据准备。根据测试目标和客户所要求的性能指标，准备测试数据。通常，计算并发用户数的一般原则为并发在线用户数是实时在线用户数的 10%～20%；峰值计算 80/20 原则为 80% 的人在 20% 的时间里完成了功能操作。

依据上述原则进行大致统计和估算，现假定网站每天的用户数目为 60 000 人次，用户使用网站的时间为上午 7:00—晚上 11:00，共 16h。其中上午 8:30—11:30、下午 2:00—5:00、晚上 7:30—9:30 此三个时间段中，人数大约为 50 000 人。

峰值时间在上午 8:30—11:30、下午 2:00—5:00、晚上 7:30—9:30 共 8h 之内，大约 $8 \times 20\% = 1.6h$。则

- 峰值每秒用户：$50\ 000 \times 80\% \div (3600 \times 8 \times 20\%) = 7$（人次）。
- 平均每秒用户：$50\ 000 \div 8 \div 3600 = 2$（个）。
- 平均并发请求数：$2 \times 20\% = 0.4$（个/秒）。
- 峰值并发请求数：$7 \times 20\% = 1.4$（个/秒）。

预期并发用户数支持如下：

- 平均并发请求数：8～12 个/秒。
- 峰值并发请求数：18～20 个/秒，则以平均值计算，每天的平均用户数目为 $8 \div 10\% \times 3600 \times 16 = 4\ 608\ 000$（人次），每秒在线用户数为 $8 \div 10\% = 80$（人次）。由以上数据可见，本次测试完全可以满足任务需求。

③ 响应速度评判依据。依据"2-5-10"原则,即当用户能够在 2s 以内得到响应时,会感觉系统的响应很快;当用户在 2~5s 内得到响应时,会感觉系统的响应速度尚可;当用户在 5~10s 内得到响应时,会感觉系统的响应速度很慢,但是仍可以接受;而当用户在超过 10s 后仍然无法得到响应时,会感觉系统很差了,或者认为系统已经失去响应,而选择离开这个 Web 站点,或者发起第二次请求。

- 平均并发时的响应速度:200~300ms/请求。
- 峰值并发时的响应速度:800~1000ms/请求。

查询、存款、取款响应的动作反馈时间在 3s 之内。

(2)测试技术。采用基准测试方式,每次只改变一个输入参数,收集和记录每次测试的数据和结果。

模拟系统具体的并发用户数量,对性能指标进行检测。

使用严格的加载方法,选择特定的负载值,对测试的性能指标与事先定义的性能指标进行核对。

使用为功能或业务周期测试制定的测试过程。

通过修改数据文件来增加事务数量,或通过修改脚本来增加每项事务的迭代数量。

(3)测试环境。测试环境如表 23.1 所示。

表 23.1　测试环境

测试环境	说　　明
Web 服务器	1 台
软件环境	Linux(Red Hat Enterprise Linux AS(2.4.21-27.EL))＋ Tomcat-5.5.17
硬件环境	CPU:Intel(R)2.66GHz;RAM:2GB;硬盘:160GB
文件服务器	1 台
软件环境	Linux(Red Hat Enterprise Linux AS(2.4.21-27.EL))
硬件环境	CPU:Intel(R)2.66GHz;RAM:2GB;硬盘:160GB
数据库服务器	1 台
软件环境	Linux(Red Hat Enterprise Linux AS(2.4.21-27.EL))＋ Oracle10g(oracle-xe-univ10.2.0.1-1.0)
硬件环境	CPU:Intel(R)2.66GHz;RAM:2GB;硬盘:160GB
客户端	1 台
软件环境	Windows,act
硬件环境	CPU:Intel(R)2.33GHz;RAM:1GB;硬盘:160GB

(4)网络拓扑结构。网络拓扑结构如图 23.1 所示。

(5)网络环境需求。本次测试以峰值请求量 20 个/s、页面流量最大的首页(首页假设有 0.5MB 数据)为对象,则峰值访问时的网络带宽＝20 个请求/s×0.5MB/请求＝10MBps。

因此,要求带宽至少为百兆字节,可为共享,但共享接入不能太多。

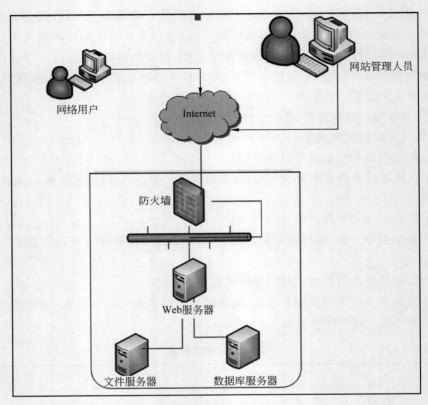

图 23.1 网络拓扑结构

（6）业务优先级划分。根据业务的特点和系统方式，将业务划分为核心业务和一般业务。

① 核心业务：包含查询、明细、转账等业务。

② 一般业务：包含个人信息查看、理财、信用卡等业务。

（7）测试范围。

① 平均并发用户数下的响应时间。

② 峰值并发用户数下的响应时间。

③ 多用户/单用户执行各业务操作的响应时间。

④ 大数据量下的响应时间。

⑤ 连续运行 $7 \times 24h$ 的疲劳测试。

⑥ 测试主机：CPU 使用率、内存使用状况。

⑦ 数据库服务器：数据库进程的 CPU 使用状况、数据库的内存使用状况。

⑧ Web 服务器：进程的 CPU 和内存使用状况。

（8）测试计划。

① 负载测试：由于峰值的最大并发数为 $18 \sim 20$，所以分别用 1 台、2 台、3 台客户机在并发用户数为 2、3、5、10、15 和 20 的情况下进行测试，记录操作和交易的响应时间。

② 容量测试：向数据库后台添加大量数据，测试其性能，记录操作的响应时间。

③ 疲劳测试：让系统在稳定运行支持最大并发用户数的情况下运行 3×24h,测试其性能。

（9）测试场景设计。

① 负载测试。每个测试环节执行三遍,其中第一遍运行 10min,第二遍运行 30min,第三遍运行 45min。

针对首页、查询、明细、转账等核心业务如下测试。

一台客户机分别以并发数为 2、5、10、15、20、100、500、800、1000 和 1200,录制用户进入网站,首先进入首页,进行测试并记录结果。

一台客户机分别以并发数为 2、5、10、15、20、100、500、800、1000 和 1200,录制用户进入网站,单击"查询"按钮,进行测试并记录结果。

一台客户机分别以并发数为 2、5、10、15、20、100、500、800、1000 和 1200,录制用户进入网站,单击"明细"按钮,进行测试并记录结果。

一台客户机分别以并发数为 2、5、10、15、20、100、500、800、1000 和 1200,录制用户进入网站,单击"转账"按钮,进行测试并记录结果。

② 容量测试。向后台数据库添加大容量数据进行测试。假定用户现在的人数为 48 580 人,根据估算,未来三年内用户的人数可达到 10 万人,所以再向后台添加数据 50 000 条代理人数据,在用户数量为 10 万的情况下,对系统进行容量测试。

③ 疲劳测试。运用一台客户机,在并发人数为 200 的情况下,录制单击浏览首页,使服务器持续运行 3×24h,监视服务器性能并记录运行结果。

（10）测试结果数据。限于篇幅,下文仅以首页的部分性能测试为例,表 23.2～表 23.16 所示为进行测试结果数据,其他测试类型的结果形式基本一致。

① 首页 CPU、内存结果数据如表 23.2～表 23.12 所示。

表 23.2　首页测试结果数据（2 人）

运 行 平 台	CPU	内　　存	并　发　数
客户机	5	605MB	2
Web 服务器	20	65％	
数据库服务器	20	19％	
文件服务器	0.1	9％	

表 23.3　首页测试结果数据（5 人）

运 行 平 台	CPU	内　　存	并　发　数
客户机	15	680MB	5
Web 服务器	25	67％	
数据库服务器	30	27％	
文件服务器	0.1	8.9％	

表 23.4　首页测试结果数据(10 人)

运 行 平 台	CPU	内　　存	并　发　数
客户机	15	683MB	10
Web 服务器	25	67%	
数据库服务器	30	27%	
文件服务器	0.1	8.9%	

表 23.5　首页测试结果数据(15 人)

运 行 平 台	CPU	内　　存	并　发　数
客户机	20	689MB	15
Web 服务器	25	67%	
数据库服务器	30	27%	
文件服务器	0.1	8.9%	

表 23.6　首页测试结果数据(20 人)

运 行 平 台	CPU	内　　存	并　发　数
客户机	20	689MB	20
Web 服务器	28	68%	
数据库服务器	30	27%	
文件服务器	0.1	8.9%	

表 23.7　首页测试结果数据(100 人)

运 行 平 台	CPU	内　　存	并　发　数
客户机	25	689MB	100
Web 服务器	38	68.5%	
数据库服务器	35	27%	
文件服务器	0.1	8.9%	

表 23.8　首页测试结果数据(500 人)

运 行 平 台	CPU	内　　存	并　发　数
客户机	28	817MB	500
Web 服务器	55	68.7%	
数据库服务器	46	27%	
文件服务器	0.1	7.5%	

表 23.9　首页测试结果数据(800 人)

运行平台	CPU	内　存	并　发　数
客户机	35	807MB	800
Web 服务器	52	68.5％	
数据库服务器	62	27％	
文件服务器	0.1	8.6％	

表 23.10　首页测试结果数据(1000 人)

运行平台	CPU	内　存	并　发　数
客户机	30	865MB	1000
Web 服务器	50	71％	
数据库服务器	50	27％	
文件服务器	0.1	8.6％	

表 23.11　首页测试结果数据(1200 人)

运行平台	CPU	内　存	并　发　数
客户机	30	930MB	1200
Web 服务器	55	81％	
数据库服务器	50	29％	
文件服务器	0.1	8.6％	

表 23.12　首页连接数为 200 且运行 3×24h 期间的结果数据

运行平台	CPU	内　存	并　发　数
客户机	20	854MB	200
Web 服务器	30	78.6％	
数据库服务器	53	28.7％	
文件服务器	0.1	8.6％	

② 首页其他结果数据如表 23.13～表 23.16 所示。

表 23.13　首页_属性表

测 试 类 型	动　态
浏览器同时连接数	15
测试持续时间	00:00:10:00
测试迭代次数	8 348
生成的详细测试结果	是

表 23.14　首页_摘要表

测 试 类 型	动 态
请求总数	308 976
连接总数	308 976
每秒平均请求数	514.96
首字节平均响应时间/ms	22.56
末字节平均响应时间/ms	26.87
每次迭代末字节平均响应时间/ms	994.69
测试中的唯一请求数	37
唯一响应代码数	3

表 23.15　首页_错误计数表

测 试 类 型	动 态
HTTP	16 700
平均带宽/Bps	8 476 837.35
发送量/B	90 685 269
接收量/B	4 995 417 138
发送平均速率/Bps	151 142.12
接收平均速率/Bps	8 325 695.23

表 23.16　首页_响应代码表

响 应 代 码	测 试 类 型	动 态
Response Code：404—服务器找不到任何与请求的 URI（统一资源标识符）匹配的内容	计数	16 700
	百分比	5.40%
Response Code：302—请求的资源暂时驻留在另一个不同的 URI 下	计数	8 363
	百分比	2.71%
Response Code：200—请求已成功完成	计数	283 913
	百分比	91.89%

③ 首页结果分析如图 23.2～图 23.5 所示。

(11) 测试分析。

① 每秒请求数：浏览器连接数。此类图表有助于确定 Web 服务器每秒可以处理的最大请求数。对首页、查询、明细、转账等各测试项的每秒请求数、浏览器连接数进行总体分析，当浏览器连接数小于 500 时，每秒请求数逐渐增加，当连接数达到 500 时，请求数达到一个稳定的数值。当连接数达到 1000 时，每秒请求数开始下降。具体来讲，当连接数小于 500 时，随着浏览器连接数的增加，与服务器建立的连接也增多，对服务器每秒请求的数量

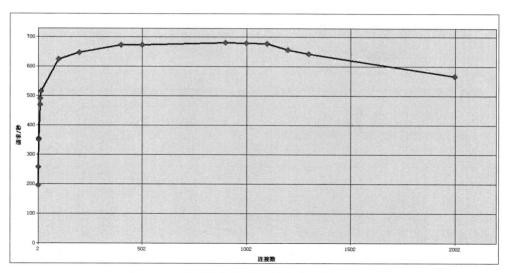

图 23.2　首页请求数/秒与浏览器连接数合并图

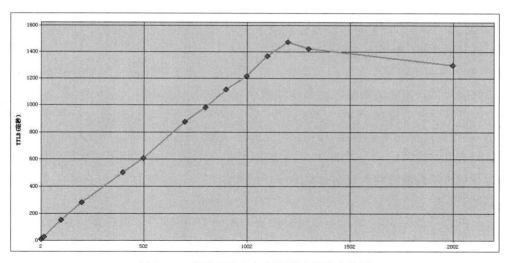

图 23.3　首页 TTLB 与浏览器连接数合并图

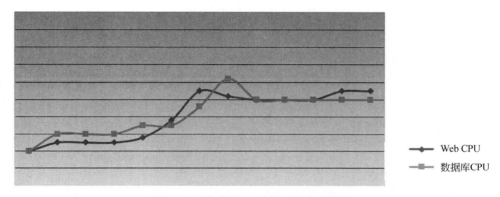

图 23.4　首页 CPU 随并发数变化曲线

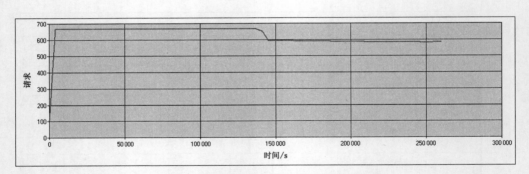

图 23.5 首页运行 3×24h 请求连接数

也在增加,每秒请求数在增加;当浏览器的连接数量大于 1000 时,连接数超过了服务器可以处理的连接数量值,每秒请求数开始下降。

由此可以确定,服务器的最佳连接数量为 500~1000,低于这个值时,服务器的资源没有被充分利用,部分资源处于闲置状态;大于这个值时,连接数超过了服务器所能处理的数量值,可能会无法维护部分连接而拒绝连接。本项目中用户要求的标准为:峰值并发请求数达到 18~20 个/秒,故以每秒的并发请求个数为 20 个来衡量,每秒的请求数远未达到服务器的最大承载量,服务器是完全可以承载压力的。

② 末字节响应时间:浏览器连接数。此类图表有助于量化由于同时连接数的增长而引起的性能降低。末字节响应时间是指接收末字节的时间(TTLB)值,测量 Web 服务器响应流的最后部分到达用户 Web 浏览器所花费的时间。基于此,综合分析首页、查询、明细、转账等各测试项的末字节响应时间/浏览器连接数,随着浏览器连接数的增加,末字节的响应时间值也在逐渐增长。对于 Web 站点来说,这意味着当浏览器连接数增长时,Web 服务器需要花费较长的时间来完成每次响应。因此当每秒连接数为 20 时,首页、查询、明细、转账的末字节相应时间均远远小于 1s,是符合设计要求的。

对于以上每秒请求数/浏览器连接数图表和末字节响应时间/浏览器连接数图表,各个测试项的大致趋向是相同的,但也有一些不同。这与在不同的测试时间网络的速率及不同的测试项有关。当测试时间处于网络繁忙阶段或测试时间处于闲置状态时,每秒请求数是不同的。对于产品和活动来说,各个测试项的不同主要体现在大量的图片使服务器对请求的响应时间有所增加。

③ 服务器的 CPU 利用率。在每秒的并发用户数为 20 的情况下,服务器的 CPU 利用率均小于 70%。而对于压力测试,不断向服务器加压,当每秒并发用户数达 1500 左右时,服务器的 CPU 利用率达到 80% 以上。此时由于连接数过多造成密集负载,Web 服务器在达到其最大容量后通常会拒绝连接,而出现套接字错误,这种情况下的性能优化方法之一就是扩大服务器的容量。但对客户所要求的每秒并发数为 20 来说,是不会出现套接错误的。

对于疲劳测试,在连接数为 200 的情况下,使服务器运行 3×24h,此前服务器已连续运行了 4 天。从上述描述可以看出,每秒请求数几乎是稳定的,而在后来的时间里,每秒请求数平均下降了 50,这与测试运行在上班时间时网络的流量有关。对于 Web 服务器而言,服务器 CPU 的利用率平均约为 30％；对于数据库服务器而言，服务器 CPU 的利用率平均约为 53％，服务器处于相对稳定的状态。

（12）结论。从测试结果来看，完全满足需求说明书中所要求的性能指标要求。

【任务 23.2】 微课视频网站性能测试总结报告。

本任务以微课视频网站为例，进行性能测试总结报告其他形式的结果分析及写作方式的呈现，便于读者拓宽思路，灵活进行性能测试结果分析。

1）性能测试目的

本次测试针对微课视频网站的内网测试地址开展，评测系统性能并验证目前系统可支撑的最大并发用户数，以更好地协助公网地址的性能调优。

2）测试范围

微课视频网站系统（内网）的前台部分进行验证，重点业务包括首页热门计划、登录、计划查看、资源查看、视频播放。

3）测试环境

Windows 服务器环境与负载发生器环境介绍分别如表 23.17 和表 23.18 所示。

表 23.17　Windows 服务器环境

描　　述	操作系统	台数	CPU	内存/GB
Windows 服务器	Windows 7(64 位)	1	Intel(R) Core(TM) i5-2400 3.1GHz	4.0

表 23.18　负载发生器环境

描　　述	操作系统	台数	CPU	内存/GB
负载发生器	Windows 7(32 位)	1	Intel(R) Core(TM) i5-2410 2.3GHz	4.0

4）测试工具及方法

（1）测试工具。针对此次测试要求，采用 LoadRunner 作为性能测试工具。

（2）测试方法。采用基准测试：每次只改变少量输入参数，收集和记录每次测试的数据和结果，模拟系统具体的并发用户数量，对性能指标进行检测。

使用严格的加载方法，选择特定的负载值，对测试的性能指标与事先定义的性能指标进行核对。

使用为功能或业务周期测试制定的测试过程。

通过修改数据文件来增加事务数量，或通过修改脚本来增加每项事务的迭代数量。

5）测试设计及结果分析

（1）方案设计。本次测试重点针对多人并发访问首页热门计划、多人并发进行登录→进入计划模块→查看计划→查看资源→播放视频等操作。

针对上述业务分别进行脚本录制，模拟用户操作，具体设计如表 23.19 和表 23.20 所示。

表 23.19 并发访问首页热门计划方案设计

测试序号	1	脚本名称	RMJH_0927
业务概述	未登录状态访问微课视频网站首页,单击热门计划链接		
脚本描述	录制步骤	均存于同一个 Action 中,录制中插入事务	
	事务	热门计划事务(RMJH)	
并发用户数	需求中未明确提及,自行设计		
监控指标	%Privileged Time(Processor _Total)、Available Mbytes(Memory)		
场景描述	采用手工编辑		

表 23.20 综合业务方案设计

测试序号	2	脚本名称	DL_JH_DJJH_DJY_BFSP_0927
业务概述	先登录系统,再进入"计划"模块,选择任一个计划进行查看,在计划中选择任一个资源进行查看,单击"播放"按钮进行视频查看(视频启动则立即结束脚本)		
脚本描述	录制步骤	均存于同一个 Action 中,录制中插入事务	
	事务	登录事务(DL) 进入计划模块事务(JH) 单击计划事务(DJJH) 单击资源事务(DJZY) 播放视频事务(BFSP)	
并发用户数	需求中未明确提及,自行设计		
监控指标	%Privileged Time(Processor _Total)、Available Mbytes(Memory)		
场景描述	采用手工编辑		

(2)结果分析。依据上述方案设计,主要分为两大类测试,具体开展如下。

① 多人并发访问首页热门计划。针对多人并发访问首页热门计划业务进行多轮测试,结果数据及分析如表 23.21～23.27 所示。

表 23.21 多人并发访问首页热门计划结果_50 人

并发数	50	加载方式	同时并发,完成前一直运行	
事务	服务器 CPU/%	服务器可用内存/MB	响应时间/s	事务运行状况
热门计划	0.16	1827	2.020	通过 50;失败 0

表 23.22 多人并发访问首页热门计划结果_100 人

并发数	100	加载方式	同时并发,完成前一直运行	
事务	服务器 CPU/%	服务器可用内存/MB	响应时间/s	事务运行状况
热门计划	5.387	1788	3.39	通过 100;失败 0

表 23.23 多人并发访问首页热门计划结果_120 人

并发数	120	加载方式	同时并发,完成前一直运行	
事务	服务器 CPU/%	服务器可用内存/MB	响应时间/s	事务运行状况
热门计划	17.785	1721.4	4.986	通过 120;失败 0

表 23.24　多人并发访问首页热门计划结果_150 人

并发数	150	加载方式		同时并发,完成前一直运行	
事务	服务器 CPU/%	服务器可用内存/MB		响应时间/s	事务运行状况
热门计划	14.802	1784.143		9.246	通过 150;失败 0
分析	出现如下报错: 错误－27791:服务器"10.7.10.71"已过早关闭连接 错误－27796:连接服务器"10.7.10.71:8080"失败:"[10061] 连接被拒绝"				

表 23.25　多人并发访问首页热门计划结果_180 人成功

并发数	180	加载方式		同时并发,完成前一直运行	
事务	服务器 CPU/%	服务器可用内存/MB		响应时间/s	事务运行状况
热门计划	6.878	1758		5.64	通过 180;失败 0

表 23.26　多人并发访问首页热门计划结果_180 人出错

并发数	180	加载方式		同时并发,完成前一直运行	
事务	服务器 CPU/%	服务器可用内存/MB		响应时间/s	事务运行状况
热门计划	1.472	1739		6.37	通过 8;失败 124
分析	出现如下报错: 错误－27791:服务器"10.7.10.71"已过早关闭连接 错误－27796:连接服务器"10.7.10.71:8080"失败:"[10061] 连接被拒绝"				

表 23.27　多人并发访问首页热门计划结果_230 人

并发数	230	加载方式		同时并发,完成前一直运行	
事务	服务器 CPU/%	服务器可用内存/MB		响应时间/s	事务运行状况
热门计划	14.835	1834.25		9.216	通过 76;失败 140
分析	出现如下报错: 错误－27791:服务器"10.7.10.71"已过早关闭连接 错误－27796:连接服务器"10.7.10.71:8080"失败:"[10061] 连接被拒绝"				

　　经过多轮测试及结果分析,可得知系统运行较不稳定,例如出现以下情形:180 个用户并发访问的情况下,有时运行尚可,但有时会出现宕机情况,需要重新启动服务器才能再次访问待测地址。经对比得出:150 个用户并发进行首页热门计划访问操作,虽事务成功率 100%,但平均事务响应时间过长,已接近 10s;120 个用户并发进行首页热门计划访问操作,事务成功率 100%,但平均事务响应时间为 5s 左右,性能基本可满足要求;100 个用户并发进行首页热门计划访问操作,事务成功率 100%且平均事务响应时间为 3.5s 左右,性能较好。

　　针对测试过程中出现的宕机情况,进行服务器监控可知发生内存溢出,具体信息如图 23.6 所示。

　　以 120 个用户并发进行首页热门计划访问操作为例,给出结果分析图,如图 23.7～图 23.10 所示。

catalina.2013-09-27.log - 记事本

文件(F) 编辑(E) 格式(O) 查看(V) 帮助(H)

```
2013-9-27 8:24:43 org.apache.tomcat.util.net.JIoEndpoint processSocket
严重: Error allocating socket processor
java.lang.OutOfMemoryError: unable to create new native thread
        at java.lang.Thread.start0(Native Method)
        at java.lang.Thread.start(Thread.java:597)
        at org.apache.tomcat.util.net.JIoEndpoint$Worker.start(JIoEndpoint.java:513)
        at org.apache.tomcat.util.net.JIoEndpoint.newWorkerThread(JIoEndpoint.java:744)
        at org.apache.tomcat.util.net.JIoEndpoint.createWorkerThread(JIoEndpoint.java:723)
        at org.apache.tomcat.util.net.JIoEndpoint.getWorkerThread(JIoEndpoint.java:755)
        at org.apache.tomcat.util.net.JIoEndpoint.processSocket(JIoEndpoint.java:790)
        at org.apache.tomcat.util.net.JIoEndpoint$Acceptor.run(JIoEndpoint.java:355)
        at java.lang.Thread.run(Thread.java:619)
2013-9-27 8:24:43 org.apache.tomcat.util.net.JIoEndpoint processSocket
严重: Error allocating socket processor
java.lang.OutOfMemoryError: unable to create new native thread
        at java.lang.Thread.start0(Native Method)
        at java.lang.Thread.start(Thread.java:597)
        at org.apache.tomcat.util.net.JIoEndpoint$Worker.start(JIoEndpoint.java:513)
        at org.apache.tomcat.util.net.JIoEndpoint.newWorkerThread(JIoEndpoint.java:744)
        at org.apache.tomcat.util.net.JIoEndpoint.createWorkerThread(JIoEndpoint.java:723)
        at org.apache.tomcat.util.net.JIoEndpoint.getWorkerThread(JIoEndpoint.java:755)
        at org.apache.tomcat.util.net.JIoEndpoint.processSocket(JIoEndpoint.java:790)
        at org.apache.tomcat.util.net.JIoEndpoint$Acceptor.run(JIoEndpoint.java:355)
```

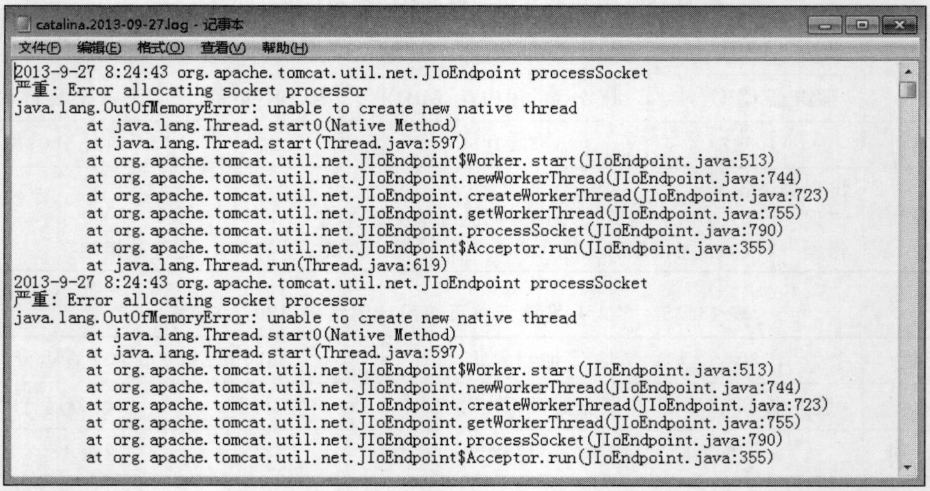

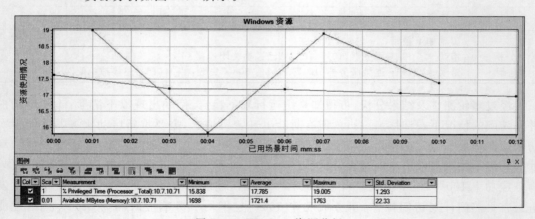

图 23.6 服务器报错日志文件

事务概要报告如图 23.7 所示。

事务摘要

事务: 通过总数: 480 失败总数: 0 停止总数: 0　　平均响应时间

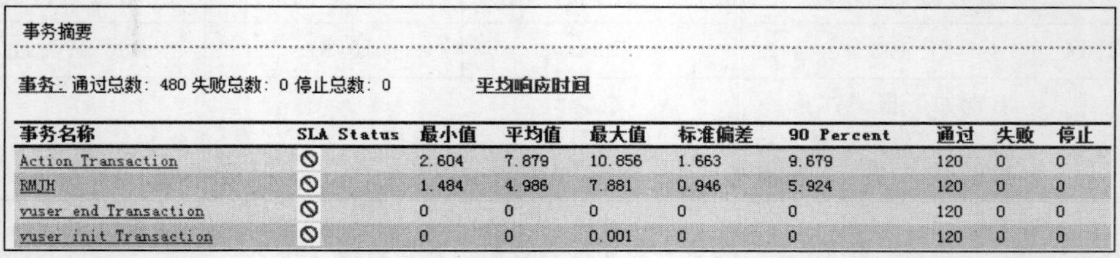

事务名称	SLA Status	最小值	平均值	最大值	标准偏差	90 Percent	通过	失败	停止
Action Transaction	⊘	2.604	7.879	10.856	1.663	9.679	120	0	0
RMJH	⊘	1.484	4.986	7.881	0.946	5.924	120	0	0
vuser end Transaction	⊘	0	0	0	0	0	120	0	0
vuser init Transaction	⊘	0	0	0.001	0	0	120	0	0

图 23.7 事务概要报告

Windows 资源分析如图 23.8 所示。

图 23.8 Windows 资源分析

平均事务响应时间分析如图 23.9 所示。

事务摘要如图 23.10 所示。

② 多人并发进行登录→进入计划模块→查看计划→查看资源→播放视频操作。结合

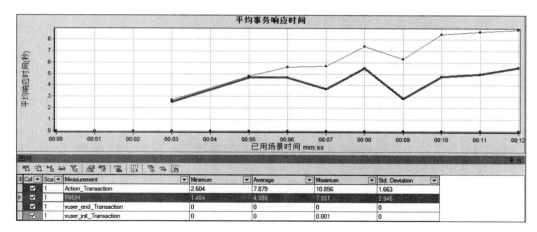

图 23.9　平均事务响应时间分析

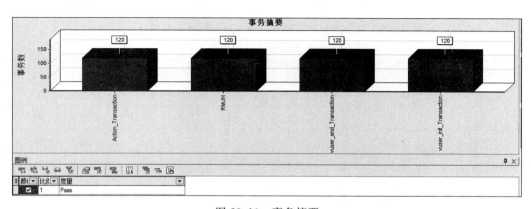

图 23.10　事务摘要

微课视频网站项目实际情况,选取两类时长不同的视频分别进行测试,并对比测试结果,结果数据及分析如表 23.28～表 23.31 所示。

表 23.28　多人并发进行登录→进入计划模块→查看计划→

查看资源→播放视频操作的结果 1(30 人)

并发数	30	加载方式	同时并发,完成前一直运行(视频时长 11 分 43 秒)		
事务	服务器 CPU/%	服务器可用内存/MB	响应时间/s	事务运行状况	
登录	11.461	1692.818	5.524	通过 30;失败 0	
进入计划模块	11.461	1692.818	0.602	通过 30;失败 0	
单击计划	11.461	1692.818	2.377	通过 30;失败 0	
单击资源	11.461	1692.818	1.596	通过 30;失败 0	
播放视频	11.461	1692.818	19.682	通过 30;失败 0	
分析	"登录"事务响应时间较长,"播放视频"事务响应时间为 20s 左右,建议优化				

表 23.29　多人并发进行登录→进入计划模块→查看计划→
查看资源→播放视频操作的结果 2(30 人)

并发数	30	加载方式	同时并发,完成前一直运行(视频时长 19 分 29 秒)		
事务	服务器 CPU/%	服务器可用内存/MB	响应时间/s	事务运行状况	
登录	6.821	1641.76	5.282	通过 30;失败 0	
进入计划模块	6.821	1641.76	0.623	通过 30;失败 0	
单击计划	6.821	1641.76	2.215	通过 30;失败 0	
单击资源	6.821	1641.76	1.547	通过 30;失败 0	
播放视频	6.821	1641.76	59.899	通过 30;失败 0	
分析	30 个用户并发情况下,通过选择两个不同时长的视频(11 分 43 秒和 19 分 29 秒),对比结果发现如下情况:由于视频时长的增加可导致"播放视频"事务的平均响应时间增长;"登录"事务响应时间较长,"播放视频"事务响应时间在 1 分左右,建议优化				

表 23.30　多人并发进行登录→进入计划模块→查看计划→
查看资源→播放视频操作的结果 1(50 人)

并发数	50	加载方式	同时并发,完成前一直运行(视频时长 11 分 43 秒)		
事务	服务器 CPU/%	服务器可用内存/MB	响应时间/s	事务运行状况	
登录	11.262	1589.278	8.468	通过 50;失败 0	
进入计划模块	11.262	1589.278	0.976	通过 50;失败 0	
单击计划	11.262	1589.278	4.543	通过 50;失败 0	
单击资源	11.262	1589.278	2.262	通过 50;失败 0	
播放视频	11.262	1589.278	30.348	通过 50;失败 0	
分析	"登录事务"响应时间超过 8s,时间过长;"播放视频"事务响应时间约为 30s,建议优化				

表 23.31　多人并发进行登录→进入计划模块→查看计划→
查看资源→播放视频操作的结果 2(50 人)

并发数	50	加载方式	同时并发,完成前一直运行(视频时长 19 分 29 秒)		
事务	服务器 CPU/%	服务器可用内存/MB	响应时间/s	事务运行状况	
登录	7.012	1610.073	8.621	通过 50;失败 0	
进入计划模块	7.012	1610.073	1.001	通过 50;失败 0	
单击计划	7.012	1610.073	4.153	通过 50;失败 0	
单击资源	7.012	1610.073	2.655	通过 50;失败 0	
播放视频	7.012	1610.073	100.413	通过 50;失败 0	
分析	50 个用户并发情况下,通过选择两个不同时长的视频(11 分 43 秒和 19 分 29 秒),对比结果发现如下情况:由于视频时长的增加可导致"播放视频"事务的平均响应时间增长;"登录事务"响应时间超过 8s,时间过长;"播放视频"事务响应时间超过 60s,建议优化				

经过多轮测试及结果分析,可得知系统运行中,"登录"事务和"播放视频"事务响应时间较长,应给予优化。经分析可得知,针对两个不同时长的视频(11 分 43 秒和 19 分 29 秒),由于视频时长的增加可导致"播放视频"事务的平均响应时间增长。

选取时长为 19 分 29 秒的视频,并以 50 个用户并发访问操作为例,给出结果分析图如下。

运行 Vuser,如图 23.11 所示。

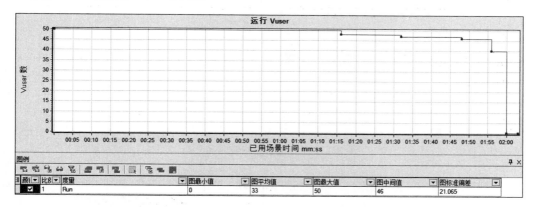

图 23.11　运行 Vuser 图

Windows 资源分析如图 23.12 所示。

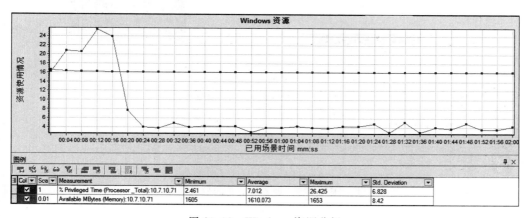

图 23.12　Windows 资源分析

平均事务响应时间分析如图 23.13 所示。

"播放视频"事务响应时间较长的原因分析如图 23.14 所示。

经分析可得知"播放视频"事务响应时间较长的原因,推测由于服务器端响应了客户端请求的视频后,在客户端接收服务器响应的过程出现耗时的情况,建议对网络资源进行优化。

"登录"事务响应时间较长的原因分析如图 23.15 和图 23.16 所示。

对图 23.15 和图 23.16 进行分析得知 http://××××××/itclass/accountuser/login.do 部分在"登录"事务的整体响应中耗费时间较多。

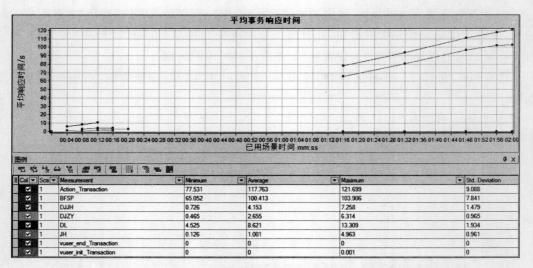

图 23.13　平均事务响应时间分析

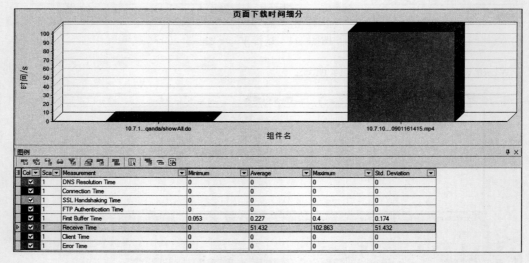

图 23.14　"播放视频"事务响应时间较长的原因分析

通过图 23.17 和图 23.18,针对 http：//××××××/itclass/accountuser/login. do 部分的响应时间进行细分,可分析得知该部分的服务器端耗费时间比其他时间多,推测服务器端耗时导致响应时间较长,建议优化。

6）测试结论

对上述测试数据综合考虑得知：目前系统运行情况较不稳定,系统性能需进一步优化,优先解决较多用户并发访问时出现的宕机情况,避免影响系统使用;对于少量用户并发访问时响应时间过长的情况,建议进行系统优化。

7）测试风险

对项目测试风险进行评估,如表 23.32 所示。

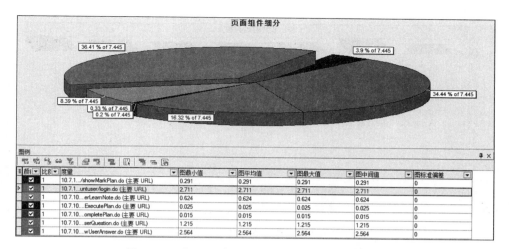

显	颜色	比例	度量	图最小值	图平均值	图最大值	图中间值	图标准偏差
	☑	1	10.7.1.../showMarkPlan.do (主要 URL)	0.291	0.291	0.291	0.291	0
▷	☑	1	10.7.1...untuser/login.do (主要 URL)	2.711	2.711	2.711	2.711	0
	☑	1	10.7.10....erLearnNote.do (主要 URL)	0.624	0.624	0.624	0.624	0
	☑	1	10.7.10....ExecutePlan.do (主要 URL)	0.025	0.025	0.025	0.025	0
	☑	1	10.7.10....ompletePlan.do (主要 URL)	0.015	0.015	0.015	0.015	0
	☑	1	10.7.10....serQuestion.do (主要 URL)	1.215	1.215	1.215	1.215	0
	☑	1	10.7.10....wUserAnswer.do (主要 URL)	2.564	2.564	2.564	2.564	0

图 23.15 "登录"事务响应时间较长的原因分析 1

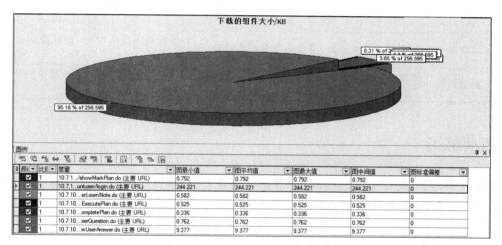

显	颜色	比例	度量	图最小值	图平均值	图最大值	图中间值	图标准偏差
	☑	1	10.7.1.../showMarkPlan.do (主要 URL)	0.792	0.792	0.792	0.792	0
▷	☑	1	10.7.1...untuser/login.do (主要 URL)	244.221	244.221	244.221	244.221	0
	☑	1	10.7.10....erLearnNote.do (主要 URL)	0.582	0.582	0.582	0.582	0
	☑	1	10.7.10....ExecutePlan.do (主要 URL)	0.525	0.525	0.525	0.525	0
	☑	1	10.7.10....ompletePlan.do (主要 URL)	0.336	0.336	0.336	0.336	0
	☑	1	10.7.10....serQuestion.do (主要 URL)	0.762	0.762	0.762	0.762	0
	☑	1	10.7.10....wUserAnswer.do (主要 URL)	9.377	9.377	9.377	9.377	0

图 23.16 "登录"事务响应时间较长的原因分析 2

![页面下载时间细分图]

Col	Sca	Measurement	Minimum	Average	Maximum	Std. Deviation
☑	1	DNS Resolution Time	0	0	0	0
☑	1	Connection Time	0	0.001	0.003	0.001
☑	1	SSL Handshaking Time	0	0	0	0
☑	1	FTP Authentication Time	0	0	0	0
☑	1	First Buffer Time	0.015	1.065	2.72	1.068
☑	1	Receive Time	0	0.003	0.023	0.008
☑	1	Client Time	0	0	0.002	0.001
☑	1	Error Time	0	0	0	0

图 23.17 页面下载时间细分图

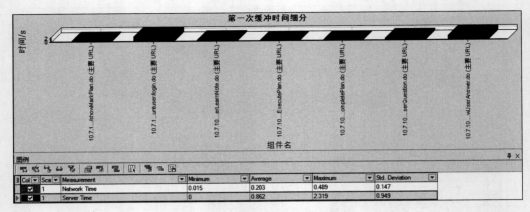

图 23.18　第一次缓冲时间细分图

表 23.32　测试风险表

编号	风险项	描　述	应 对 方 案
1	网络状态	网络状态突然不好,导致测试数据不准确	尽量避开高峰时刻,测试前保证网络的良好
2	测试范围	限于实际项目情况,仅对内网地址进行测试且仅选取少量测试点开展	在条件允许的情况下开展公网地址性能测试

4. 拓展练习

【练习 23.1】　使用 LoadRunner 性能测试工具进行飞机订票系统的登录、订票操作的性能测试,要求响应时间小于 5s,验证其最大支持的并发量是多少,并进一步分析性能测试结果,编写性能测试报告。

【练习 23.2】　使用 JMeter 性能测试工具对身边熟悉网站的登录操作进行性能测试,要求响应时间小于 5s,验证其最大支持的并发量是多少,并进一步分析性能测试结果,编写性能测试报告。

结　束　语

　　至此，通过本书的介绍，带领读者熟悉了最主流的黑盒软件测试技术、Web 测试技术及相关性能测试技术的知识。值得提醒的是，本书中所介绍的软件测试技术及用例设计方法并非唯一标准，读者在实际工作中要根据企业及项目的实际情况灵活应用，切忌生搬硬套。

　　如果读者不满足于本书现有测试技术的学习，希望了解更多软件测试流程的各环节的测试技术，可参阅《软件测试高级技术教程》一书深入学习。

参 考 文 献

[1] 魏娜娣,李文斌,裴军霞. 软件性能测试——基于 LoadRunner[M].北京:清华大学出版社,2012.

[2] 李晓鹏,赵书良,魏娜娣. 软件功能测试——基于 QuickTest Professional[M].北京:清华大学出版社,2012.

[3] 柳纯录,黄子河,陈渌萍. 软件评测师教程[M].北京:清华大学出版社,2005.

[4] 李龙,李向函,冯海宁,等. 软件测试实用技术与常用模板[M].北京:机械工业出版社,2011.

图书资源支持

感谢您一直以来对清华版图书的支持和爱护。为了配合本书的使用，本书提供配套的资源，有需求的读者请扫描下方的"书圈"微信公众号二维码，在图书专区下载，也可以拨打电话或发送电子邮件咨询。

如果您在使用本书的过程中遇到了什么问题，或者有相关图书出版计划，也请您发邮件告诉我们，以便我们更好地为您服务。

我们的联系方式：

地　　址：北京市海淀区双清路学研大厦 A 座 701

邮　　编：100084

电　　话：010-83470236　010-83470237

资源下载：http://www.tup.com.cn

客服邮箱：tupjsj@vip.163.com

QQ：2301891038（请写明您的单位和姓名）

资源下载、样书申请

书圈

扫一扫，获取最新目录

课 程 直 播

用微信扫一扫右边的二维码，即可关注清华大学出版社公众号"书圈"。